建筑构成手法

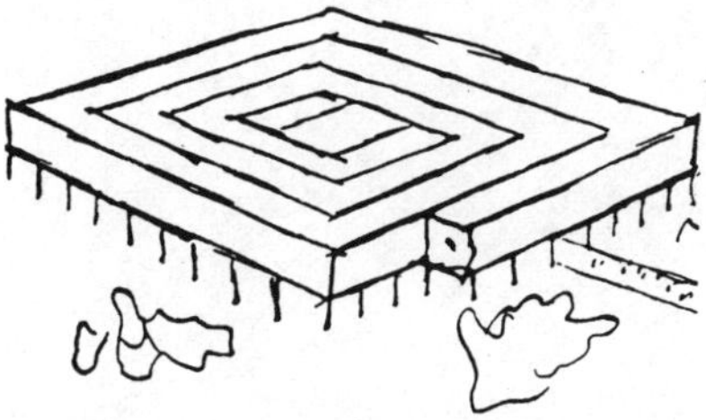

国外建筑理论译丛

建筑构成手法

[日] 小林克弘 编著
陈志华
王小盾 译
许东亮 校

中国建筑工业出版社

著作权合同登记图字：01－2001－4614号

图书在版编目(CIP)数据

建筑构成手法／(日)小林克弘编著；陈志华，王小盾译．
北京：中国建筑工业出版社，2004
(国外建筑理论译丛)
ISBN 978-7-112-06798-5
Ⅰ．建…　Ⅱ．①小…②陈…③王…　Ⅲ．建筑设计－理论－
高等学校－教材　Ⅳ．TU201

中国版本图书馆CIP数据核字(2004)第084229号

《国外建筑理论译丛》策划：
王伯扬　张惠珍　黄居正　戴静　白玉美

责任编辑：白玉美　王莉慧
责任设计：彭路路
责任校对：李志瑛　张　虹

国外建筑理论译丛
建筑构成手法

[日]小林克弘　编著
陈志华　王小盾　译
许东亮　校

*
中国建筑工业出版社出版、发行(北京西郊百万庄)
各地新华书店、建筑书店经销
制版：北京嘉泰利德制版公司
印刷：北京云浩印刷有限责任公司
*
开本：787×1092毫米　1/16　印张：9　字数：220千字
2004年12月第一版　2013年1月第六次印刷
定价：30.00元
ISBN 978－7－112－06798－5
(12752)

序 言 PREFACE

所谓建筑构成，就是确定各个要素的形态与布局，并把它们在三维空间中进行组合，从而创作出一个整体。此时，建筑师就要在某种构思下确定组合的规则与秩序，并在具体的构成中运用，这就是一种创作手法。因此，若没有构成就不会最终实现建筑；若没有具体的创作手法也无法表明构成是怎样思考或者说是依照什么规则来确定的。在这个意义上来说，建筑往往是伴随着某种建筑构成手法才得以产生的。所以对建筑师来说，考虑采用怎样的建筑构成手法是必由之路。

建筑构成及其手法在多数情况下都是在确定建筑设计意图时的一个手段，而绝非其目的。建筑设计的目的说到底是要使建筑成为丰富人们生活或者是精神的一种存在，建筑师为此而不断提出各种创意，并表现出某种理念。此时，建筑构成手法就是一个手段，而且是必不可少的，这一点很重要。并且，尽管这只是一个手段，但对建筑师来说，在建筑设计中，毋庸置疑地这也是最能引起关注的一个方面。建筑师在通过建筑构成手法表现自己意图的同时，也在不断地提高建筑的存在作用，以使其能为一个更远大的目标作出贡献。

本书就是把建筑构成手法定位在此，其目的是要说明通过这样的建筑构成能创作出什么，能表现出什么。书中列举了一些实例，在学习、研究建筑构成之后，大家公认这些例子之中包含着有效的创作手法。它们是从西洋的传统建筑直到今天世界各地的现代建筑这样一个大范围内选定的，并将它们按照六个基本建筑构成概念分别加以论述。这六个概念是：比例、几何学、对称、分解、深层与表层、层构成。当然构成的概念不只是这些，也有其他的分类方法。而所举实例因受篇幅限制只能限定在一定范围内，这种归类方法及实例的选择是由编者决定的，在这里尽量做到编者认为是最好的。

对应六个建筑构成概念，本书分为六章，在每一章的开头，编者就相关的构成概念都作了一篇概述。然后节选了部分以前的建筑师、建筑史学家或者建筑评论家们的一些有代表性的论述——也可以称之为百家言吧。概述和诸家言说最大限度地尊重“百家言”，其中，诸家言说中所列举的不只是对构成概念认可的评论，也有批判性的。只阅读这几页，也可以粗略地、多角度地了解前人如何评论及理解每一个建筑构成概念。接下来，以具体的构成手法为基础，穿插诸多例子分别论述。

以上就是本书的写作目的与基本结构。作为一本基础教材，编者希望本书能够有助于初学建筑的读者了解以前使用和研究过的建筑构成手法，也期待本书能为那些要考察、发现并发展建筑构成手法的读者提供一些帮助。

目 录 CONTENTS

PROPORTION

I 比例

[illegible]

[illegible]

[illegible]

概 说 OUTLINE

比例，更为准确地说，完美的比例是产生建筑美的最主要的因素之一，对此应该是毋庸置疑的。虽然现代建筑家们很少有从正面去论述比例的，但这并不说明比例不被重视。相反，对比例作出正确的判断，或者在设计阶段推敲整体与局部的恰当的比例关系被视作建筑设计的大前提。实际上，建筑家们在有意无意之间都充分考虑到了调整比例的协调从而赋予建筑以美感(p.13[J])。

话虽如此，具体考虑哪种比例方法或理论适合时，实际上是多种多样、千差万别的。从选择比例的方法及对比例的潜在感受当中，我们不仅可以看出每一位建筑家的个性，而且也可以看出对建筑家的感性起决定性作用的各个时代的情况。这一点是必然的。但是，虽说比例对于创造建筑的美起到了很大的作用，这也并不意味着存在万能的比例方法。若再深一步考虑，虽然都称作比例，但它是否适用于建筑上的任何情况呢？也就是说，它是适用于整体建筑还是适用于开洞部分那样的局部？更进一步说，它对于整体和部分的关系又怎样呢？适用于空间那样的三维结构吗？诸如此类还有更多的情况。因为有关比例的情况是如此复杂，故此我们在这里对有关建筑比例只作粗略的整理，同时，对其作一包括历史性进展在内的概括。

首先，比例这一概念大致可以分为两类：一类是可以直观把握的；另一类是基于数比的比例。后者当然是更为严密的，但也不能说前者的意义就微不足道。它虽然没有严密的数比基础，但因为存在着第一感觉不错的比例，在建筑上就有很多情况是依据这种直观性来决定建筑形式的。换言之，若说没有伴以严密数比关系的比例是不可取的话，那么建筑意义上的比例就是极为有限的概念。勒·柯布西耶在阐述建筑能够感人的根本就在于建筑整体的三维形体的比例时提到，诉诸直观的比例的力量更甚于有着严密数比关系的比例。只是，在可以直观感受到美的比例的形式背后，实际上往往隐含着数比关系。

在理论上，基于数比关系的比例因伴随着确定的数值而容易把握。更进一步地细分，这种比例大致也可分为两类。一类是古典及文艺复兴时可见的典型比例，即表现世界物象及宇宙秩序的比例。在这一时期，数比关系是包括人体在内的自然界的创造物的基本结构，因此在建筑上也采用隐含数比关系的比例来规整形状就被认为是天经地义的。但是，近代以来，这样的信念正在失去，基于数比关系的比例正逐渐变质成另一种东西，也就是说，最终将不被视作建筑造型的一种手法。

即便是基于数比关系的比例，作为表明世界秩序的比例和作为一种造型手法的比例也是有差异的，明确指出其差异的是科林·罗(p.13[I])。他指出，与“整数、人体比例、与音乐的融和”共为一体的建筑比例理论在18世纪以来已失去其稳固地位，比例正在成为“个人的感性和灵感的问题”。就比例来说，曾经存在的对其确信不疑的幸福时代如今已经消亡。但这并不值得叹息。因为可以相信，近现代以来，我们已经迎来了一个可以更为灵活的处理比例问题的时代。

尽管如此，若用现代的眼光来看，作为表明世界秩序的比例中存在着“完美比例”的信念，人们对此还是感到有点儿吃惊的。例如，古罗马的维特鲁威曾著有现存最古老的建筑书，他论述过代表部分与整体的比例关系，并说到，建筑比例要达到与人体比例同样完美的程度(p.12[A])。而在文艺复兴时期，阿尔伯蒂断言，建筑上必然存在着某种不可改变的崇高的完美(p.12[B])，还有帕拉第奥也确信存在着“建筑物能够呈现出一个完美的、巧夺天工的形态”的状态(p.12[C])。但是，阿尔伯蒂和帕拉第奥各自认为的理想比例或由其所生成的几何形状也有某些差异(p.36[A][B])，也就是说，无法假定出一个惟一的完美比例。反过来看，如果存在着惟一特定的完美比例的话，那么就很难产生那些风格迥异的作品。但是，让人惊讶不已的是居然还是有人坚定地相信存在着完美比例。

另一方面，致力于造型手法比例研究的现代建筑大师勒·柯布西耶，在强调比例的重要性的同时，也反复论述了比例的灵活性，即不存在完美比例。他认为比例是有选择性地被应用的东西，这是很有深意的。例如，在他的发言中提到“控制线就是防止陷入混乱的安全阀。……根据控制线的选择方式作品的基本几何学被固定下来(p.12[F])”，以及“相互关系是可变的、复杂的、无数的。……我不接受标准(p.13[G])”这些都是其典型的论述。根据勒·柯布西耶所说，采用哪一种比例方法或者比例理论，正如科林·罗所述，那是缘于个人感性的，是使个人灵感具有说服力和客观性的工具。

那么，现代建筑中，比例的定位在哪里呢？还有，比例方法、比例理论今日的可存在性又在哪里呢？

首先，与其说比例是世界观的体现，不如将比例作为个人的感性问题来考虑，关于这一点，可以说基本上是近代的一种延续。勒·柯布西耶在将比例作为个人感性问题提出的同时，对于比例方法也作出正面论述并提出多种提议，相对而言，现代建筑对于比例方法的正面阐述要少得多。然而，也并不是说比例被忽略了，而正如在文首所述及的，多是一边调整比例，一边将比例作为隐含的建筑表现运用其中。此时，我们可以想见，较之基于数比关系的比例，人们更关心的是能够直观把握的比例。这大概也正是近代以来数比关系与世界观的关联逐渐弱化的表现吧。

第二，比起考虑纯粹的数学比例来，联系建筑周围的状况来考虑比例的情况更加多起来了。这正是19世纪70年代所盛行的“文脉主义”的良好的影响。也就是说，要考虑周围重要建筑物的情况。总之，研究比例将有助于不孤立建筑，并使之与周围的环境相共存。

第三，有一种通常称作是极简抽象主义(minamalism)的建筑设计趋势。在此，比例感觉更为重要。因为简单三维形体以及其表面所具有的比例是决定建筑形象的极为重要的因素。

第四，有一种试图瓦解所谓“完美比例”的创作手法。这不只是在现代，众所周知，在文艺复兴初期也颇为盛行。米开朗琪罗就是其中的代表，看一下与他同时代的维扎里所著的传记就能够了解米开朗琪罗的比例感觉在当时被视为与众不同(p.13[K])。但是，若要瓦解完美比例的理念，首先就必须弄清楚何为完美比例。在这个意义上说，充分培养对比例的感觉也是十分必要的。

关于比例的诸家言说

[A] 所谓**比例**就是指美观、各部分组合适度。这就是说，建筑物的各个长、宽、高相互协调，即整体要与其局部统一相呼应。……同样，所谓统一是指建筑物的各个部分及其相互之间是协调的，由各个部分形成整体也是有一定呼应关系的。如同人体之所以能活动，正在于肘、脚、掌、指的其他细微部分相呼应一样，在建筑构成上也如此。维特鲁威.建筑十书.森田庆一译.东海大学出版会，1979年 p.11–12

[B] **所谓美就是指采用特定的理论方法，其所有的各构成部分都匀称、没有败笔，所有的部分不能够再增减一笔或者移动半分。**为了达到如此卓越超凡的境界，各种艺术的作用及才能都要发挥到淋漓尽致。莱昂·巴蒂斯塔·阿尔伯蒂建筑论.相川浩译.中央公论美术出版社，1982年 p.159–160

[C] 美是由以下几点产生的：美的形式是由**整体与局部的呼应，各局部之间的相互呼应以及各个局部与整体的呼应所产生的**。也就是说，建筑物能够呈现出一个完美的、巧夺天工的形态。其中，各个部分要相互协调，且凡是构思出来的又都是不可缺少的。桐敷真次郎编著.帕拉第奥〈建筑四书〉注解.中央公论美术出版社，1986年 p.35

[D] **建筑师就是通过**将他个人纯粹的精神创造付诸具体形式，实现有序性，通过形态强烈地刺激我们的感觉，激发我们对形态的感动。此时，通过所产生出的比例唤起我们内心深处的共鸣，给予我们一种与世界协调的有秩序的节奏感，决定着我们的情感和心理活动，于是我们感受到了美。勒·柯布西耶.走向新建筑.吉阪隆正译.鹿岛出版协会，1967 p.25

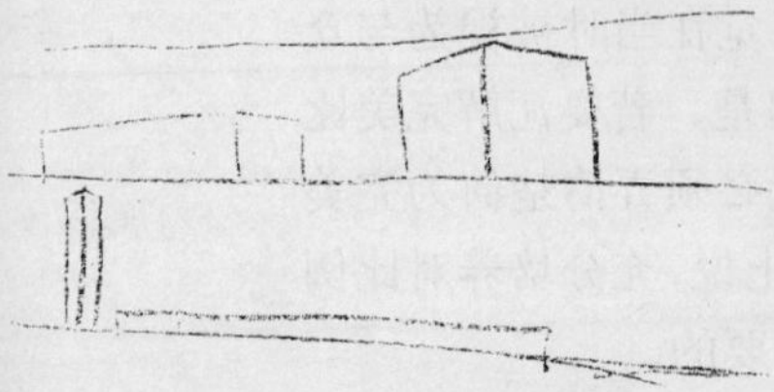

[E] **建筑的灵感是如何表达出来的呢？**在此来说明一下。我们画一个横向的立方体。于是我们就可以断言，这个立体就是确定的，它具备最基本的建筑感。……**这个立方体就以这个比例放在这个空间位置**。由此，人就表现了"这个就是我的设计"。我们将这个立方体拉长、增高，或把它水平地向横向伸长，那就可以更明确地体会到这一点了。这就表现了一种个性。……**因为一切都已经在这里决定下来**，所以一开始所确定的感觉是无法再改变的。勒·柯布西耶.精密性(上).井田安弘，芝优共子译.鹿岛出版协会，1984 p.118–119

[F] 控制线就是防止陷混乱的安全阀。是为了证、评价创作工作而做来的，就好像对于小学用小九九来检查，而对科学工作者就要通过"被证明了的(C.Q.F.D.来检查。控制线是一种

神的满足，巧妙地给我们指出一条发现其协调性的道路，赋予其作品以协调性。控制线带进了感性数学的性质，给人一种愉悦的秩序感。根据控制线的选择方式的不同，作品的基本几何形式就被固定下来。于是，也就决定了一个基本的印象。**控制线的选择是如同灵感一样的一种瞬间决定，是建筑上的一项重要工作。**勒·柯布西耶.走向新建筑.吉阪隆正译.鹿岛出版协会,1967 p.71

[G] 我原则上是反对原封照搬的。反对它拒绝创造、**主张事物的绝对性**、惧怕创新等等。但是，我相信在**充满诗意的相互关系上的绝对性**。而且，这样的相互关系从其概念上看来也是可变的、多样的、无数的。我不接受标准，我要求事物间要有可协调性。勒·柯布西耶.走向新建筑.吉阪隆正译.鹿岛出版协会，1976 p.191

[H] **比例图示将所有的近代建筑统一起来并赋予其灵活性。**在平面和立面上，用假想的几何网格线来构成各个部分，而各个部分又彼此协调而统一成一个整体。比例——根据极端功能主义者的理论，那不过是19世纪的遗留物——但它却仍然是近代设计美学中最好的一块试金石。亨利·拉塞尔·希区柯克，菲利普·约翰逊.国际风格.武泽秀一译.鹿岛出版协会，1978 p.74

[I] 在帕拉第奥时代，人们普遍相信，在数学和音乐领域，协调性是理想比例的基础。构成了完美数、**人体比例和音乐和谐性的这些要素是相互融合的。**……勒·柯布西耶也表达了类似的观点。数学给人们带来了“给予生机活力的真实”，“人们确信自己已找到了真理，这才开始能够公开自己的作品”。但是，勒·柯布西耶所追求的东西虽然也被承认是对的，他的建筑创作却并没有像帕拉第奥的作品那样表现出无与伦比的清晰性。帕拉第奥在理论界雄踞一方的地位在18世纪最终瓦解，同时，**比例也成了一种个人感性和个人灵感问题。**而勒·柯布西耶始终没能获得帕拉第奥那样稳固的历史地位。科林·罗·风格主义与近代建筑.伊东丰雄，松永安光译. 彰国社，1981 p.15–17

[J] 在现代的建筑设计理论中，比例理论所以从理论中枢消失，固然有上述的三点原因(共通的世界物象理论的崩溃，素材的多样化，建筑功能的复杂化。著者注)。但实际上，对于现代的设计者们来说，他们要不断地确定繁多的建筑形式和尺寸，而且也必须这样做。……**虽然不能寄希望于比例方法具有神秘力量和完美性质**，但是，采用数学或几何学的规律来推动创作仍然具有重大的意义。在画图和制作模型的过程中不断地对比例进行探讨、修正，一些建筑家就将某些特殊的比例渗透在自己的作品中。富永让.比例. A+U,1979 (6): p.129

[K](米开朗琪罗在洛伦佐教堂的新圣器室设计中)虽然模仿了菲利波·伯鲁乃列斯基创作的旧圣器室，但还是采用了不同的装饰方式。于是创作出了一种多样的、新手法建构的、古今艺术家从未做出过的装饰。他将精美的雕栏、挑檐、柱头、基础、大门、圣龛、墓穴全部重新制作。那是一种与寻常按照维特鲁威或古代的比例、方式、标准所造出的完全不同的风格——因为他不想落入陈规。那种奔放令任何一个只要看过他作品的人都不由自主地竞相模仿，然后再将一种**超越理性和规则的新奇融入他们的作品中。**乔治·霍扎里. 文艺复兴时期的画者传记.平川佑弘，小谷年司，田中英道译.白水社，1983年 p.255

I-1 普拉顿立体与维特鲁威人体 PROPORTION

通常将具有简单的几何形体的空间立体称为普拉顿立体，这其实是普拉顿所阐述的概念的推广。普拉顿本身只列举了正四面体、正六面体、正八面体、正十二面体及正二十面体这五种正多面体(图①)。但有趣的是，与这些空间立体相关联展开了特别的比例学说。

普拉顿在晚年写了一部题为《泰玛伊奥斯》的书。这部书的体裁形式很特别，在书中有一位南意大利学者兼政治家，名叫泰玛伊奥斯。泰玛伊奥斯向苏克雷斯以及另两个人讲述他的宇宙论，而这正是普拉顿想要告诉世人的。下面，我们简述一下其大致内容："上帝原本是要创造一个与己相似的宇宙，但最终作出的却是一个完美的球形。宇宙的基本元素有四种：可见的是火，可触的是土，介于二者之间的是空气和水。在四者之间存在着一种表现亲和程度的比例关系，即火：空气＝空气：水＝水：土。这些元素都是正多面体，任何一个面也都是由基本的三角形构成的。三角形的起源就是等腰直角三角形(图②)和一种不等边三角形。这种不等边三角形的两个角分别为30°和60°，将两个这样的三角形合在一起就可得到正三角形(图③)——前者可构成正六面体，后者则可构成正四面体、正八面体、正二十面体。而正十二面体是第五个构成体。四种元素中，土是正六面体，水是正二十面体，空气是正八面体，火是正四面体。这些元素的形状产生了其各自的特性——或是不易移动或是尖锐。"

如上所述，在《泰玛伊奥斯》的宇宙论中，比例、正多面体、元素奇妙地被联系起来。这里没有包括圆柱、圆锥等形状，那是因为这些形状具有方向性，以不同的视点观察将看到不同的形状，从而它们被认为缺乏简单性。而且也很难把这些形状的产生和三角形的起源联系起来。

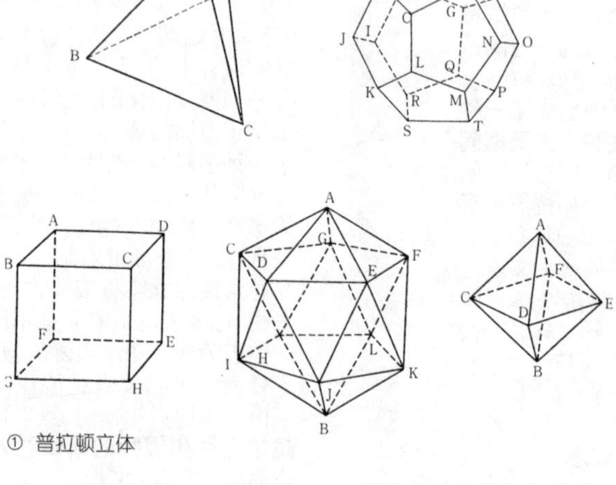

① 普拉顿立体

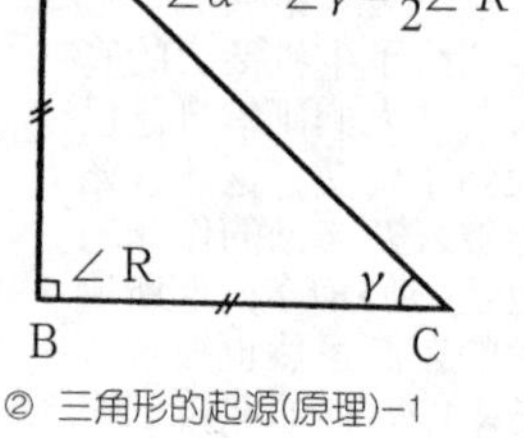

② 三角形的起源(原理)-1

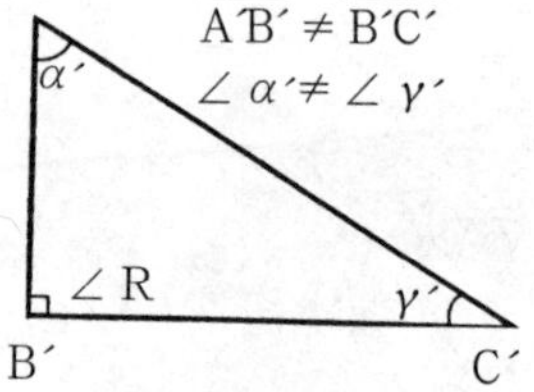

③ 三角形的起源(原理)-2

普拉顿还进一步论述了宇宙灵魂的构成。灵魂是一种支配肢体的东西，是一种包括有、同、异三种物质的混合物。而且更加有趣的是，据他所述这种混合物还是一种具有可被分割为有序数列性质的物质(图④)。这个数列究竟有何意义，现在还很难理解，但是在这里也描述了独特的比例，对此还是非常值得注意的。后来，宇宙论得到广泛研读，且具有深远的影响力，而其中居然有这样神奇的比例论，这也称得上是古代的一大谜团吧。

还有一个维特鲁威的人体比例论也被认为是古典比例的一大谜团。他提出，人体的比例是完全协调的，在将人体各部分比例用具体数据列举出来并作记录后得出，若让一个体形优美的人伸开手脚，以肚脐为中心就吻合于完美的圆形或方形。而且，他认为这样的人体比例还应该反映在神庙的设计上。但是维特鲁威没有做出人体图像的图解，到文艺复兴时期，当维特鲁威的建筑理论被作为构筑建筑理论的依据时，列奥纳多·达·芬奇和切扎列奥努就曾撰文绘图来解释维特鲁威的人体(图⑤－⑥)。据说当时画出了许多不同的人体形状。

古时候，比例的阐述与宇宙论、简单几何学、人体论密切相关。比例的地位可与现今的自然科学系统的中枢相媲美。因此，建筑家们确信比例应当作为自己创作理论的基础，而且必须如此。

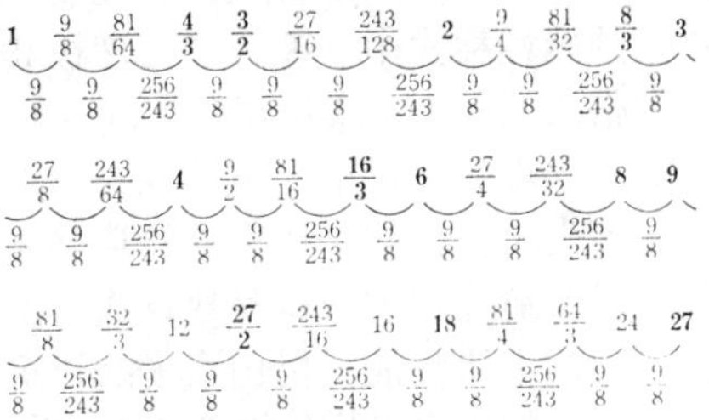

神是采用如下的方法开始这个分割的。

首先，从整体中分离出了一部分。

其次再分离出为前者两倍的部分，

接下来第三步，用第二部分的1倍半，将相当于第一部分的3倍的部分，

第四步将第二部分的2倍，

第五步将第三部分的3倍，

第六步将第一部分的8倍，

第七步将第一部分的27倍，如此类推进行了分离。

然后在每一个2倍之间(或音阶)和每一个3倍之间，从原来的混合物中取出部分，填入它们之间。那么，不管哪一个间隔，都让其像如下所示拥有两个中项。即：其一，对于两端的各项中任何一项取相同的比例，以其差超出初项，根据情况超出末项(调和中项)，使其中之一具有数的等差，超过初项并根据情况超过末项(算术中项)。

但是，如果加入这样的结合项，由此会在刚才的间隔中，产生3对2，4对3，9对8的间隔(两端的项为成为该比例的间隔)。因此，这回用9对8的间隔全部填满4对3的间隔。于是，这些间隔分割分别出现了一个分数，但这样剩下的分数的间隔用数的比例来说，两端的项就成为了256对243。

④ 比例的数列

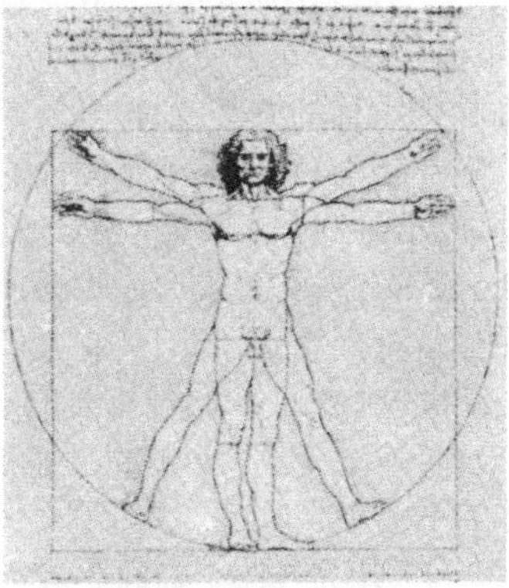

⑤ 维特鲁威的人体图(达·芬奇)

⑥ 维特鲁威的人体图(切扎列奥努)

I-2 柱式与比例 PROPORTION

在古希腊的神殿中，柱子、梁与屋顶的细部形状及其比例关系渐渐形成标准模式，于是柱式就作为一种基本法则且广为人知。在古希腊，随着时间推移，依次出现了多立克式、爱奥尼式、科林斯式；而在古罗马时代又加上了塔司干式和复合柱式，总计为五大类(图①)。在每一种类型中，以柱子的底部直径为基准而确定其他各部分的尺寸，比例在其中发挥了重要的作用。维特鲁威在《建筑十书》中将这些称为柱式，给出多立克式柱式和爱奥尼式柱式的图解，并严格规定了各部分尺寸的比例大小(图②)。

但是，在形成这些柱式的古希腊时代，这种比例体系也并不是被严格使用的。我们比较一下使用多立克式所建的帕斯顿姆设计的波赛顿神庙(公元前460年左右，图④)和伊克底努设计的帕提农神庙(公元前447–432年，图⑤)就十分清楚了。前者在多立克式形成时期追求比例甚至显得刻板，而后者则具有近于爱奥尼式的优美的比例。在此很重要的一点是，这些柱子的比例即极简单的粗细和高度的关系左右着建筑物的整体形象。一个建筑通过柱子的比例、柱子的间距成为强有力的而且优美的表现。这就是古希腊建筑柱式的比例方式的最大发明与贡献。

到了古罗马时期，建筑物的规模增加而且层叠化，与此同时，柱子成为非结构部分而作为装饰部分的情况增多，就如罗马的斗兽场所呈现出来的(公元69–79年，图③)。它采用了各层都不相同的柱式，将各层的层叠明显地表现出来，同时，在大墙面使用柱式以勾勒出符合规则的节奏感。在文艺复兴时期开创了一种大型柱式与复合柱式相叠合的手法，从而柱式的表现力越发增强。例如在大型柱式初期，米开朗琪罗的卡比多广场的博物馆(Palazzo dei Conservatori)(公元1564–1568年，图⑥，p.72图①②)就是采用了贯穿两层的大型柱式，从而产生出与环绕广场周围的建筑相和谐的尺度感。另有一例，即帕拉第奥的巴西利卡(公元1549–1614年，图⑦)在表现上下层的廊柱柱式中，叠合了尺度极其优美的带拱的柱列，实现了尺度混合的可能。

现代建筑中，虽然柱式的细部形状消失了，但柱子比例给建筑整体的感觉以及通过柱列来调整建筑物尺度感的柱式的本质功能，仍由众多的建筑大师以各自的风格多样化地应用着。举例来说，诺曼·福斯特的尼姆艺术广场(1993年，图⑧)使用了较细的大型柱式，不仅风格优雅，而且表现出符合广场空间尺度的凯旋门；香山寿夫在彩之国崎玉艺术剧场中(1994年，图⑨)使用柱列产生出一种人文性的尺度感。

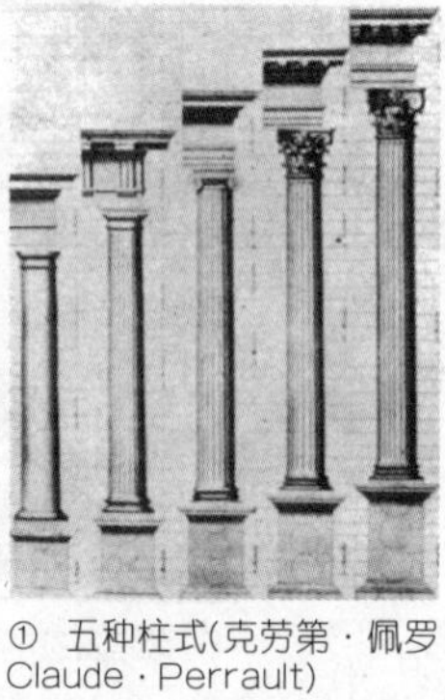

① 五种柱式(克劳第·佩罗 Claude·Perrault)

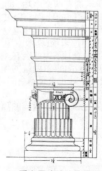

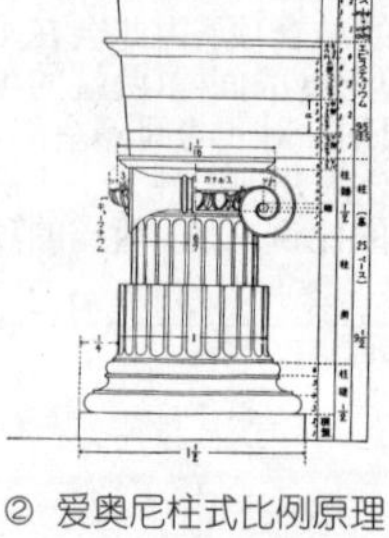

② 爱奥尼柱式比例原理

③ 罗马斗兽场

④ 波赛顿神庙

⑤ 帕提农神庙

⑥ 卡比多广场的博物馆

⑦ 巴西利卡(帕拉第奥)

⑧ 尼姆艺术广场(福斯特)

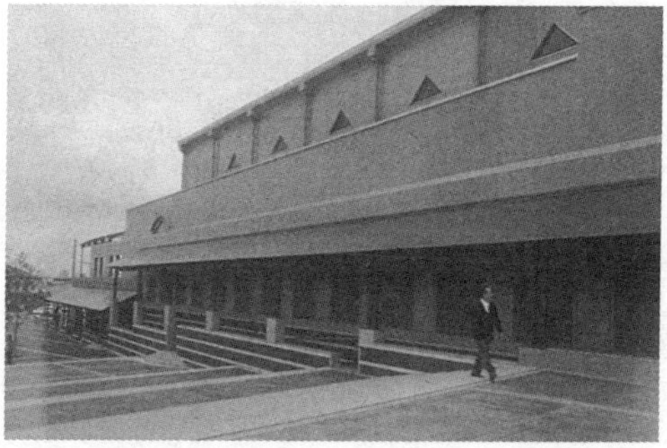

⑨ 彩之国崎玉艺术剧场(香山寿夫)

I-3 文艺复兴时期的比例理论 PROPORTION

文艺复兴时期的比例理论十分复杂，在此，我们大致整理出以下五点：

首先，曾经提倡过以比例为基础的几何学。这对于帕拉第奥和阿尔伯蒂尤为显著。二者所推崇的几何学存在着微妙的差异，这是十分有意思的。关于这一点，我们在下一章将作详细的说明。

第二，是使用这样的几何形状来调整建筑物的立面比例。阿尔伯蒂的新圣玛利亚教堂(公元1448－1470年，图①②)就是尝试使用正方形和圆形来调整正立面比例；而安东尼奥·德·小桑加洛担任主设计的法尔尼斯(公元1530－1546年，图③④)也体现了基于正方形的正立面比例。

第三，开始关注平面比例。从著名的科林·罗关于帕拉第奥的玛尔肯泰塔别墅和勒·柯布西耶的萨伏伊别墅的平面比例的类似性的比较分析(图⑤⑥，p.21图⑤－⑧)就可以看出来，文艺复兴时期的建筑家们是要用单纯的比例关系来决定平面上墙体的位置。

第四，在决定内部空间的天棚高度时，要注意与平面尺寸的比例。阿尔伯蒂就曾说他希望在圆形教堂的穹顶下部的壁面的高度是平面直径的1/2或2/3或3/4。而帕拉第奥在确定三维形体天棚高度(h)时则推荐使用基于矩形平面($b \times l$)的三个比例中项，即：

等差中项：$h=(b+l)/2$

等比中项：$h=\sqrt{bl}$

调和中项：$2bl/(b+l)$

大家认为，比例用于内部空间的三维体系，则空间形状将更接近于理想。在此我们也可以看出人们对于比例的深入研究吧。

最后，虽然在前面已有所论述，就是用柱式叠合来调整立面比例，同时提高设计质量。阿尔伯蒂将来自于古罗马的神庙和凯旋门的建筑理念结合起来，他所设计的圣·安德烈亚教堂(公元1471－1512年图⑦⑧)达成了富有整体感的大尺度与突出中央部位的和谐。帕拉第奥的设计是带有主走廊和侧廊，所以相对于正立面不得不多少有点突出的教堂，将分别对应于主走廊和侧廊的柱式组合到一起，由此实现了堪称为有机统一体的教堂立面。大圣乔治教堂(公元1566－1610年，图⑨⑩)正是采用这种手法的代表作品。

① 新圣玛利亚教堂(阿尔伯蒂)

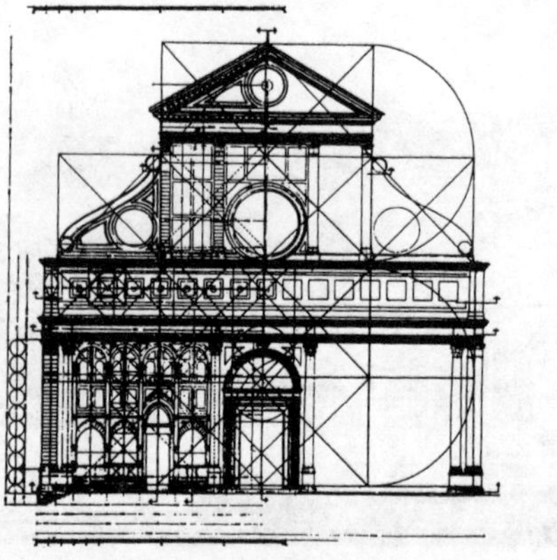

② 新圣玛利亚教堂分析图

③ 法尔尼斯府邸(Palazzo Farnese)(小桑加洛)

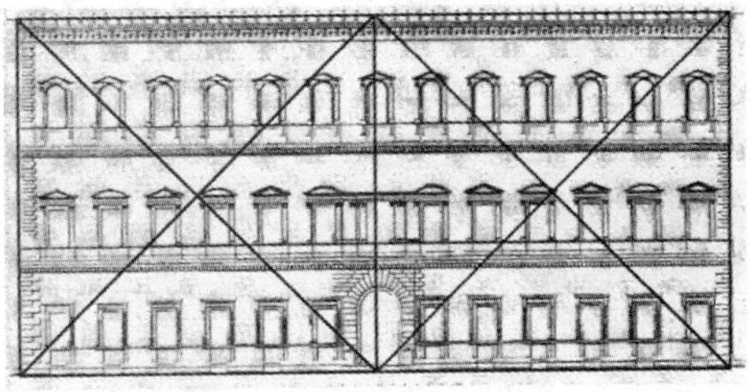

④ 法尔尼斯府邸分析图

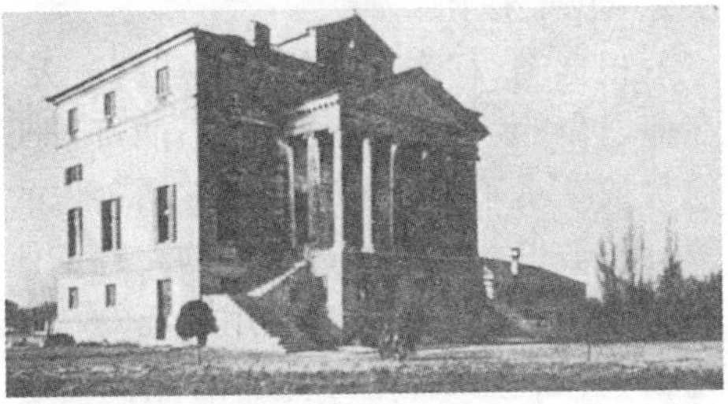

⑤ 玛尔肯泰塔别墅(帕拉第奥)

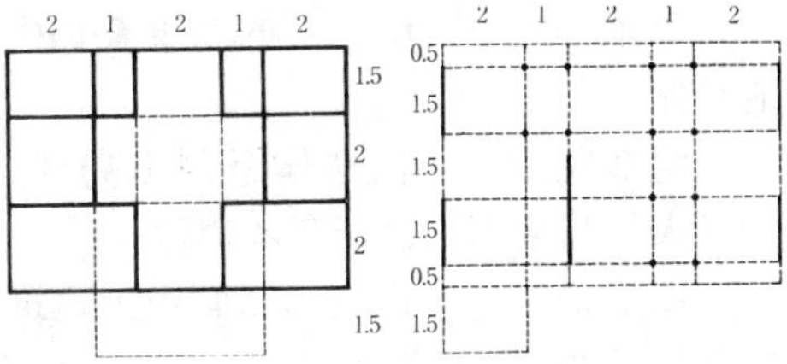

⑥ 玛尔肯泰塔别墅(左)和加尔修之家(右)的比较分析图

⑦ 圣安德烈亚(Sant'Andrea)教堂(阿尔伯蒂)

⑧ 圣安德烈亚(Sant'Andrea)教堂立面

⑨ 大圣乔治教堂(帕拉第奥)

⑩ 大圣乔治教堂分析图

I-4 勒·柯布西耶与控制线 PROPORTION

在近代建筑家中，勒·柯布西耶是最热衷于比例理论的。而且他将比例作为自己的设计方法的基础之一。勒·柯布西耶在《设计基本尺度Ⅱ》中阐述了处理比例的三种方式，将其内容作了精心分析的富永让整理成以下三种：

算术构成——由局部的简单叠加生成整体；

组成构成——由整体分割出局部，如以人体为依据的设计基本模数；

图形构成——将整体图面作为建筑图形进行处理。

在勒·柯布西耶对比例的多种兴趣中，由正交斜线决定整体与局部形状的控制线是他作为调整图形构成的最有效的手段而毕生反复使用。所谓控制线就是一个“防止陷入混乱的安全阀”，是“确定作品的基本几何学形式的手段”，“控制线的选择是如同灵感一样的一种瞬间决定”(p.12[F])。

根据勒·柯布西耶的回忆：“有一天，在他巴黎的一个小屋子里，石油灯下明信片放在桌子上。米开朗琪罗所创作的罗马圣彼得大教堂引起了他的注意。他把另一张明信片翻过来，用背面的一个角很直观地在朱庇特神庙的立面上移动。于是一个将被大家所承认的真理——直角在支配着这座神庙的构成并支配

① 勒·柯布西耶的卡比托利欧(Campidoglio)分析图

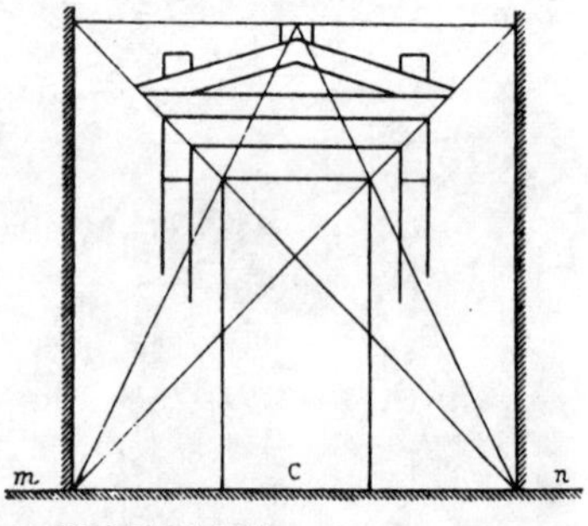

② 舒瓦齐的控制线

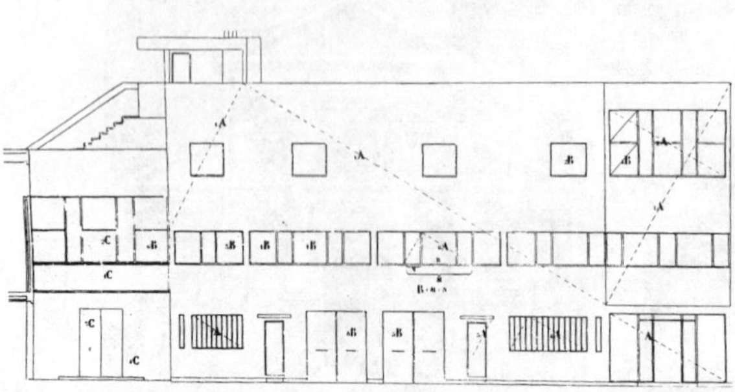

③ 拉·罗什·让纳雷住宅(勒·柯布西耶)立面

④ 拉·罗什·让纳雷住宅

着所有建筑物的构成——突然之间就被发现了(吉阪隆正译《设计基本尺度II》鹿岛出版协会，1976，p.19)(图①)。那就是“一个启示”，并其后成为“一本书带来的确信：奥古斯特·舒瓦齐的建筑史”(同上，p.19)。舒瓦齐的书是在考虑将形态作为结构论的归结下写就的。他明确指出，在中世纪和文艺复兴时期都使用了控制线，而且还参照塞鲁里奥的建筑书里的图提供了用接近于控制线的思考方法绘制的图(图②，奥古斯特·舒瓦齐.建筑史II. 1899，p.641)。

根据这些情况，控制线就绝对不是勒·柯布西耶的发明，但他敏锐地看出了控制线将是在近代建筑中能够广泛使用的比例处理方法。而且他个人也在逐渐地习惯使用控制线，这一点我们通过比较拉·罗什·让纳雷住宅(La Roche-Jeanneret House，1923年，图③④)和加尔修之家(1927年，图⑤－⑧)就可以理解。前者中，有一些正交的斜线，它们之间没有确定的关系，而在整体轮廓以及开洞部分也能看到有很多地方与控制线的关系是无法想像的。相对应的，在加尔修之家中只用了有限的几处控制线，而且主要部分与控制线是密切相关的。整体形态本身要简单，而且科林·罗曾指出，结构本身在南北立面上是以2:1:2:1:2这样简单的比例来调整的，而加尔修之家用这些控制线就将设计规范起来是与这些有关的。南北立面整体是黄金比，而北立面的水平带状墙从上到下是4:2:2:1的比例。因此，在加尔修之家中只为确定整体轮廓与露台、矩形的开洞部分，而使用控制线就足够了。

⑤ 加尔修之家(勒·柯布西耶)

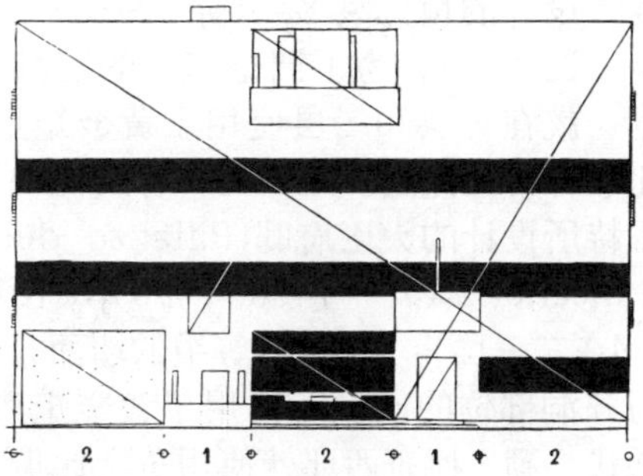

⑦ 加尔修之家立面

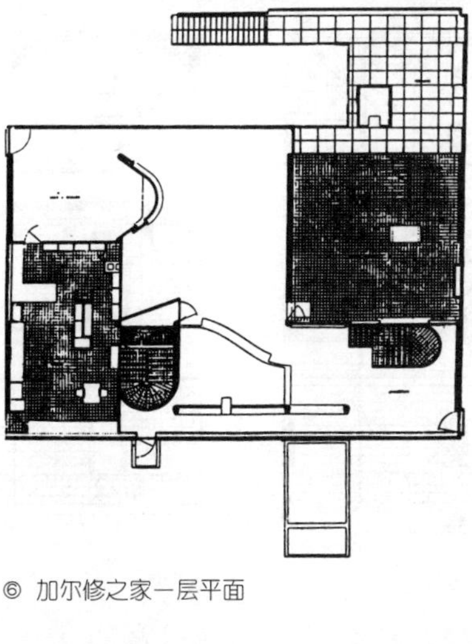

⑥ 加尔修之家一层平面

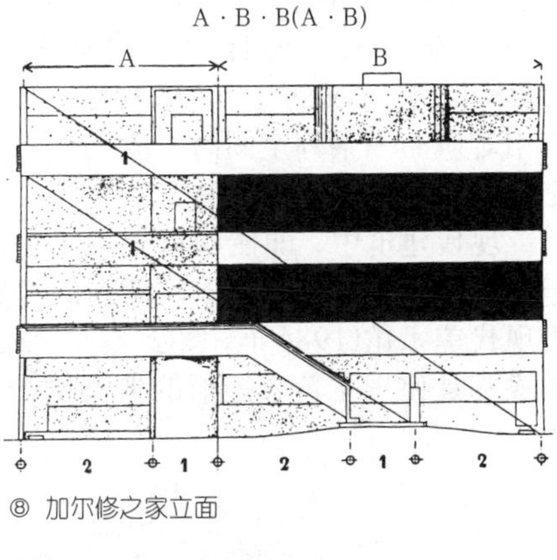

⑧ 加尔修之家立面

I-5 黄金矩形 PROPORTION

自古以来，以$\Phi=1.618$为两边之比的黄金矩形就广为人知。这样一种不工整的比例数却深为人们所推崇，其原因正是在于图形上的特点。也就是从黄金矩形上截下一个正方形，剩余部分仍是黄金矩形。若要在代数中求这个比值，则可由$1:\Phi=(\Phi-1):1$得到，解方程$\Phi^2-\Phi-1=0$，从而得$\Phi=(1+\sqrt{5})/2=1.618$。从图形上看，在黄金矩形中通过画正方形而得到的两条对角线是正交的。

如上所述，黄金矩形使用起来很方便，但若要像在建筑上那样，将实际尺寸表现出来却很难使用。虽然如此，作为一个“美妙的图形”依然使得建筑家们心驰神往。例如在文艺复兴时期伯拉孟特设计的坦比哀多(公元1502−510年，图②③)，为了调整二层的三维形体，就在一层和二层使用了黄金矩形。此事时常被提起。同样的，有人说伯拉孟特所设计的大臣府邸(Palazzo della Cancelleria)(公元1486−1498年，图④⑤)在二三层为了调整有等级的墙面分割与开洞部位的比例而使用了黄金矩形。近代，勒·柯布西耶就使用黄金比调整上文提到的加尔修之家立面的整体比例或创出设计基本尺度数列，更有在“300万人口现代城市”规划方案(1922年，图⑥⑦)中使用黄金矩形而闻名于世。朱捷特贝·泰拉尼在设计但丁乌姆构思(1938年，图⑧−⑪)与但丁《神曲》的故事相对应的一系列空间时，就在平面中充分利用了黄金矩形的特点。

现代建筑中，即使明言使用了黄金矩形也并不是可见的，但矶崎新的洛杉矶现代美术馆(1986年，图⑫−⑭)的平面构成却是使用了黄金矩形的典型例子。

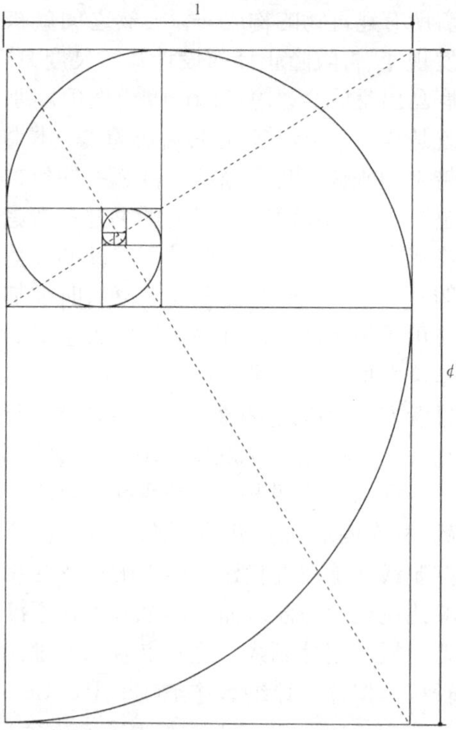

① 黄金矩形

② 坦比哀多(Tempietto)(伯拉孟特)

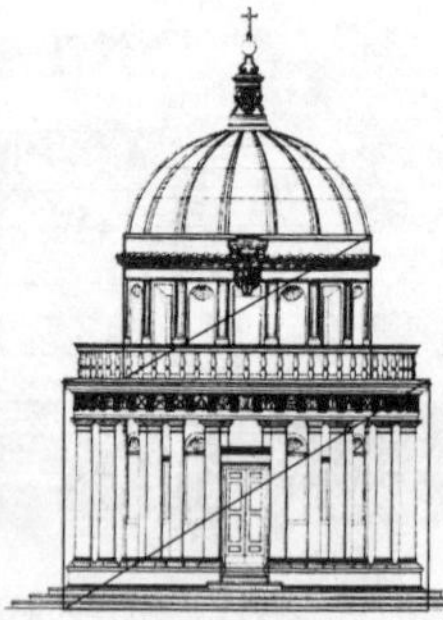

③ 坦比哀多(Tempietto)分析图

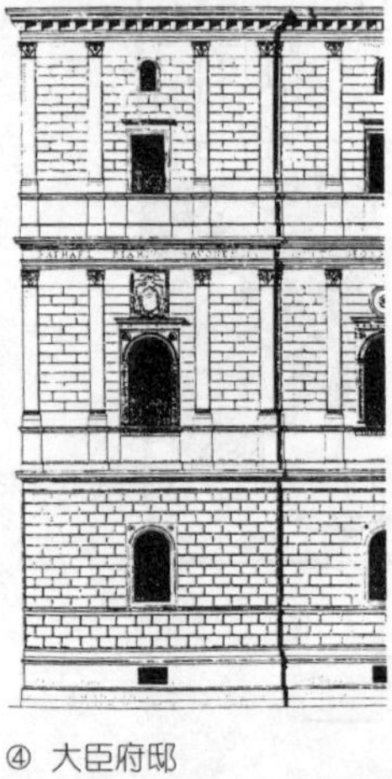

④ 大臣府邸

⑤ 大臣府邸分析图

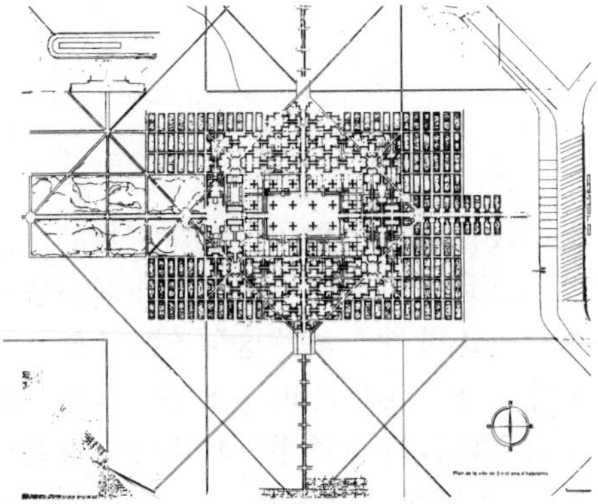

⑥ 300万人现代城市规划方案(勒·柯布西耶)

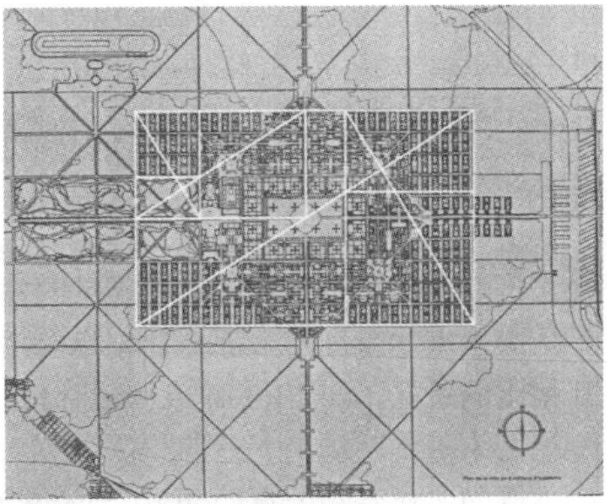

⑦ 300万人现代城市规划方案分析图

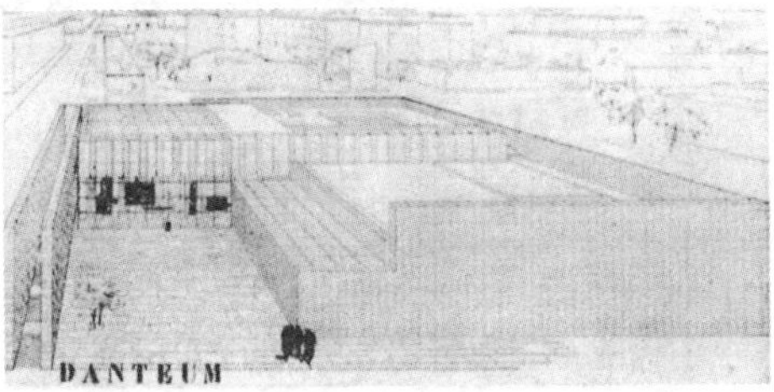

⑧ 但丁乌姆(泰拉尼)

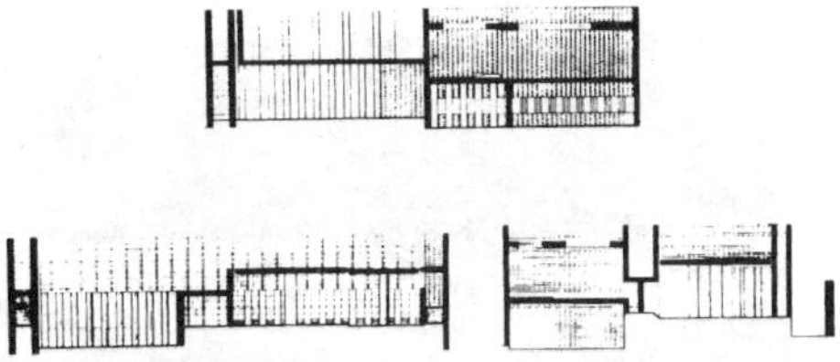

⑨ 但丁乌姆剖面

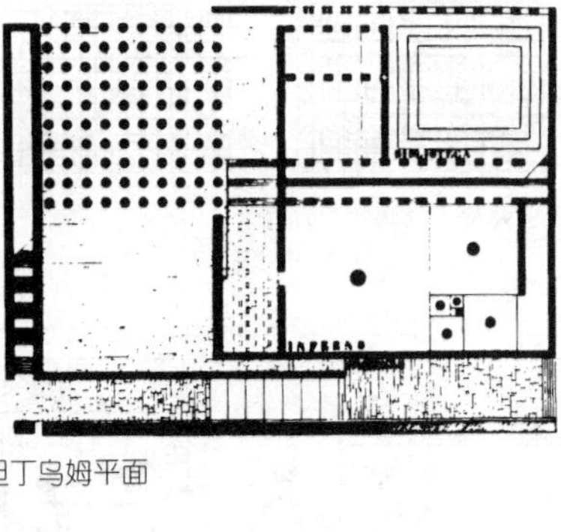

⑩ 但丁乌姆平面

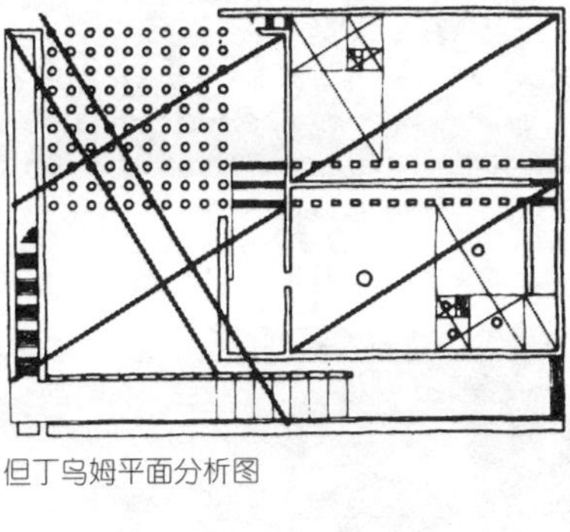

⑪ 但丁乌姆平面分析图

⑫ 洛杉矶现代美术馆

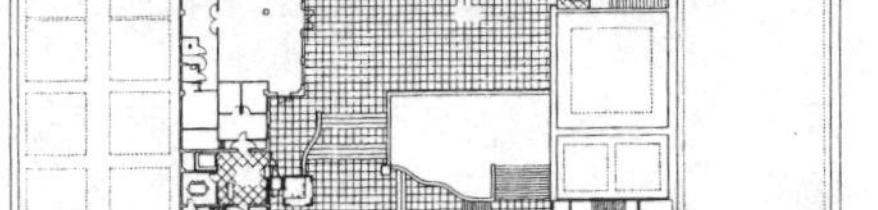

⑬ 洛杉矶现代美术馆(矶崎新)四层平面图

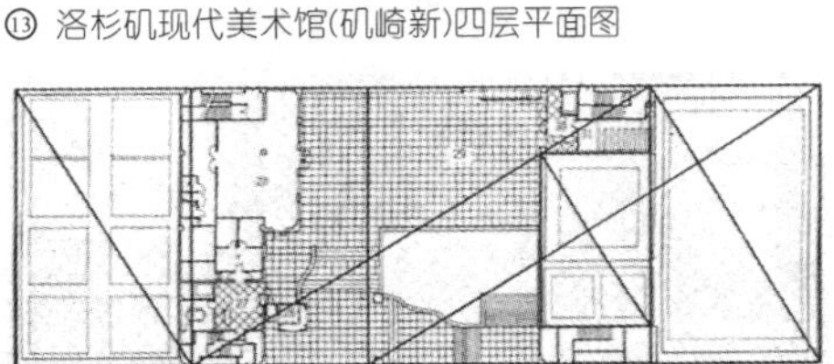

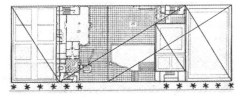

⑭ 洛杉矶现代美术馆平面分析图

I-6 比例的引用 PROPORTION

引用或者参照过去的建筑作品，这在建筑史上是司空见惯的，但常见的并不是引用整体或细部，而是抽象地引用那种比例感觉。尤其在扩建或改建时，这一点更为明显。

例如理查德·迈耶(Richard Meier)设计的法兰克福工艺博物馆(1985年，图①②；p.115图⑫⑬)，在确定扩建部分的立面设计时就使用了已有建筑物的开洞模式，且通过改变细部尽量使新旧建筑物具有连续性。虽然这种连续性最终只是停留在了抽象的理论水平，但作为联系古今建筑的一种手段却应该是很有效的。在上野公园扩建勒·柯布西耶的国立西洋美术馆(1979 年，图③－⑤)时，前川国男设计事务所所采用的手法，就是

① 法兰克福工艺博物馆(迈耶)

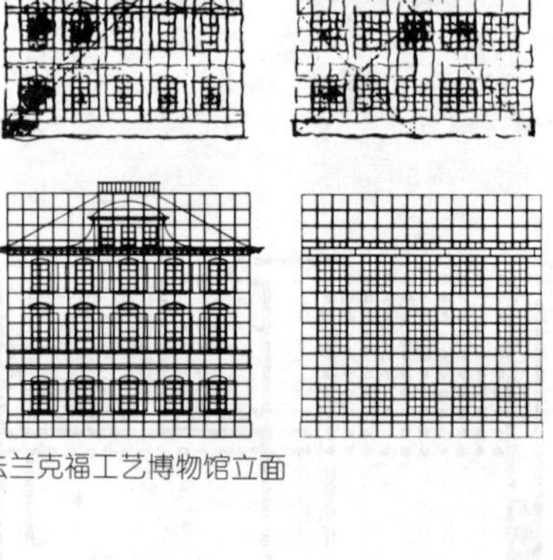

② 法兰克福工艺博物馆立面

③ 国立西洋美术馆新馆(前川国男)

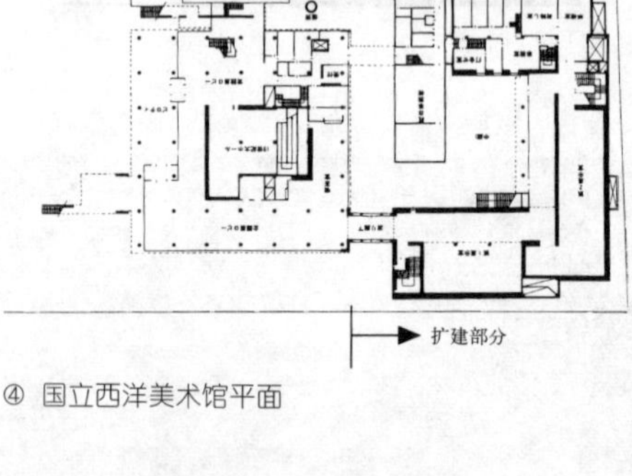

④ 国立西洋美术馆平面

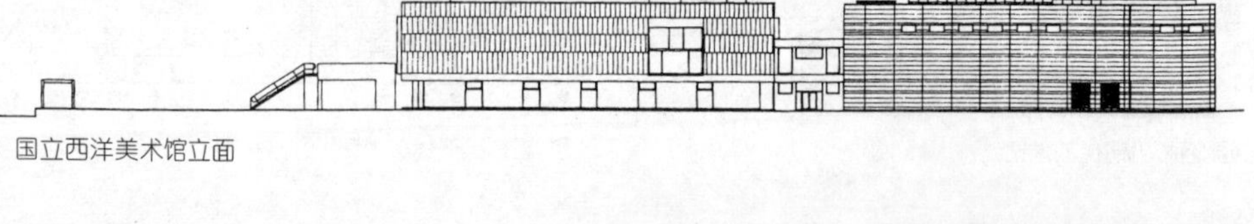

⑤ 国立西洋美术馆立面

使新旧建筑物的立面轮廓保持一致。相对于勒·柯布西耶设计的美术馆拥有完美的外形，新馆在空间构成上却采用了中庭型平面而与旧馆全然不同。这仅仅是调整了外观尺寸就达到了连续性要求。玛奇奥·米得和豪威特设计的波士顿公共图书馆(1888–1892年，图⑦)就是将巴黎的安利·拉布尔斯特设计的桑德·捷努布伊艾努图书馆(1843–1850年，图⑥)的若干细部的比例改变后引用的。在另一侧菲利普·约翰逊运用了变换上下层的变形增建手段(图⑧)，从而产生了具有对比性的连续性效果。

也有的改扩建工程引用了以前的名作的比例。吉赛普·特拉尼设计的法西奥大厦(1936年，图⑨–⑫)就引用了法尔尼斯府邸(Palazzo Farnese)(图⑬⑭)的立面大分割及开洞比例。在平面上也可见其大空间及楼梯位置的相似性，在立面构成上引用其比例更是明显。

⑥ 桑德·捷努布伊艾努图书馆(拉布尔斯特)

⑦ 波士顿公共图书馆(玛奇奥·米得和豪威特)

⑧ 波士顿公共图书馆扩建部分(约翰逊)

⑨ 法西奥大厦(特拉尼)

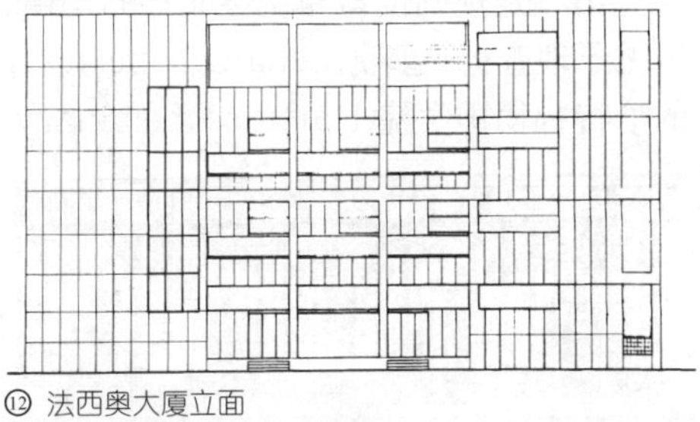
⑫ 法西奥大厦立面

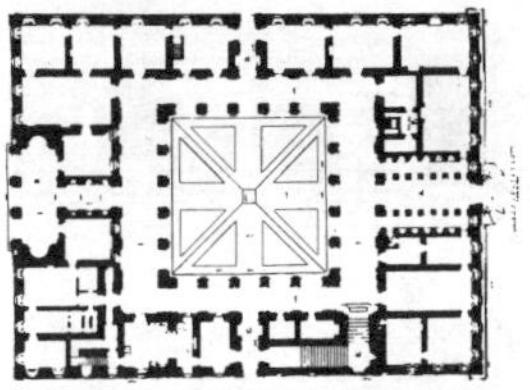
⑬ 法尔尼斯府邸(小桑加洛等)一层平面

⑩ 法西奥大厦

⑪ 法西奥大厦一层平面

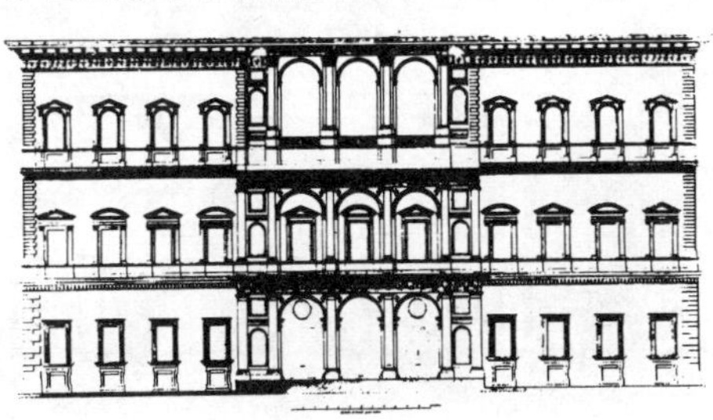
⑭ 法尔尼斯府邸立面

I-7 比例和均衡 PROPORTION

在基于严密数比的比例理论不适用的时候，也可以通过直观把握比例感觉，将各部分配置出均衡的形状，以在构成上达到良好的均衡。下面，我们以稳定均衡、规则性与变化性共存的均衡、巧妙的均衡这三个关键词为线索来看几个作品。

作为最早的稳定均衡的典型例子可举出伯拉孟特设计的拉斐尔府邸(1510–1512年，图①)。在这件作品中，一层的粗面石饰面的厚重表现与二层的成对圆柱的略重表现，体现出下重上轻的效果，这样就产生出有适当变化的均衡。而且，各部分比例、开洞部分的节奏也能够调整，整体上就产生出稳定的均衡效果。这无非就是再次突出了文艺复兴鼎盛时期的构成理念的具体化。

第二是规则性与变化性共存的均衡，可见于理查德·迈耶(Richard Meier)设计的哈特福德神学院(Hartford Seminary)(1981年，图②③)及阿瑟尼姆旅游中心(The Atheneum)(1979年，图④⑤；p.48图①②)。在该建筑中，采用边长约1m的方形钢板，一方面保证了规则性，另一方面做出各种尺寸的开洞、斜线、曲面等适当的变化。由于嵌板的分割通常以柱芯和墙芯为基准，墙角处以及不规则处的嵌板分割就往往比较困难，要仔细注意那样的细部。

第三就是通过处理三维形体，如各部分的大小与排列，墙与开洞部分的凹凸高低，而使整体产生出巧妙的均衡效果。槙文彦设计的特彼亚(Tepia)展览馆(1989年，图⑥⑦)与大野秀敏的NBK关工园事务大楼、综合楼(1992年，图⑧⑨)及旅馆就是其典型代表。有一点需要注意到，那就是它在调整所有组成元素以使其避免过强或过弱的同时也调整整体的均衡比例，这并不是显而易见的。

① 拉斐尔府邸(伯拉孟特)

② 哈特福德神学院(理查德·迈耶)

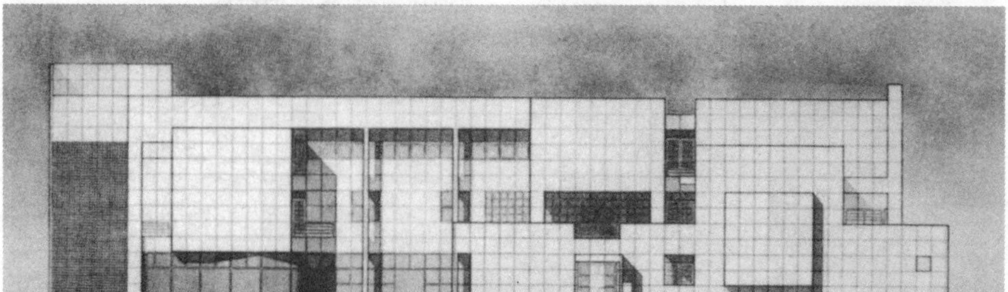
③ 哈特福德神学院立面

④ 阿瑟尼姆旅游中心(迈耶)

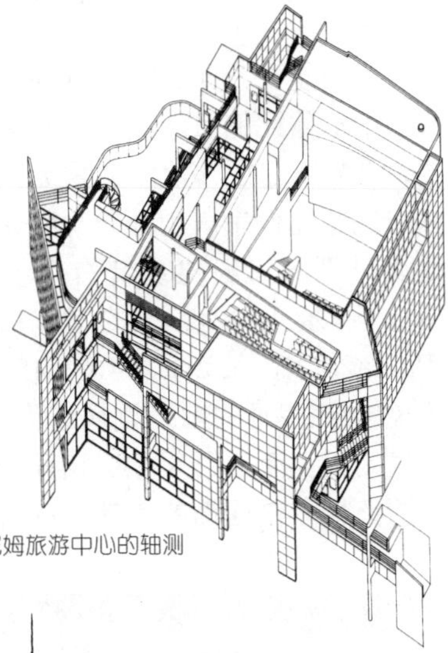

⑤ 阿瑟尼姆旅游中心的轴测

⑥ 特彼亚展览馆(槙文彦)

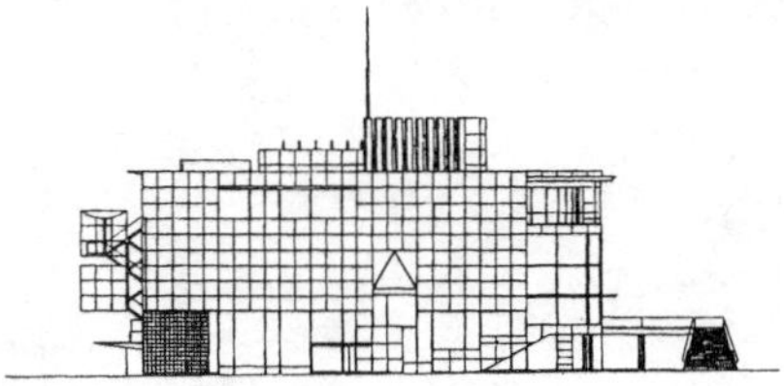

⑦ 特彼亚展览馆立面

⑧ NBK 关工园事务大楼、综合楼(大野秀敏)布置图

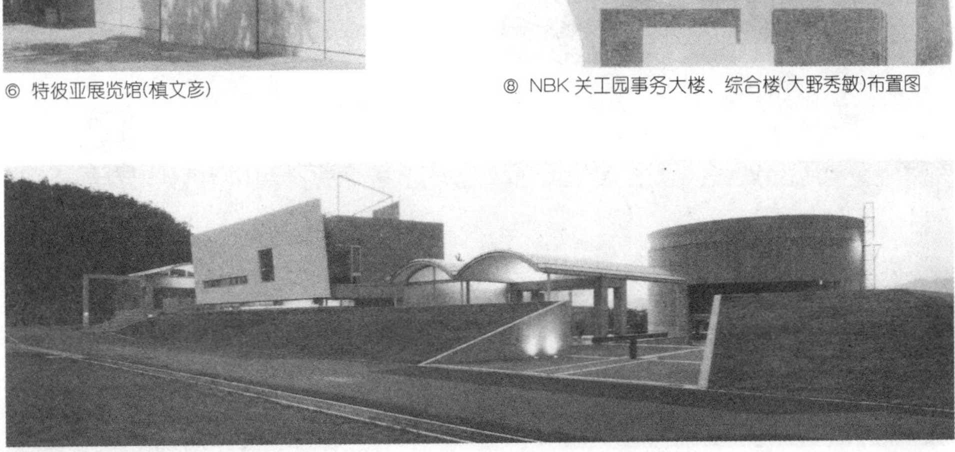

⑨ NBK 关工园事务大楼、综合楼

I-8 微小箱形与比例 PROPORTION

当建筑被还原到简单箱形结构时，其三维形体比例及墙面的样式就极为重要，因为不存在其他的表现元素而必须只用这些比例来表现建筑。例如在文艺复兴时期的宫殿建筑就有很多这种类型。阿尔伯蒂设计的鲁切拉府邸(Palaazo Rucellai)(1446−1451年，图①)就参照罗马的圆形剧场墙面样式，在三层的正立面上引入各层相异的三种柱式的壁柱分割墙面的手法，从而产生出均衡的箱形建筑。而且，如在篇首所示，将由安东尼奥·德·桑加洛设计的法尔尼斯府邸(Palazzo Farnese)的主体部分(p.19 图③④)的正立面整体平分为两份，同时解决了分割出规则的窗洞的问题。英国的琼斯(Inigo Jones)设计的女王宫(Queen's House)(1616−1635年，图②)就是在帕拉第奥的影响下，在箱型形态的二层的部分设置了楼厅，得以调整立面整体比例。

① 鲁切拉府邸(阿尔伯蒂)

② 皇后之屋(Queen's House)(琼斯)

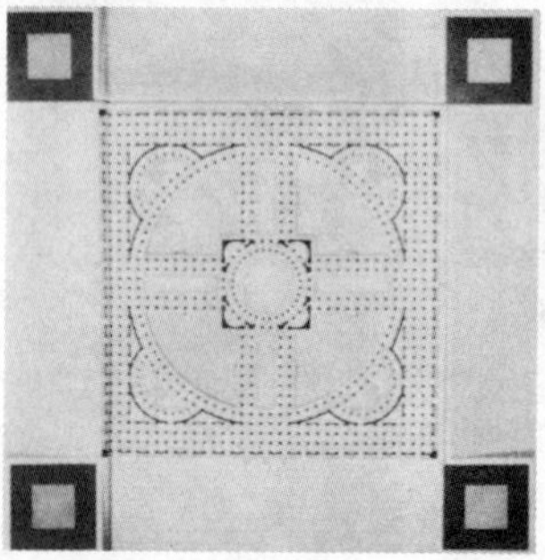

③ 市政厅舍设计方案(布勒)一层平面

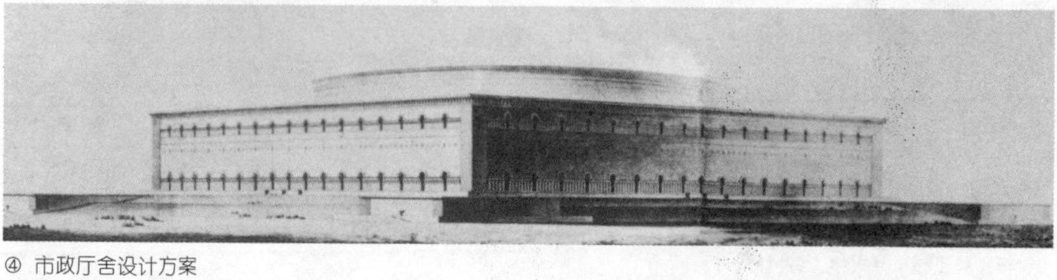

④ 市政厅舍设计方案

当建筑形式还原到18世纪末到19世纪的改良样式中的简单几何学形式时，墙面样式进一步简单化。例如部雷(Boullee)的市政厅舍设计方案(1785年，图③④)，就在墙面上设计了两条有拱形洞口的列柱带，通过体量和两条带状的分割突出建筑表现力。

在更为抽象化的现代建筑中，自然存在同样的问题。密斯后期的高层建筑等就是其典型例子。例如密斯对于芝加哥湖滨路公寓(1951年，图⑤⑥)、西格拉姆大厦(1959年，p.87图⑫—⑭)的竖框与拱肩、玻璃面的连接及比例都作了细致的考虑。有句话说，“精华就在于细部处理”。

经过了后现代主义和解构主义，近年来出现了一种称为“极少主义”的向简单形态回归的建筑形式。此时，玻璃面的设计更加多样化，如像谷口吉生的葛西临海公园展望广场的旅行招待所(1995年，图⑦⑧)，洞口与结构主体一体化，突出垂直线条；也出现了一批作品，在这些作品中，墙面与玻璃面的分割形式的比例起到了重要的作用，如赫尔佐格和德·穆隆设计的收藏现代美术作品的私人美术馆(1992年，图⑨)等。

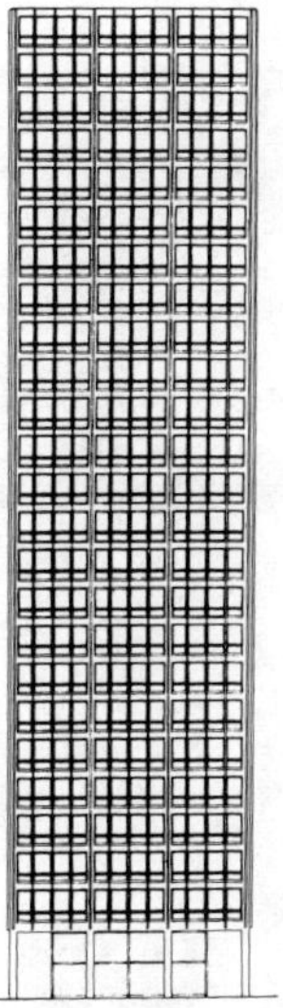

⑤ 芝加哥湖滨路公寓(密斯)立面

⑥ 芝加哥湖滨路公寓

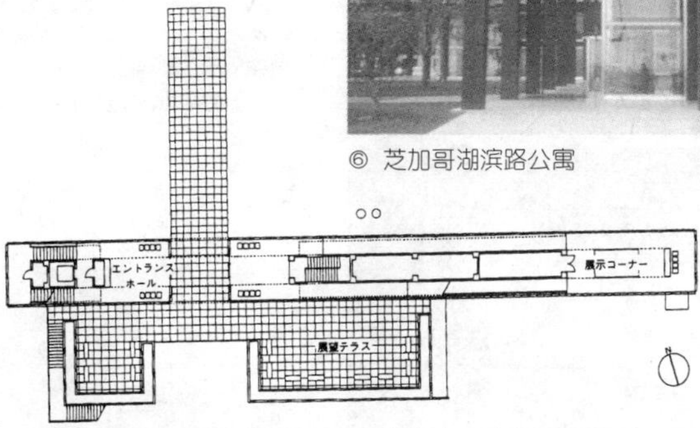

⑦ 葛西临海公园展望广场的展望休息楼(谷口吉生)一层平面

⑧ 葛西临海公园展望广场的展望休息楼

⑨ 现代美术画廊(赫尔佐格和德·穆隆)

I-9 打破比例成规 PROPORTION

虽然完美比例或者均衡的比例得到一致认可，但也存在着随着视角的改变而缺乏均衡感的不协调的比例。若不是有意识造成的，那就仅仅是所学不精，难以实现积极的建筑表现；若明明掌握了完美比例手法却有意打破比例格式的方法则正是另一种建筑表现。

在建筑史上广为人知的是以协调、稳定及完美比例为追求目标的，在文艺复兴鼎盛时期的后期出现的，一种被称为过分强调独特风格的表现。例如伯拉孟特的得意弟子拉斐尔(Raffaello Sanzio)，在确立自己的建筑风格的时候，就采用了一种刻意打破老师的建筑理念的方法。在布兰科尼奥 · 德拉奎拉府邸(1520年前后，图①)设计中就将上下层柱子的位置错开，并在三层的外墙上贸然做了高密度装饰，特意以此打破其均衡性。另外，米开朗琪罗设计的圣彼得大教堂附属的美狄奇家礼拜堂(1521–1534年，图②)，通过引入大小尺寸混杂、互相拥挤的建筑雕刻，借用霍扎里的话就是，打破“理性与规则”而

① 布兰科尼奥 · 德拉奎拉府邸(拉斐尔)

③ 德泰府邸(罗马诺)

② 美狄奇家礼拜堂(米开朗琪罗)

④ 霍维古斯神庙(霍克斯穆尔)

⑤ 圆厅别墅(帕拉第奥)

表现“奔放与奇特”。还有朱利奥·罗马诺设计的德泰府邸(Palazzo del Te)(1526–1534年，图③)，采用了明显的大拱顶石并切断了门檐，而且使各式各样的石材堆砌手法并存，表现出其刻意超越规范与和谐的理论。时代推移，英国的马尼艾里斯特派建筑家霍克斯穆尔·尼克斯(Hawksmoor Nicholas)所设计的霍维古斯神庙(1726年，图④)，则是借鉴了帕拉第奥设计的圆厅别墅(1567年动工，图⑤)并改变比例而设计的。

与文艺复兴鼎盛时期与前期的关系相同，后现代主义就像大家所指出的那样具有试图从近代建筑所确立的规范中超脱出来的迹象，而将某些建筑元素扩大、夸张。在矶崎新的筑波中心大楼(1983年，图⑦)所能看到的各种旧时建筑语言共存的手法，在迈克尔·格雷夫斯(Michael Graves)设计的波特兰大厦(Portland Building)(1982年，图⑥；p.63图⑬⑭)或其他一些作品中也同样可以看到。这也是刻意打破协调、稳定、规则比例的典型作品。另有莱姆·库哈斯设计的Sea Trade Center(1989年，图⑧)，像是将勒·柯布西耶设计的霍鲁米尼尼教堂(1965年，图⑨)——这栋建筑物本身就有着很奇特的形状与比例感觉，其形象变得更奇妙。

⑥ 波特兰大厦(迈克尔·格雷夫斯)

⑦ 筑波中心大楼(矶崎新)

⑧ Sea Trade Center(库哈斯)

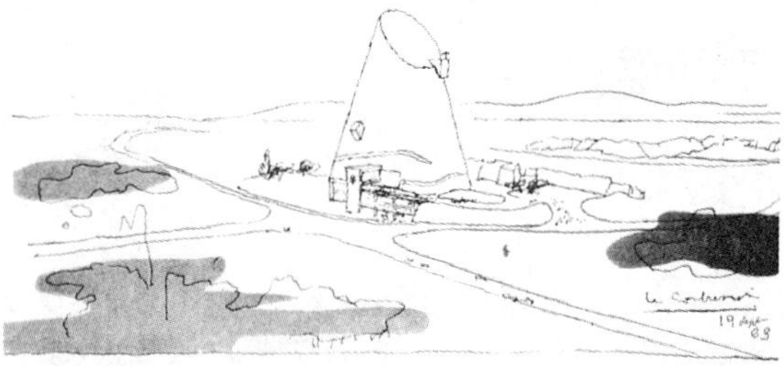

⑨ 霍鲁米尼尼教堂(勒·柯布西耶)

GEOMETRY

II 几何学

概说 OUTLINE

在建筑史上，从古至今一直都在反复使用着单纯的初级几何学的形态，这里我们称之为单纯几何学。建筑家们有时将这种单纯的几何形体作为完美的题材提出来，有时将其组合以得到更具复合性的建筑。单纯几何学的具体形态或者说具体的使用方法有很多种，但从根本上来说，建筑家们可以从使用单纯几何学的过程中得出更大的意义。

下面，我们就按照时间顺序将建筑家们对单纯几何学的深入思考的实际情况作一个概括。如我们在前面所阐述过的那样，即便不是建筑家的普拉顿也提到了五个正多面体(p.14)。到文艺复兴时期，阿尔伯蒂认为圆形是最完美的，并且提出了正方形、六边形、八边形、十边形、十二边形这样的向心性的形状，进而推荐了由正方形派生出来的三个长方形(p.36[A])。强调向心性的完美形状也正是作为理想主义者的阿尔伯蒂的一大特点。帕拉第奥所推荐的形状更偏于实践性，包括圆形、正方形、1:a^2的长方形及由正方形派生出来的四个长方形(p.36[B])。到了下一个时代，在被誉为18世纪末到19世纪的法国改良派的部雷(Boullee)或鲁道拉的作品中出现了完整的球形，这是众所周知的。

进入20世纪，更加倾向于至上主义、俄罗斯构成主义、风格派等高度抽象性的单纯几何学。勒·柯布西耶甚至断言“所谓的建筑就是集中在阳光下的三维形式的蕴蓄，是一出精美的、壮丽的舞台剧”(p.36[C])。而且，作为其原型列举出立方体、圆锥、球、圆柱、棱锥，这些三维形状因为没有任何模糊不清之处而被称为“最完美的形状”，并说“无论是孩子还是粗人或者哲学家在这一点上的认识都是一致的”。当然，是否真的任何人都这样认为，这还是存有疑问的。特别是随着时代的推移，路易斯·康关于单纯几何学的言论虽然很少见，但在他的作品中，却通过各种形态来体现出单纯几何学，这一点是无须多说了。

以上作了很笼统的概括，但是仅仅通过这些，我们就领会到建筑家们是如何对于单纯几何体进行了深入思考并对其深信不疑。虽是统称为单纯几何学，但具体看来这些几何学形态在不同建筑家的脑中所描绘的形状是有微小差异的，而建筑家们也正是通过这些差异来表现各自迥异的风格与特点。由于在建筑史上人们对于单纯几何学的极其深入的思考，反倒引发了对这样的思考的批判和怀疑。在这里也有必要总结一下这些批判和怀疑。

首先，存在着对于尊重单纯几何学的行为本身的批判。例如，罗伯特·文丘里在1966年出版的《建筑的复杂性与矛盾性》(Complexity and Contradiction in Architecture)一书中，就强烈批判了近代建筑过于注重建筑的简单性、原始性与一元性，却忽视了建筑本身所应该具备的暧昧性、多样性及对立性，为向后现代主义的转变开辟了道路(p.37[E])。1988年在纽约举行了一场“解构主义建筑(Deconstructivist Architecture)展览会”，产生了解构主义。解构主义者批评道，“建筑家们总是幻想着单纯形态。他们幻想去创作排除了任何有不稳定感和无秩序的东西。建筑选用立方体、圆柱、球体、圆锥及四棱锥那样的单纯几何体，将这些要素按照互不矛盾的构成手法稳定而协调地组合到一起。(p.37[F])”由此开始，解构主义就指出，过度追求稳定感、统一感与协调性的建筑物失掉了建筑本身所应该具有的模棱两可或缺陷，并说将这些表露出来正是解构主义的作用。这些批判固然含有值得听取的成分，但说建筑家们此前是没头没脑地在幻想回归到单纯几何学，这种想法是太夸张了。使用单纯几何学的理由是因为通过它们可以明确建筑的表现意图，单纯几何学的这一作用是我们必须首先认识到的。

第二种批评恰好和刚才的叙述有关，就是说单纯几何学所具有的表现力果真是人人皆知、值得信赖吗？也就是怀疑是否任何人看到某个单纯几何学都会产生同样的感觉、情感或者是构思。这个问题很难回答，就像爱德蒙得·胡塞尔在《几何学的起源》中所反思的一样：几何学及其所有的真理都具有无条件的普遍性与不容质疑性，这是任何人都确信的。这一前提此前从未将其作为一个问题严肃对待，而一直都是作为一个基础(p.37[H])。那么关于这个问题，我们就姑且认为单纯几何学的表现力具有极其普遍的可信性吧。

第三个疑问就是为什么人们单单看中了单纯几何学，而对于同样属于几何学领域的拓扑几何学及不规则分形几何学却没能应用到建筑上呢？答案还是比较简单的，简言之就是一个可行性的程度问题。单纯几何学很容易应用到建筑平面或者三维形体上；相对地，拓扑几何学要将实际形状和尺寸抽象出来，其空间的联系都是问题，因此，拓扑几何学在建筑化的时候，必须明确其空间位相关系，从而要想很多办法。而不规则分形几何学因为要用各种各样的尺寸来体现相似性，这就使人产生了疑问，用什么样的形状才能在实际建筑中得到实现呢？当然，并不是说都是不可行的，但由拓扑几何学与不规则分形几何学到底会得到怎样的建筑效果，这一点是要引起注意的。说到底，运用几何学的最终目的就如使用单纯几何体那样，它具备了怎样的表现力，对人的感觉造成了怎样的效果与影响。

第四个疑点或说批评是指单纯几何学往往过于完善，是否就因此而从周围环境中被孤立出来了呢？这是不是因为单纯几何学的使用方法与尺度所致呢？例如部雷(Boullee)的牛顿纪念堂(p.38 图③)就使用颇具特性的尺度做了一个巨大的球体，那的确创造了一种要脱俗出世的气势。但是在这件作品中恰恰是要表现出这样一种感觉，在这个意义上可以说，它是用几何学来达到表现目的的。反之，哪怕没有达到脱俗出世的效果，而因为与周围环境形成对比关系，从而极有可能很明显地区分出建筑本身与其周围环境。关于自然与建筑的关系，就如香山寿夫所说的：“人们用单纯几何学堆砌起来的构筑物正是对比地突显出自然地貌的奇伟(p.36[G])”，而其所列举的那些构筑物就是很好的例子。

以上所述，就是对单纯几何学的常见的批评与疑问的整理。如前所述，统称为单纯几何学，但其使用方法各建筑家之间也有极大的不同之处，其表现手法也是多样化的。在下面的篇幅中，我们将把单纯几何学所用的多种手法，从处理多个几何体之间的关系的角度来进行分类，并就它们是在怎样的设计理念下产生，又在实际上产生了怎样的空间效果等问题作一整理。

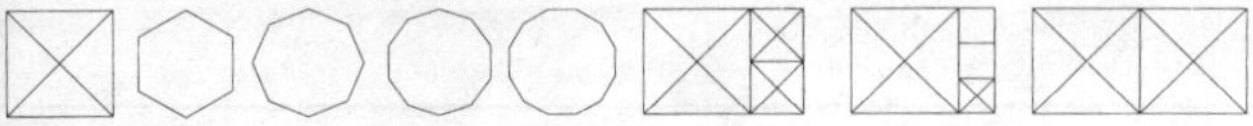

[A] 神庙——对他来说，那是教堂的同义词——对于神庙的理想形式，阿尔伯蒂首先是从**对圆形的赞赏**开始的。他认为在所有的形状中，自然本身最偏爱圆形。地球、星星、树木、动物与它们的巢、以及其他种种由自然所创造出来的东西都是证明。阿尔伯蒂一共推荐了九个基本几何形体。即圆形不算，他所列举的有正方形、六边形、八边形、十边形、十二边形。这些形状都是由圆确定出来的，阿尔伯蒂还说明了正方形的边长就是由它的内切圆的半径算出来的。除了这六种形状，从正方形再派生出三种形状，即在四边形上增加四边形的一半、增加三分之一和将两个四边形组合到一起。鲁德路夫·维特考娃.人文主义建筑的潮流.中森义宗译.彰国社，1971 年 p.17

[B]我认为客厅的长不应超过以它的宽度为边的正方形边长的二倍。大概越接近于**正方形就越**美观方便吧。……最完美的、均衡的而且较为成功的辅助用房有七种。辅助用房(的平面形式——著者注)很少，应该做成以下几种情况：圆形、正方形、长等于以其宽为边的正方形的对角线的长方形(1∶2的长方形——著者注以下同)、正方形的一又三分之一(3∶4的长方形)、正方形的一又二分之一(2∶3的长方形)、正方形的一又三分之二(3∶5的长方形)或者正方形的两倍边长(1∶2的长方形)。安德利亚·帕拉第奥(Andre Palladio)著.桐敷真次郎编著.帕拉第奥〈建筑四书〉注解.中央公论美术出版，1986 年 p.112

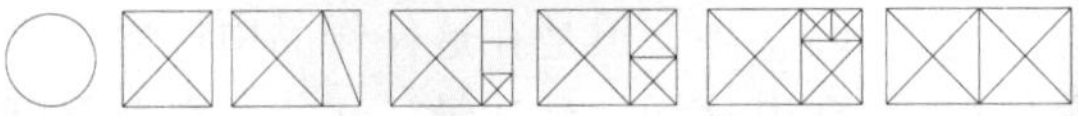

[C] 所谓的建筑就是集中在阳光下的三维形式的蕴蓄，是一出精美的、壮丽的舞台剧。我们可以在阳光下看见物体，明暗对比浮现出它们的形状。立方体、圆锥、球体、圆柱以及棱锥等都是原始形状，光使其形状突显出来。其形象是明确的、可触摸的，没有模糊之处。因此那都是“完美的、最完美的形状”，无论谁都无疑会同意这个看法，既使是儿童、粗人与哲学家。这也是造型艺术的本质条件。勒·柯布西耶.走向新建筑.吉阪隆正译.鹿岛出版协会，1967 年 p.37

关于几何学的诸家言说

[G] 在提到与自然相融合、共存的建筑时，并不是单单指融合于自然的细腻而优美的建筑。也有很多是在很笨拙地模仿而去迎合自然，这种建筑反倒是与自然相悖逆，造成了尴尬的后果。但也应该有那种与之形成对比的、很协调地与自然共存的建筑。西都会派的建筑就是用长方体、圆锥、三棱锥等被还原的几何学的体块构成的。其明显的简单感与周围的平缓地形形成了

[D] 轴线、圆与正方形都是几何体的真髓，是可以由肉眼量测的。若非如此，那它就成了偶然的、异常的且模糊不清的了。**几何体是人类的一种语言**。勒·柯布西耶.走向新建筑.吉阪隆正译.鹿岛出版协会，1967年 p.68

[E] 我喜欢建筑上的多样性和对立性……我在此所列举出的是包含着在艺术上不可欠缺的东西。那是基于现代的丰富性与模糊的经验性而具备了多样性与对立性的建筑。……传统的现代建筑大师对于建筑的多样性都不完全或者只是敷衍地认可。他们打破传统，试图从头开始就摒弃那些复杂的成分，而将初始的一元的形状作为其理想。……勒·柯布西耶作为简单主义的提倡者曾就“明确的没有模糊感的、伟大的简单形态”做过论述。现代建筑家们都毫无例外地避开模糊性。罗伯特·文丘里.建筑的复杂性和矛盾性.伊藤公文译.鹿岛出版协会，1982年，p.33–36

[F] 建筑家总是幻想着**简单形态**，他们幻想去创作排除了任何有不稳定因素和无秩序的东西。建筑选用立方体、圆柱、球体、圆锥及四棱锥那样的简单几何体，将这些要素按照没有矛盾的构成手法稳定而协调地组合到一起。……形态群使得它们形成了具有统一性的整体。这样协调平衡的几何体于是就原封不动地成为建筑的实际的结构体。这样可以看出其形态上的简单性正可以保证其结构上的稳定性。因此，解构主义的建筑家们不是将建筑物解体而是揭示出**蕴涵在建筑本身**之内的、固有的一种难以取舍的矛盾。马克·威格利.解构主义建筑.(Mark Wigley.Deconstructivist Architecture.MOMA).1988 p.10–11

[H] 几何体以及其所有的定理，对全人类、对任何时代、对任何民族都不只是作为历史的事实存在，它们对于我们思考范围内的一切都具有**无条件的普遍性**，这一点是任何人都确信的。确信这些真理的前提就是此前从未将其作为一个问题严肃对待，而一直都是作为一个基础。对于这样一个提出了具有无条件客观性要求的历史事实，要得到肯定，那它本身就应是同样不变的，它要将绝对的先验性作为前提而且对我们来说当是一目了然的。爱德蒙得·胡塞尔.几何学的起源.加克·戴利达作序.田岛节夫，矢岛中夫，铃木修一译.青土社，1976年，p.30

强烈的对比。年轻的勒·柯布西耶就是从这个造型中得到启发的。**这些都可以说是人们用简单几何体堆砌起来的构筑物正是对比地突显出自然地貌的**奇伟的例子。香山寿夫.建筑意匠讲义.东京大学出版协会，1996年 p.139

Ⅱ-1 完整的纯粹几何体 GEOMETRY

自古以来，纯粹几何体以其孤立而又完整的形式被应用到建筑上的情况就很常见。但是，将具有特定功能的建筑还原成单纯的纯粹几何体就不是那么容易了。甚至可以说根本就是不现实的。因此，那种具有纯粹几何体形式的建筑或者是构筑物多是出现在极其特殊的社会状况或是建筑思想处于变革转换的时期。下面，我们按照形态上的大致的类别举出几个典型的例子。

以完全球体为主题的建筑在具体实现过程中尤为困难。罗马的万神庙(Pantheon)(118−135年，图①②)的内部空间上部是基于45m直径的球体而建造的，下部则为圆柱体，外观上近似于在圆柱上覆盖了一个穹顶。另有在法国革命高潮前后建造的由部雷(Boullee)设计的牛顿纪念堂(1728−1799年，图③)以及克劳德·尼古拉·鲁德(Claude Nicholas Ledoux)设计的大地耕作人之家(1784年，图④)，这些都是形象鲜明的作品，但在当时都是不可实现的。球体在近代建筑中频频出

① 万神庙

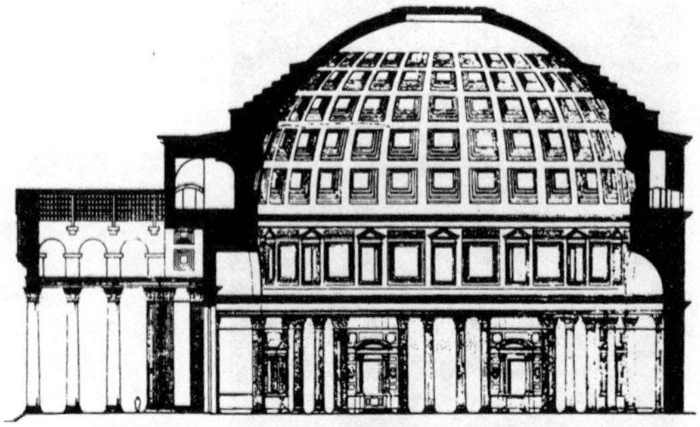

② 万神庙剖面

③ 牛顿纪念堂(部雷)

④ 大地耕作人之家(鲁德)

现，但却很少作为单独的建筑形体。

四棱锥即在视觉上以三角形作为建筑主题的代表作当然是首推埃及金字塔。对于它们与其说是建筑还不如说那不过就是一些具有纪念意义的坟墓。吉萨第一金字塔(约公元前2545－前2520年，图⑤)高达140m。四棱锥与球体同样具有极强的完美性，贝聿铭在卢佛尔宫美术馆的庭院中，为使其与周围的代表法国文艺复兴与巴洛克形式的建筑群产生出对比效果，而采用了玻璃的金字塔形(1989年，图⑥)，通过这种完整性形成了对比效果。也有将四棱锥倒立起来的，如奥斯卡·尼迈耶设计的卡拉卡斯近代美术馆(1955年，图⑧)就表现得极为生动。

立方体或是长方体适应当地条件也会产生完美的表现力，因为其作为建筑形体很普遍，所以很多时候能与周围环境相融合。因此，若要使简单建筑形式具有某种表现力就要在其周围的一定范围内留出空地。如我们在开始所提到的法尔尼斯府邸(p.25.图⑬⑭)、勒·柯布西耶的萨伏伊别墅(1930年，图⑦；p.86图⑦⑧)、山崎实的世界贸易中心(1974年，图⑨)、赫尔佐格和德·穆隆的沃尔夫信号楼(Signal Box)(1995年，图⑩)等，都是其代表。

⑤ 吉萨金字塔群

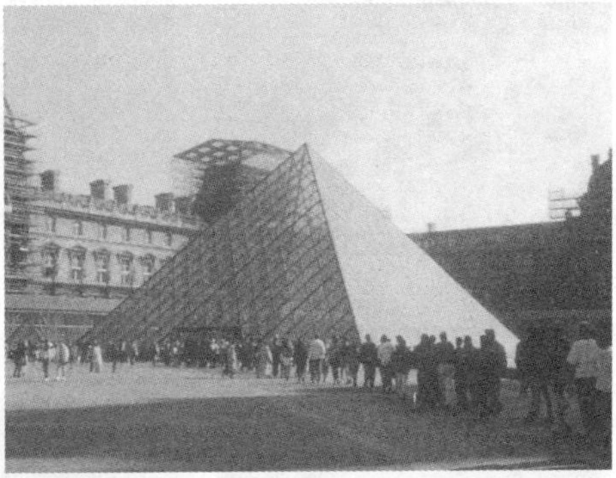
⑥ 卢佛尔宫美术馆庭院的玻璃金字塔(贝聿铭)

⑦ 萨伏伊别墅(勒·柯布西耶)

⑧ 卡拉卡斯近代美术馆(尼迈耶)

⑨ 世界贸易中心(山崎实)

⑩ 沃尔夫信号楼(赫尔佐格和德·穆隆)

Ⅱ-2 几何体的重复 GEOMETRY

随着简单几何体多次重复，建筑就与完整的几何体所体现出的纪念意义有极大的不同。通过这样的重复就出现了某种特别的气氛，而在重复的形体间又产生出独特的空间。

地方色彩(vernacular)的住宅群与建筑物中有不少就是由简单形式反复组合而形成独特景色的。例如，苏丹的多贡族(Dogon)居住部落(图①)就是在长方体上加圆锥形的屋顶形成的塔状住宅群；整体上就是一个呈堆石子状的圆锥形的南意大利村落(图②)；还可能被当成在德黑兰近郊才有的商队旅馆(caravansary)设施的那种变了形的连续穹顶(图③)。这些都大大地刺激了建筑家们的想像力，成为出色的现代建筑创作灵感的来源之

① 多贡族居住部落

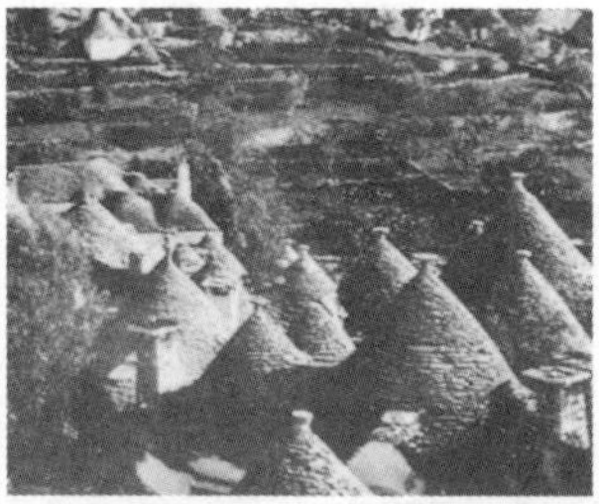
② 南意大利村落

③ 德黑兰近郊的商队旅馆

④ 儿童之家(凡・艾克)

⑤ 儿童之家

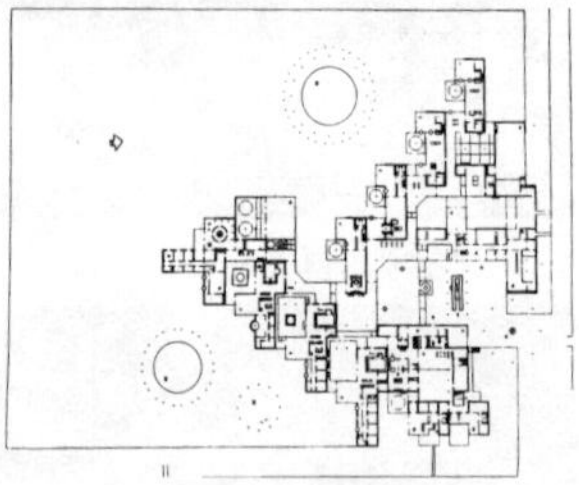
⑥ 儿童之家一层平面

⑦ 那霸市立小学校(原广司)

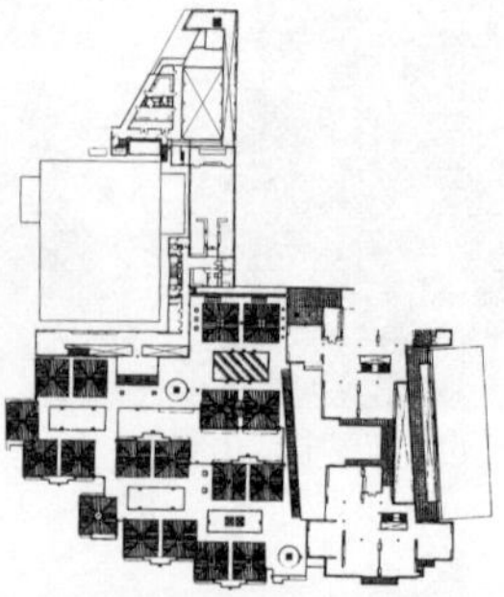
⑧ 那霸市立小学校一层平面

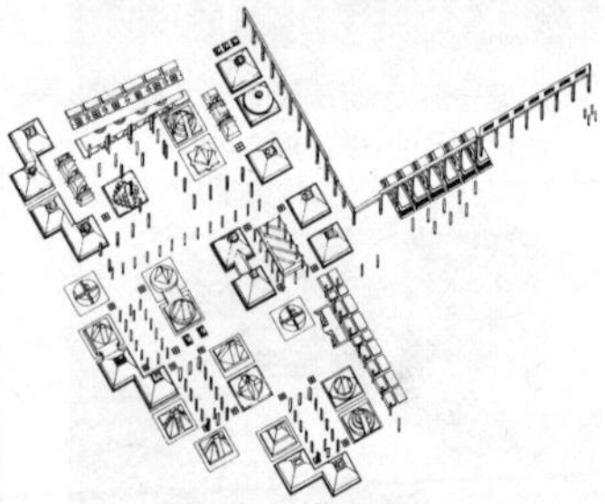
⑨ 那霸市立小学校轴测

一。例如，凡·艾克设计的儿童之家(图④－⑥)和原广司在那霸市立小学校(1986年，图⑦－⑨)中就采用了具有地方色彩(vernacular)的重复使用几何学的设计方法，创作出源于异地风土习俗的建筑。

现代建筑中也有使用抽象的简单几何体的建筑，但是，它们通过简单形式的重复，削弱了简单形式本身的完整性，并在其各个形态之间营造出积极的空间效果，这样的例子也有很多。路易斯·康的艾哈迈达巴德(Ahmedabad)的印度经济管理学院(1974年，图⑩⑪)等就是其典型例子。在这所大学的重复同一种形式而成的教学楼和重复不同形式而成的办公楼之间设计主楼，将二十几栋形式相同的学生宿舍以平缓的弧状环绕在其周围。美国的短期大学生命保险总公司(1971年，图⑫⑬)是将能使人联想到凯文·罗奇(Kevin Roche)的金字塔状的办公楼重复使用，而得到一种独特的景观效果。小川晋一的再生设施(Restore Station)(1992年，图⑭⑮)也是通过简单立方体的重复建造出独特、美丽的场景。

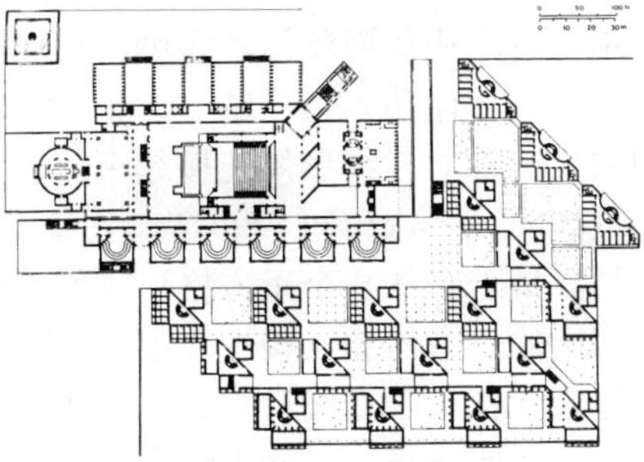

⑩ 印度经济管理学院(路易斯·康)平面

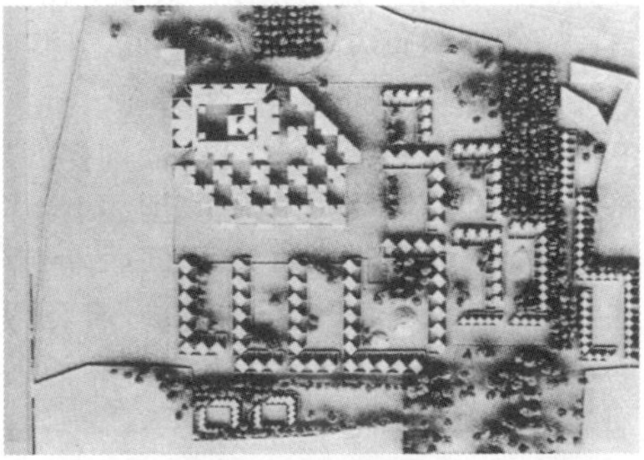

⑪ 印度经济管理学院

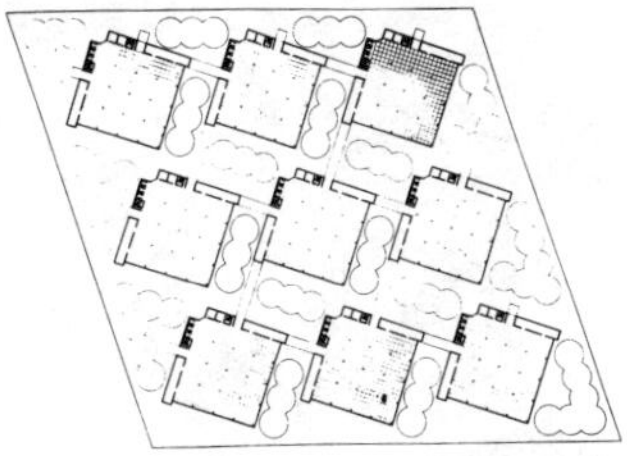

⑫ 美国的短期大学生命保险总公司(罗奇)平面

⑬ 美国的短期大学生命保险总公司

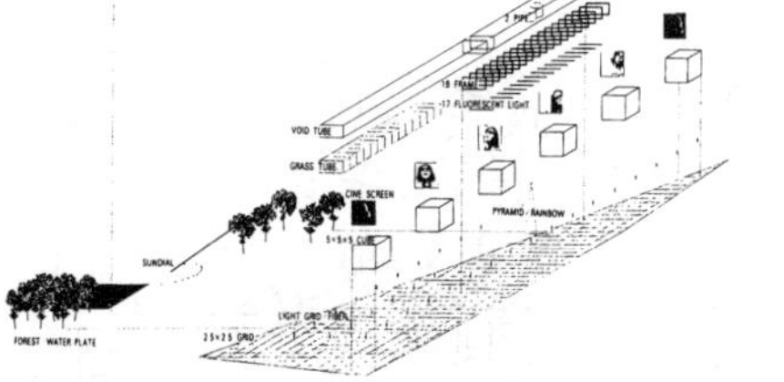

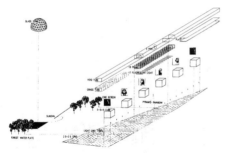

⑭ 再生设施(小川晋一)设计的图解

⑮ 再生设施

Ⅱ-3 几何体的连接 GEOMETRY

几何体的重复，是重复其分离的基本形态。相对地，连接则是在保证所使用的几何形式轮廓的前提下用某种方法将其连接起来。连接的典型可见于路易斯·康的宾夕法尼亚大学的理查医学研究楼(1961年，图①②)的构成。康在探索研究楼的理想形式的过程中，曾想过将服务空间(安放研究设备所需的配管和楼内管道等的空间)和受服务空间(为服务空间而建的人们进行研究活动的场所)明确地区分开来，并称之为“多元论”建筑。在平面构成上，将正方形的服务空间与附在其周围的工作空间作为一个单元，再将它们连接起来构成了一个整体。同样的，路易斯·康在多米尼克派修道院(1968年，图③④)的设计中也采用了这样的手法：在由居住楼围拢着的庭院内，将公用的建筑在平面上按不同的角度分布而以端部相连。

连接就是使不同的几何体建筑群共存时，在外观上也能使人明了其共存的规则。使年轻的阿尔瓦·阿尔托(Alvar Aalto)一举在国际上扬名的帕米欧肺病疗养院(1933年，图⑤⑥)的设计就是将注重功能的形态群在端部连接，协调于建筑场地而布置得很自然。约翰·海杜克设计的3/4房屋(1970年，图⑦⑧)也是将不同形状的建筑物用一条狭长的通道连接起来。让·努韦尔(Jean Nouvel)的阿拉伯世界研究所(1987年，图⑨－⑪)也是用垂直动线周围将沿着塞纳河形成曲面的三维形体和入口广场一侧带有独特的采光装置的三维形体连接起来。著者所设计的C－Wedge(1990年，图⑫－⑮)则是尝试着将从八个正方格形式的平面上切出的长方体和三棱柱在形心周围连接起来，在二者之间设计夹缝形式的天井，从而使连接空间意味深长。

① 理查医学研究楼(路易斯·康)

③ 多米尼克派修道院(路易斯·康)

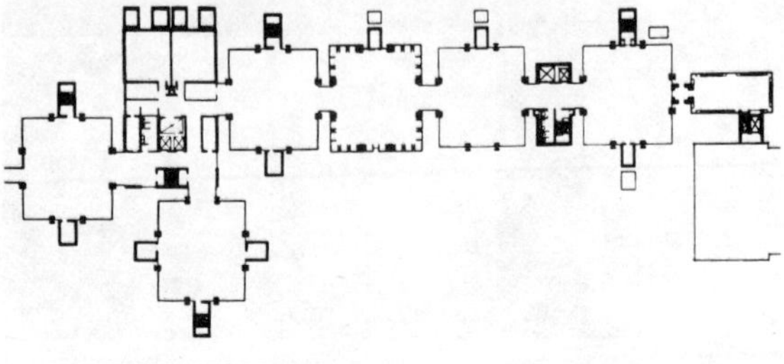

② 理查医学研究楼平面

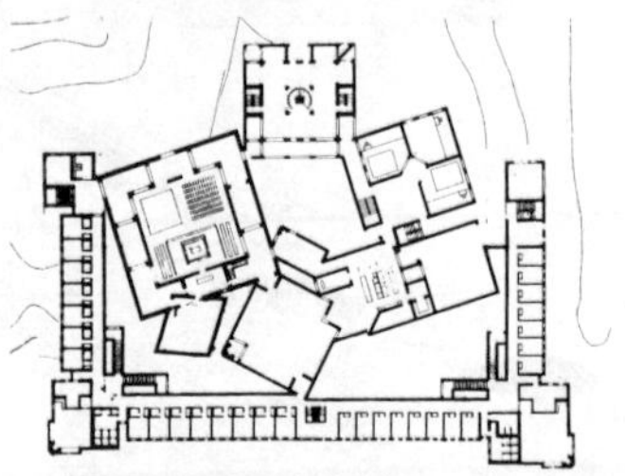

④ 多米尼克派修道院一层平面

⑤ 帕米欧肺病疗养院(阿尔托)

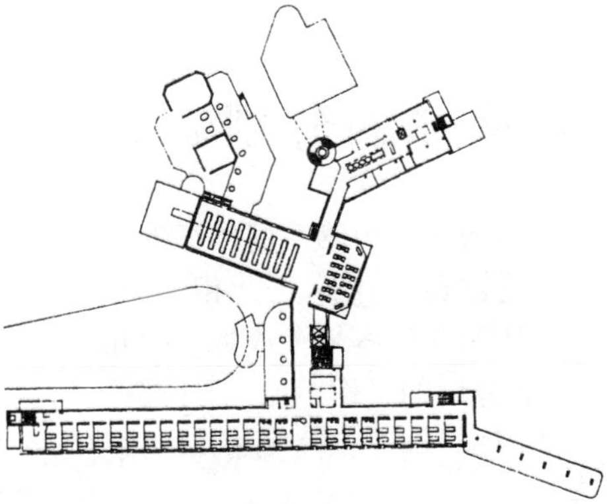
⑥ 帕米欧肺病疗养院标准层平面

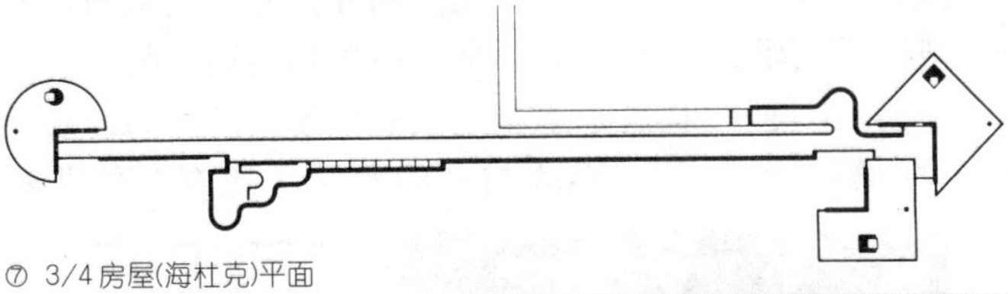
⑦ 3/4房屋(海杜克)平面

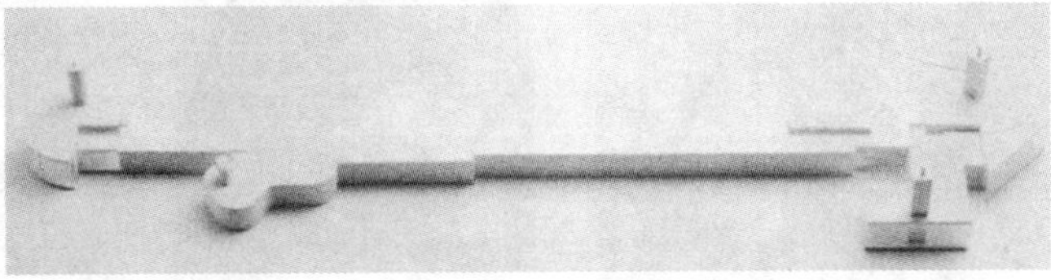
⑧ 3/4房屋

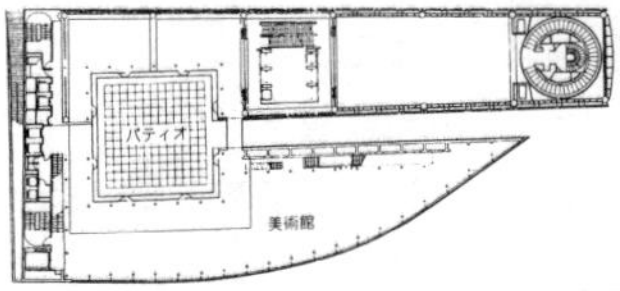

⑨ 阿拉伯世界研究所(努韦尔)五层平面

⑩ 阿拉伯世界研究所

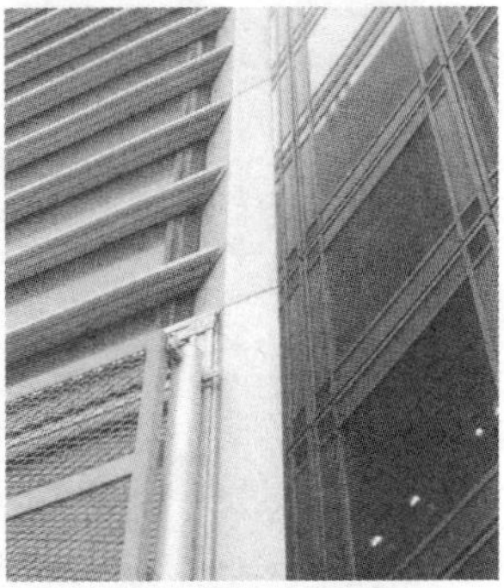
⑪ 阿拉伯世界研究所

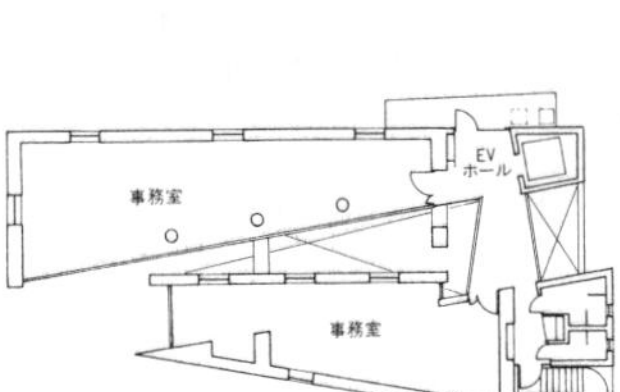

⑫ C-Wedge(著者)平面

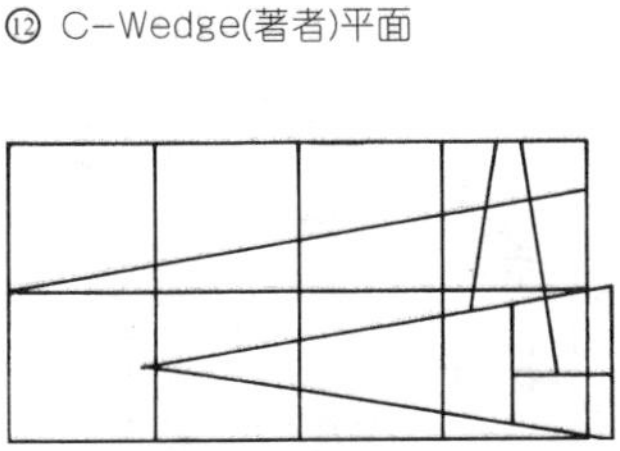
⑬ C-Wedge图解

⑭ C-Wedge

⑮ C-Wedge

Ⅱ-4 几何体的分割 GEOMETRY

连接多是将所使用的几何体在外观上原封不动的被表现出来，与此相对，分割则是将整体的几何体划分成更小的几何体，是一种分解的工作。因此，外部轮廓仍保持为简单形态，而主要的精力则放在了内部空间。

安藤忠雄设计的住吉长屋(1976年，图①－③)就是分割的典型例子。简单的长方体在长向被分成了三份，中央部分为庭院，并在院内设置楼梯和过道，呈现出令人惊奇的简单明了的建筑表现效果。

若从两个方向来进行分割，每个方向分成三部分，则很自然地就形成了九个部分。这种分割方法在建筑史上也是极为常见的。路易斯·康在他的平面形式中就有很多是采用九条分割模型的。附带说一句，前文所提到的理查医学研究楼就是基于九条分割模型设计的，后面所列举的与康的建筑思想有关的菲利

① 住吉长屋(安藤忠雄)

② 住吉长屋

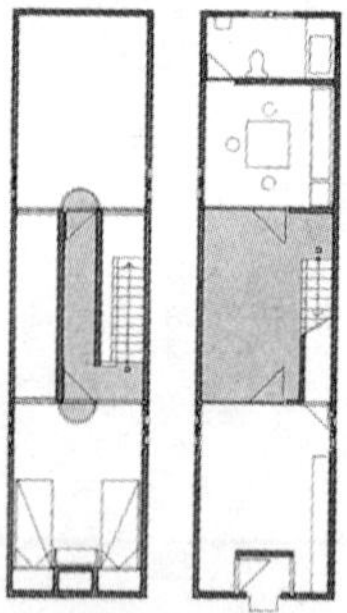

③ 住吉长屋一、二层平面

④ 布鲁森姆宅邸(赖特)

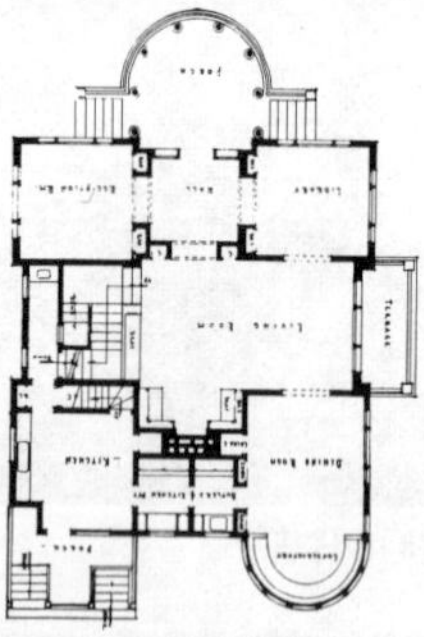

⑤ 布鲁森姆宅邸平面

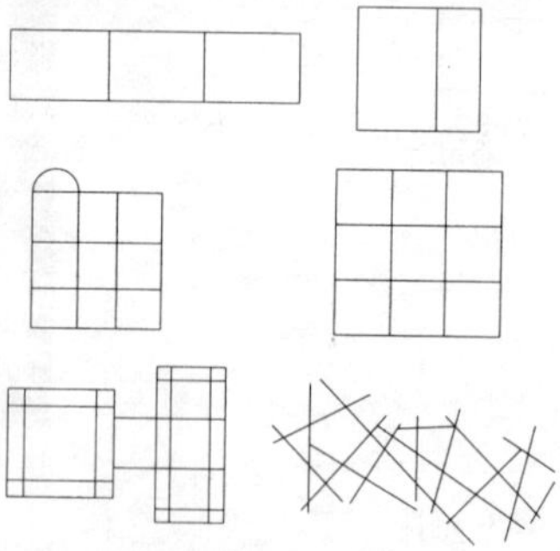

⑥ 六作品的平面图解

⑦ 基督教统一教派教堂(赖特)

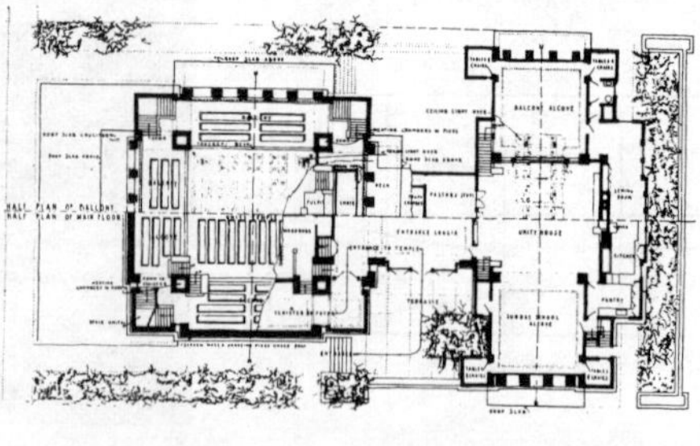

⑧ 基督教统一教派教堂一层平面

普·爱克塞塔·阿卡戴米设计的图书馆(p.112，图⑤－⑦)是其更原始的形状。

被认为曾在多方面给康以影响的弗兰克·劳埃德·赖特也在早期频繁使用九条分割。这一点在他确立布莱利形式之前的作品布鲁森姆宅邸(1894年，图④⑤)中就可以得见。而作为初期杰作之一的基督教统一教派教堂(1906年，图⑦⑧；p.88图①②)中，在正厅处连接的礼拜堂和聚会间是其连接结构，而它们的内部空间的中央部分都是基于九条分割模型构成的。

日本的传统住宅，尤其是在农家常见的田字形平面也是分割构成的典型代表之一。热衷于这一构成研究的筱原一男，在他早期的白色之家(1979年，图⑨－⑪)等作品中就可以看到分割构成，这可以说是实践其研究成果的结果。还有，约翰·海杜克的得克萨斯小居(1963年，图⑫⑬)就是以分割构成为主题的一个尝试。而著者所设计的“小镇旅馆”的设计竞赛方案(1994年，图⑭⑮)也是尝试在室内外都充分表现沿墙体分割的一例。在这件作品中，通过使用斜墙划分出各种形式和尺寸的小空间，而将其中的一部分由大屋顶覆盖成为内部空间，进而有意地将那种明确的整体轮廓感消除。

⑨ 白色之家(筱原一男)

⑩ 白色之家

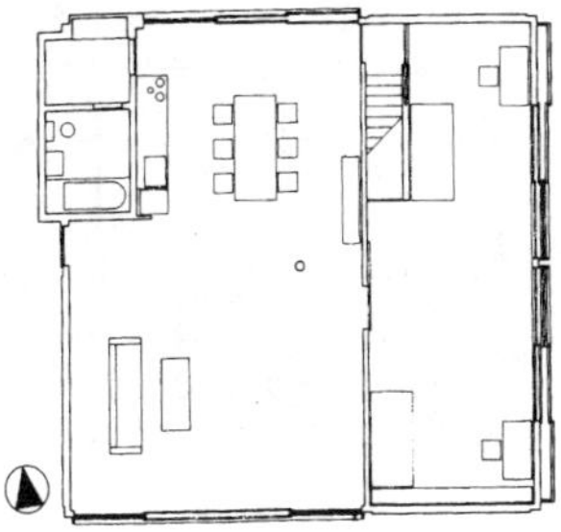

⑪ 白色之家一层平面

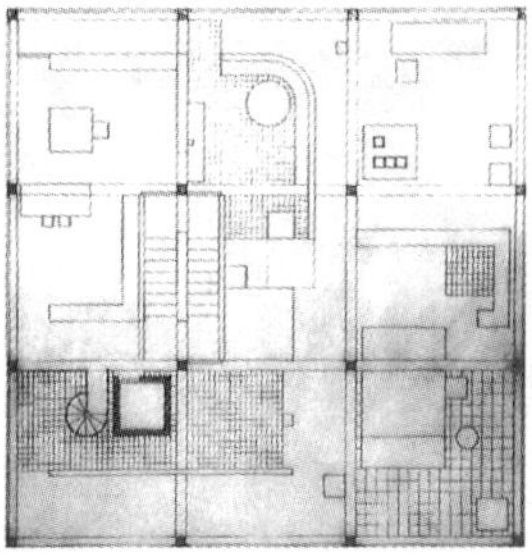

⑫ 得克萨斯小居(海杜克)平面

⑬ 得克萨斯小居的轴测

⑭ “小镇旅馆”的设计竞赛方案(著者)平面

⑮ “小镇旅馆”的设计竞赛方案

Ⅱ-5 几何体的套匣 GEOMETRY

几何体的套匣是指在某个几何体的内部，将渐次缩小的几何体完全嵌套在相同的形体中，或者有时将它们进行多重组合。外部和内部的几何体都是同一个形状，则套匣结构就显得更加明快，但不同形状有时也可以达到这样的效果。此时，如何处理内外几何体之间的空间也显得十分重要。

套匣结构的典型当属毛纲蒙太(毅旷)的反住器(1972年，图①－③)了。这是将三个立方体以套匣的形式套在一起，最里面的是起居室和餐厅，立方体之间的空隙则是类似于走廊的空间或是做走廊、楼梯等之用。因为设计本身具有很独特的氛围，所以虽然构成手法是不足为奇的，但这种巧妙地分配立方体的内部和立方体之间的空隙的手法却说得上是极好的典范。

藤井博巳的等等力邸(1975年，图④－⑥)也是用了正方体套接的思路，

① 反住器(毛纲蒙太－毅旷)

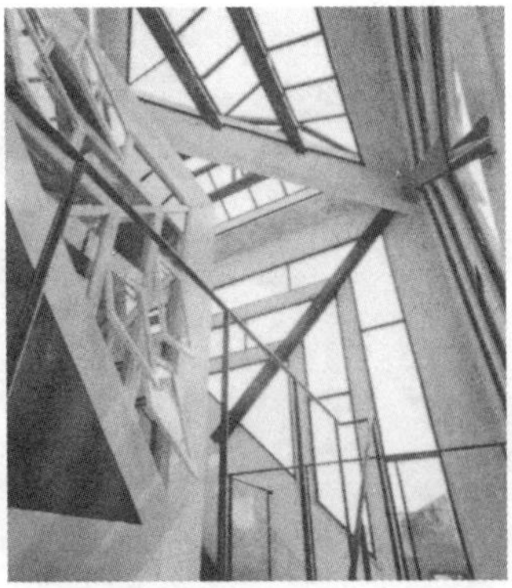
② 反住器

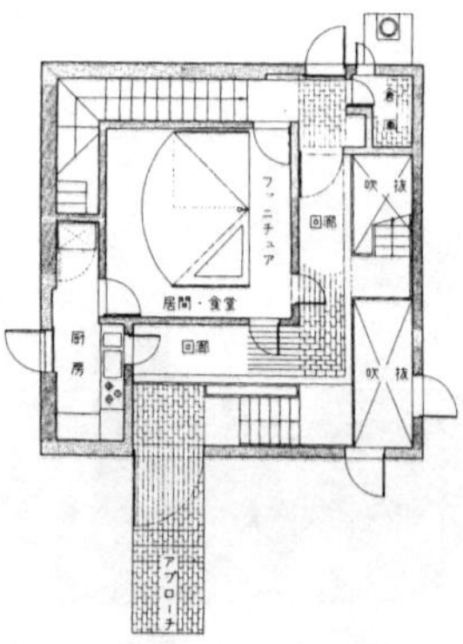

③ 反住器二层平面

④ 等等力邸(藤井博巳)

⑤ 等等力邸

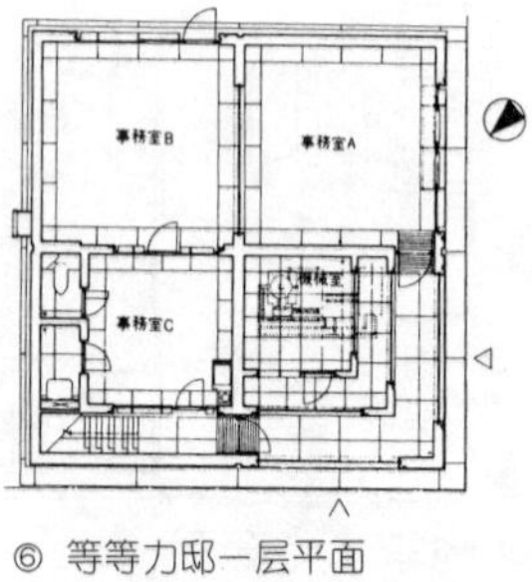

⑥ 等等力邸一层平面

⑦ 查尔斯・穆尔的私人住宅

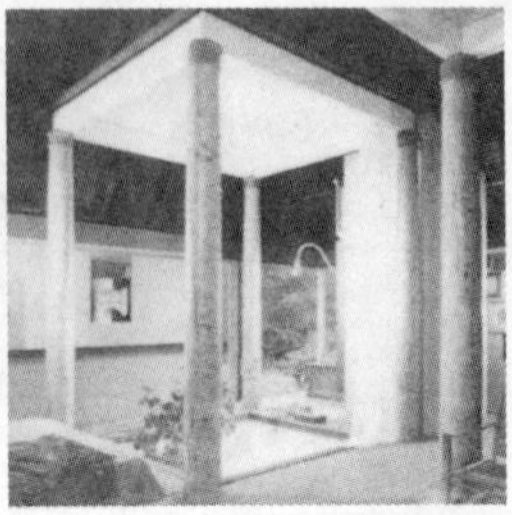
⑧ 查尔斯・穆尔的私人住宅

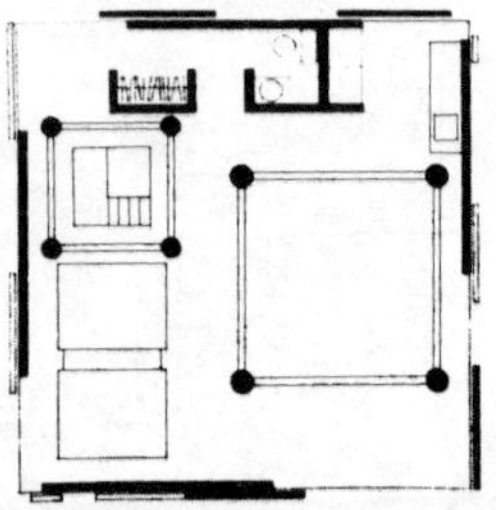
⑨ 查尔斯・穆尔的私人住宅平面

但从中可以看出是将套接结构和田字分割构成融合起来。查尔斯·穆尔的私人宅邸(1962年，图⑦－⑨)就是在大房间中通过四根柱子和地板营造小空间的形式产生出套接状的区间效果。在西方传统宅邸中，常可见到只在床的周围立上四根柱子或用帘子围住的情形，而这个设计可以说正是其在建筑领域内的翻版。

伊东丰雄在中野本町之家(1976年，图⑩－⑫)是使用了U型套接，将缝隙变成缓慢流动的空间，把内侧U型部分的内部建为封闭的庭院空间，从而由嵌套结构营造出了独特的空间感。妹岛和世的森林别墅(1994年，图⑬－⑮)是以两个圆相嵌套，并使圆心相偏离。他通过简单却又巧妙的处理方式，成功地使两个圆形之间产生了独特的空间感。

以上都是相同或是类似的几何体嵌套的情况。由伏拉吉米尔·塔特林所做的俄罗斯构成主义的代表作方案之一——第三国际纪念塔(1920年，图⑯⑰)，是在双重螺旋的复杂结构体中从上到下依次悬吊半球、圆柱、三棱锥和正方体这四个简单的几何体，从而形成了具有对比性的嵌套构成。

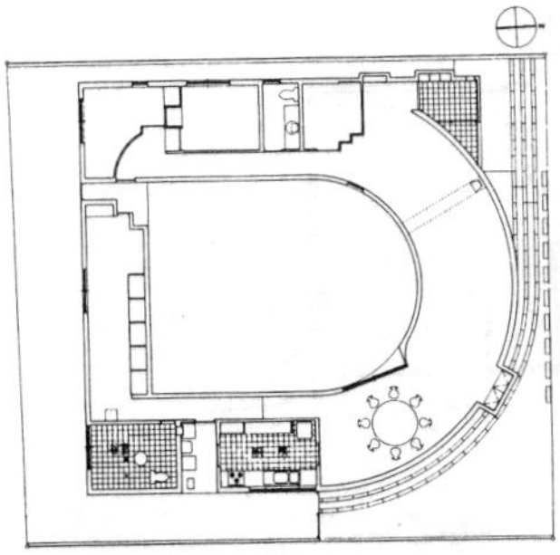

⑩ 中野本町之家(伊东丰雄)平面

⑪ 中野本町之家

⑫ 中野本町之家

⑬ 森林别墅(妹岛和世)

⑭ 森林别墅

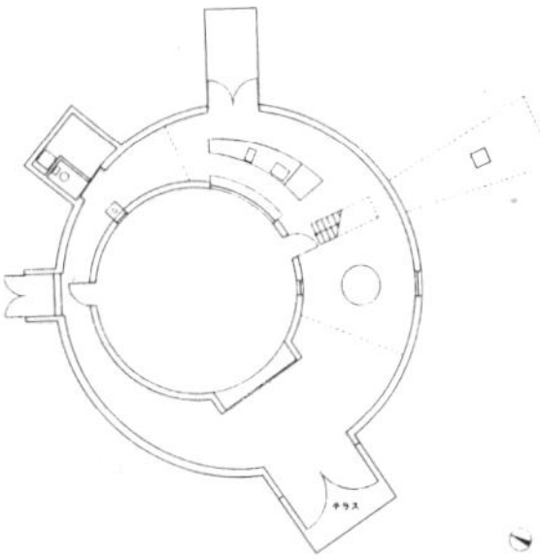

⑮ 森林别墅平面

⑯ 第三国际纪念塔(塔特林)

⑰ 第三国际纪念塔

II-6 几何体的聚合 GEOMETRY

聚合是把多个几何体在同一空间内重叠组合到一起的一种手法。使用这种手法必须注意的是将多个几何体相融合、统一时，要避免削弱每一个几何体的表现力。反过来看，若将每个几何体都在完整地保持其各自的轮廓感和表现力的状态下组合起来，便能够产生表达多种含义的、丰富的空间感。

理查德·迈耶(Richard Meier)的阿瑟尼姆旅游中心(Atheneum)(1979年，图①②；p.27图④⑤)是将由两个正方形和斜线这种线性要素组成的三个有序系统组合起来，成功地使它们与周围的环境相融合。这里，主要的构成要素是由三个有序系统决定的，同时，在平面、外观和内部空间上又将三个系统的组合巧妙地表现出来。于是，就产生出一个协调而又富有变化的形态与空间。安藤忠雄的东京艺术画

① 阿瑟尼姆旅游中心

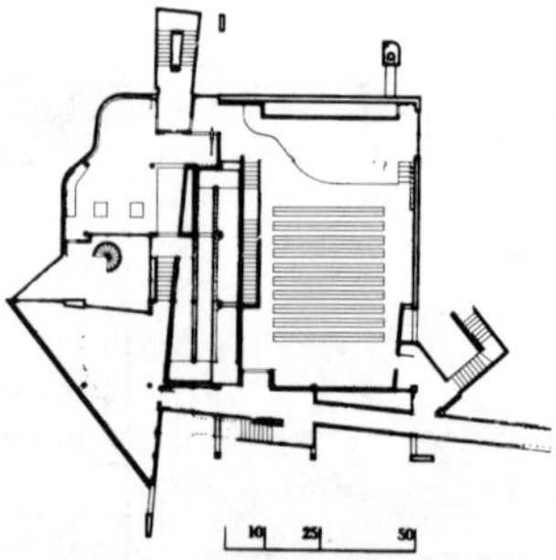

② 阿瑟尼姆旅游中心二层平面

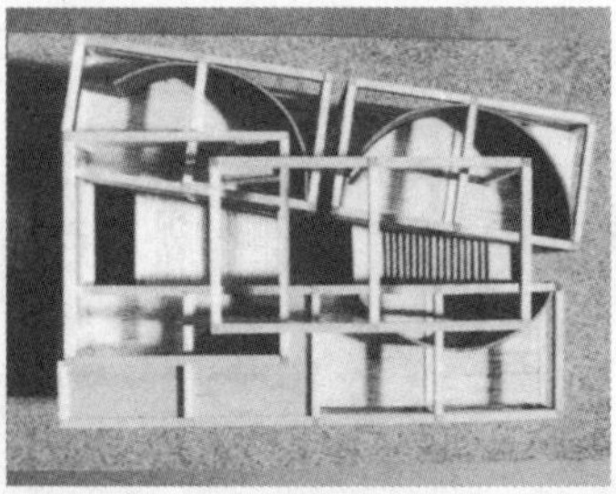

③ 东京艺术画廊(安藤忠雄)

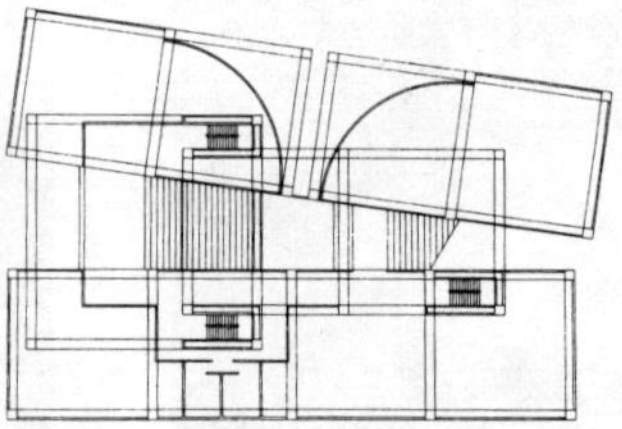

④ 东京艺术画廊平面

⑤ 艾哈迈达巴德面粉制造同盟(勒·柯布西耶)

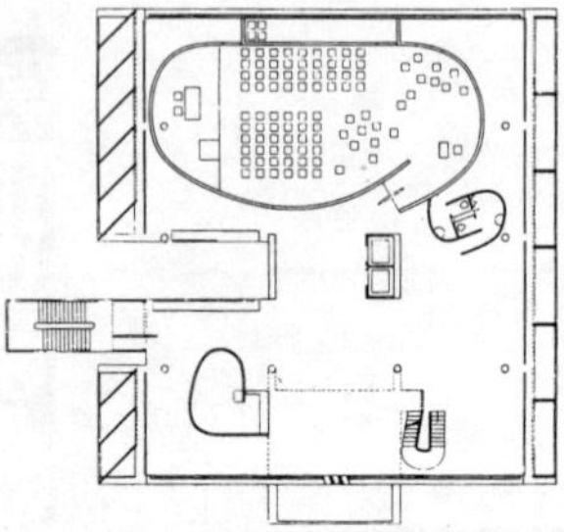

⑥ 艾哈迈达巴德面粉造同盟平面

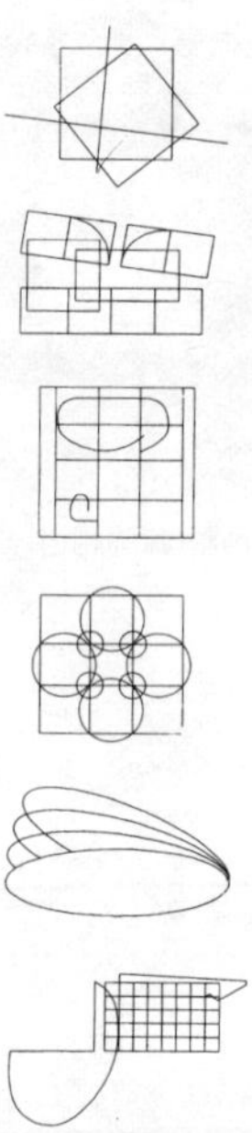

⑦ 六作品中聚合模型的图解

廊(1977年，图③④)是由四个几何系统即三个尺寸相异的网格和圆弧组合而成，从而产生了复合的空间。这是在阿瑟尼姆旅游中心的基础上，使三个系统都可视化，并将楼梯与水池周围等的构成要素巧妙地添加在三个系统的空隙中间，这一点是很值得引起注意的。勒·柯布西耶的艾哈迈达巴德(Ahmedabad)面粉制造同盟(1954年，图⑤⑥)是在布置成网格状的柱列中加入不同性质的形态。意大利巴洛克的一例即是古利诺·古利尼的圣洛伦佐教堂(1668–1687年，图⑧－⑩)，它是以由网格和圆组合而成的平面系统为基础，从而营造出了一种充满活力的内部空间。

矶崎新的奈良百年会馆(1999年，图⑪⑫)的主体是一个从椭圆形的基底上立起的纪念性的三维形体，在平面上采用了将椭圆重叠并错开的形态，使我们看到了一种打破三维形体完美性的富有开创意味的手法。著者所设计的陶陶乐(Totoro)幼儿园(1997年，图⑬–⑮)，那是由像巨大的圆柱被斜切一刀所形成的保育室和半椭圆形平面的游戏室这样两个有对比性的空间组成的，但两者并不是简单地连在一起，而是要通过部分的叠合而使二者紧密地联系成为一体。

⑧ 圣洛伦佐教堂(古利尼)

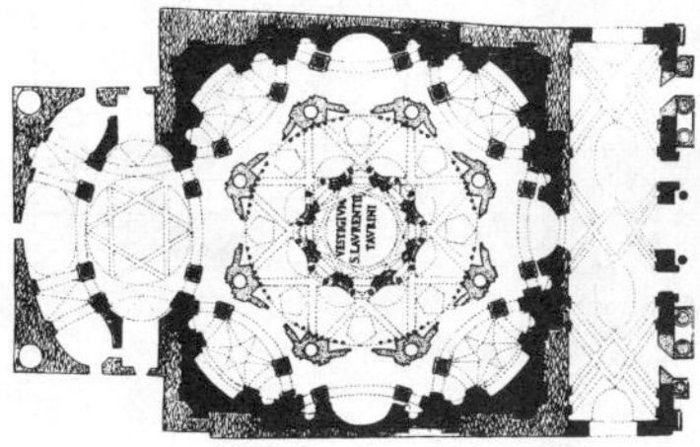

⑨ 圣洛伦佐教堂一层平面

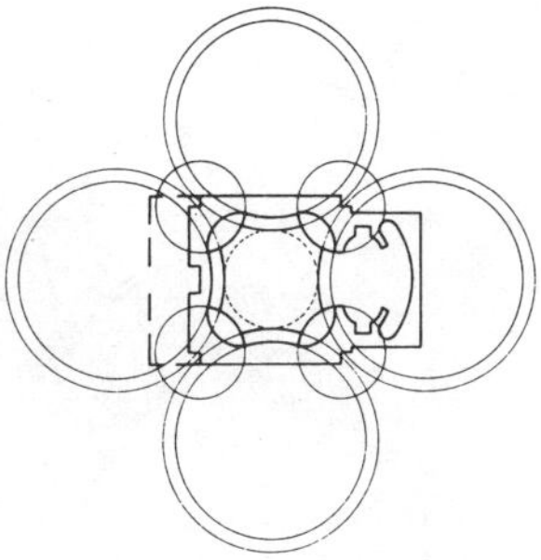

⑩ 圣洛伦佐教堂的图解

⑪ 奈良百年会馆(矶崎新)

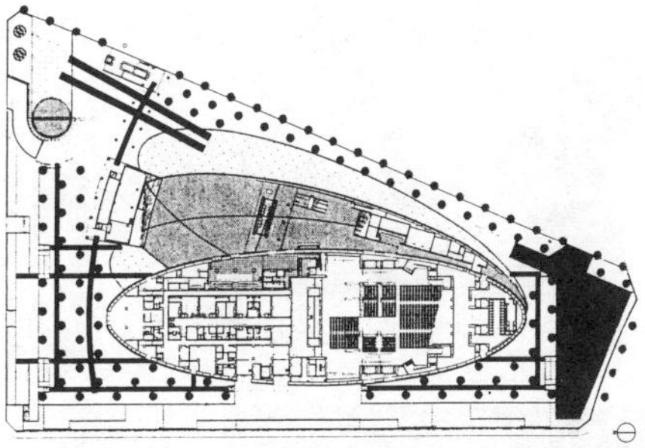

⑫ 奈良百年会馆一层平面

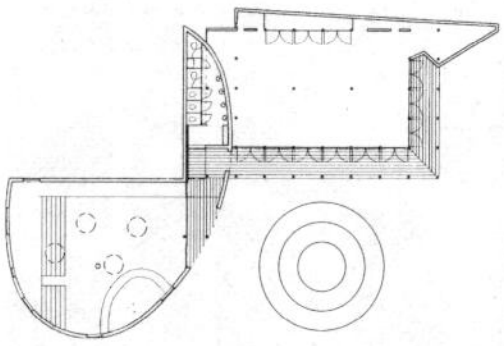

⑬ 陶陶乐(Totoro)幼儿园(著者)一层平面

⑭ 陶陶乐(Totoro)幼儿园

⑮ 陶陶乐(Totoro)幼儿园

Ⅱ-7 几何体的切削 GEOMETRY

切削就是从完整的几何体中切掉或者切取更小的几何体。在这里，被切下的部分起什么作用呢？要怎样使用呢？或者对整体来说，会带来什么样的影响呢？这几点是很重要的。

詹姆斯·斯特林(James Stirling)的斯图加特国立美术馆的扩建部分(1984年，图①－④)就是从扩建部分的中心切掉一个圆柱形而形成庭院，在此引入了从建筑前面的主要道路通向后面住宅的坡道。在这里，庭院不仅仅是建筑内部空间，也将外部空间展示成为广场式的空间舞台。同一时期在斯特林的杜塞尔多夫美术馆的设计竞赛方案(1975年，图⑤－⑦)中，仍继续尝试引入将被剔掉的部分作为外部空间。从形态上的“图与背景”的角度来看，赋予了切削的部分以“图”的性质，于是，如何处理而使“图”

① 斯图加特国立美术馆的扩建部分(斯特林)

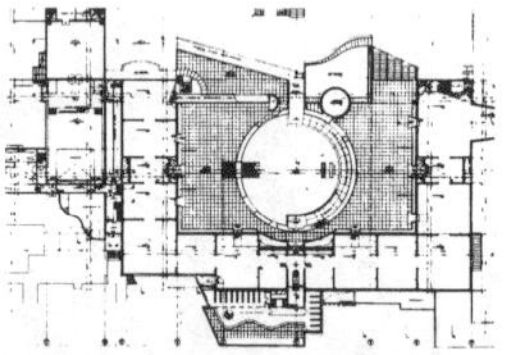
② 斯图加特国立美术馆的扩建部分一层平面

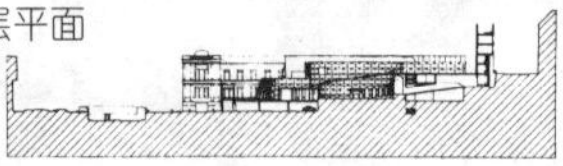
③ 斯图加特国立美术馆的扩建部分剖面

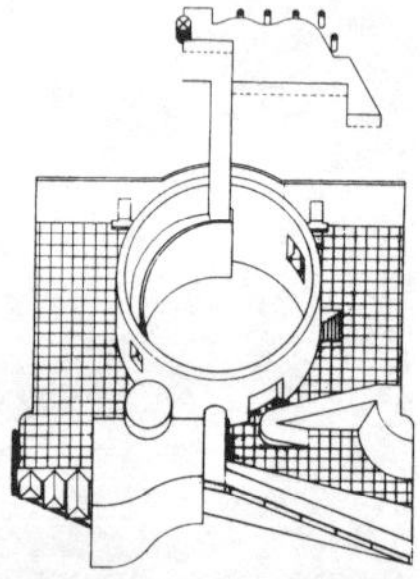
④ 斯图加特国立美术馆的扩建部分的轴测

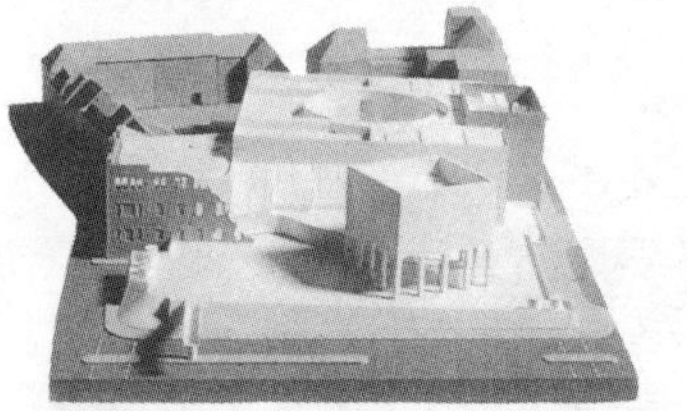
⑤ 杜塞尔多夫美术馆的设计竞赛方案(斯特林)

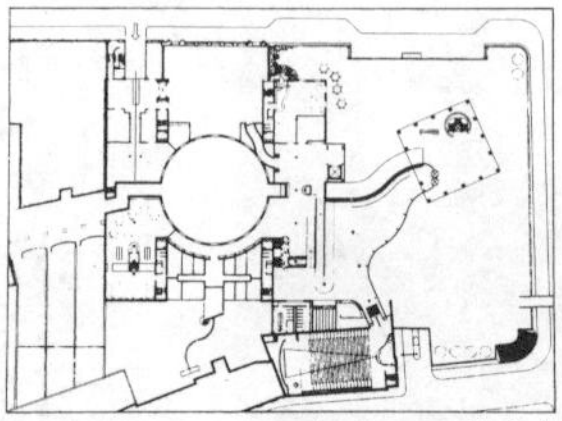
⑥ 杜塞尔多夫美术馆的设计竞赛方案一层平面

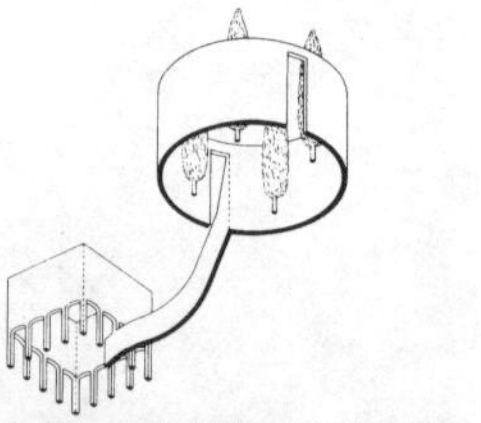
⑦ 杜塞尔多夫美术馆的设计竞赛方案的轴测

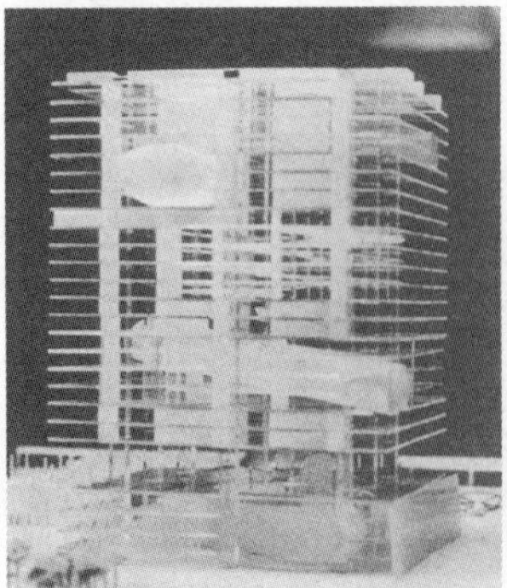
⑧ 巴黎国会图书馆设计竞赛方案(库哈斯)

⑨ 巴黎国会图书馆设计竞赛方案部分模型

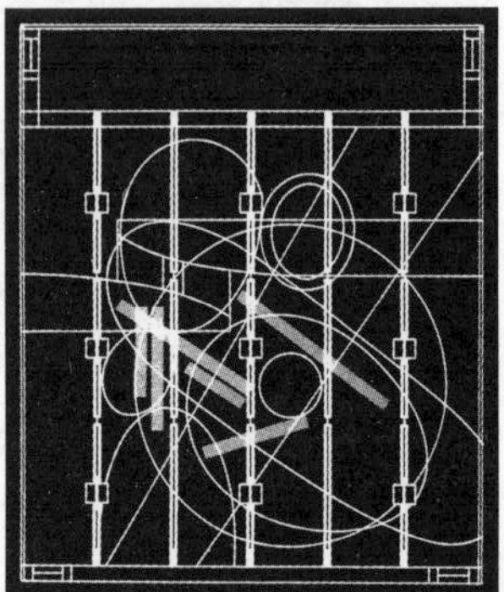

⑩ 巴黎国会图书馆设计竞赛方案平面

周围的背景部分不成为孤立的多余空间就成为设计中一个值得注意的问题。

莱姆 · 库哈斯的巴黎国会图书馆设计竞赛方案(1986年，图⑧－⑩)，则从多层的书库空间中切掉一个曲面形状的部分作为阅览室，这样就创造出一种阅览室好似浮游在书库空间当中的效果。路易斯 · 康的耶鲁大学英国艺术和研究中心(1961－1974年，图⑪⑫)就是从规则的网格中在入口周围及展厅的中央切掉平面上呈正方形和长方形的空间，而成为能够射入自然光的天井。这种切削而出的天井给易流于呆板的网格序列带来了生动的变化。以上的例子均未采用完整的几何体，而是使用了圆弧或者是椭圆弧，才得以作更为柔和的、平滑的切削。

对于建筑物的外墙也有了一种易于使用的手法。坂茂在羽根木的森林别墅(1998年，图⑬⑭)设计中，为了保存已有的树木而在住宅中切出了树木所需的空间，工作站(Workstation)公司设计的横滨仲町台地区中心(1995年，图⑮－⑰)则是作曲线切削形成和街道相连续的外部空间。

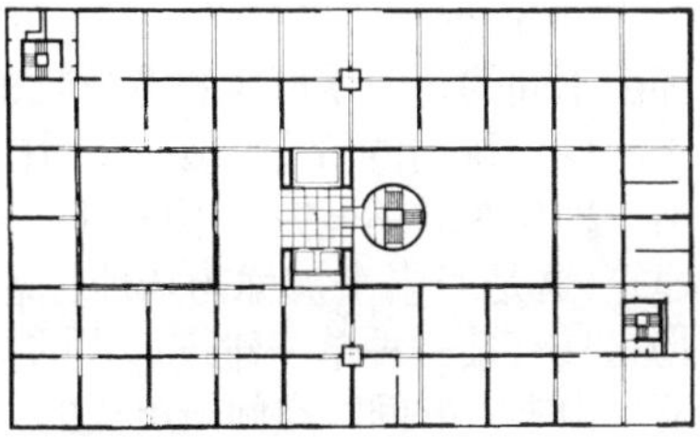

⑪ 耶鲁大学英国艺术和研究中心(路易斯 · 康)平面

⑫ 耶鲁大学英国艺术和研究中心

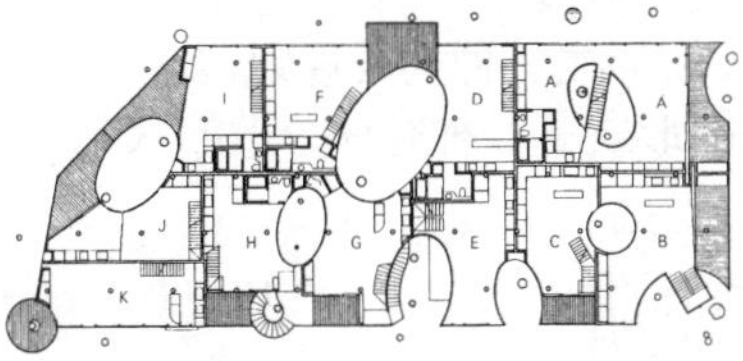

⑬ 羽根木的森林别墅(坂茂)二层平面

⑭ 羽根木的森林别墅

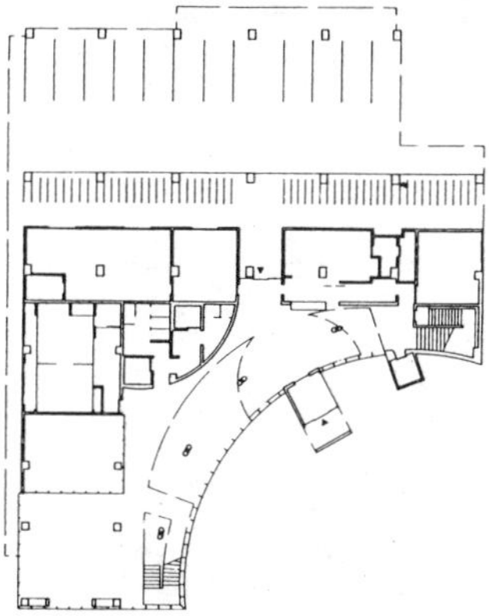

⑮ 横滨仲町台地区中心(工作站)

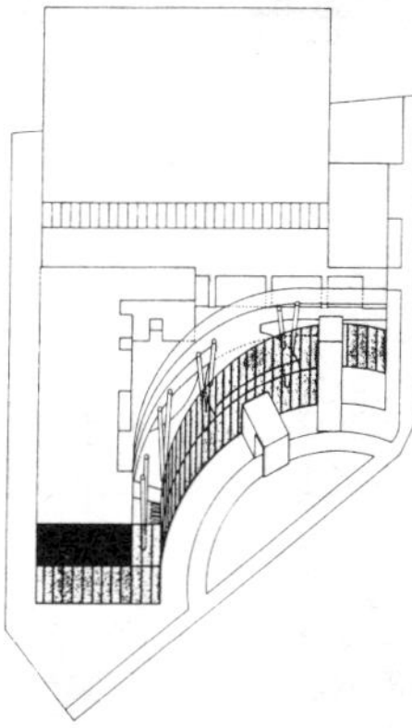

⑯ 横滨仲町台地区中心一层轴测

⑰ 横滨仲町台地区中心

Ⅱ-8 几何体的分散 GEOMETRY

可以把多个几何体呈相互分离的状态叫作分散，而对于相互之间关系更松散的状态，可以把这种凌乱的分布状态更确切地称为散逸，可能这样更贴切一点。

如我们在伊东丰雄的仙台媒体中心的设计竞赛最佳方案(1994年，图① - ③)的平面图上可以看到，圆形的钢管HP壳结构体被置于自由的空间位置上，这种状态就是散逸。他将非一般概念上的柱子的结构体散逸开，这是对建筑史上前所未有的一种新型的构成秩序的探求。长谷川逸子的藤泽市湘南台文化中心(1989年，图④⑤)，其使用球体的创意也极为罕见，而且将三个球体分散布置，成功地营造出了一种独特的氛围。在西拉堪斯设计的千叶市立打濑小学(1993年，图⑥⑦)中，将教室分开布置，从而形成了一种城市街道式的开放的公共空间，而且表示不同班级的木质格子壳曲面屋顶更强化了分散构成的效果。可以说这是个用分散构成的手法将狭小空间巧妙地转化成公共空间的极好的例子。

再看藤木隆男设计的育英学园萨雷济奥(Salesio)小学和中学(1993年，图⑧⑨)，在小学里，他将各年级的教学楼完全分散布置，营造出一种高品质的教育环境，与毗邻的由中学校舍疏散地围成的庭院一起，产生出很丰富的空间感。这种分散布置很接近于平面上规则的重复构成形式，但由于楼宇之间的间隔很大以及造型上的独特，就创造出一种不会使人感到单调乏味的空间感。

从利用分散的几何体之间的狭窄空间而言，著者所设计的新井诊所(1997年，图⑩ -⑫)就是一例。在此，将三个相互独立的圆柱形之间的分散空间用作等候室。还有著者设计的新潟港隧道立坑左岸(正在施工中，预计2002年完工，图⑬-⑮)，将四种由不同的几何体形成的塔分散布置在用于眺望信浓河的阶梯广场上，目的是创造出一种与四周环境完全不同的陆地标志性建筑(这是对素来被称为陆地标志的建筑物只具有某一种单一建筑形式的批判)，以及可由丰富的间隙空间所组成的外部广场。这种将四个几何体分散开的方法，是将与三座塔相关的正方形加圆的结构，与形成大阶梯的同样的正方形加圆综合起来，而形成一种构成规则，基于这一规则，最终形成了一种有序分散的状态。

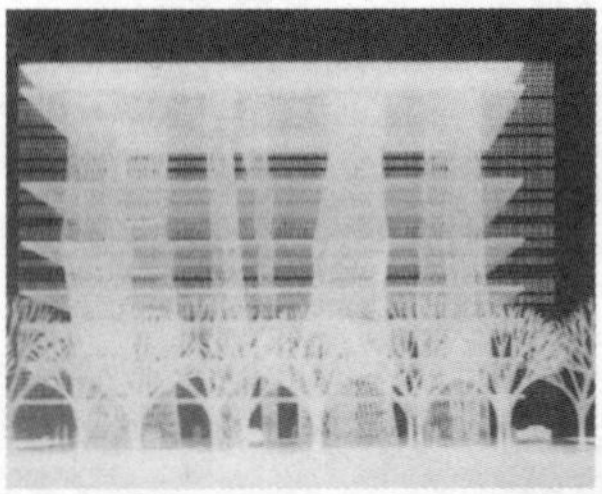

① 仙台媒体中心的设计竞赛最佳方案(伊东丰雄)

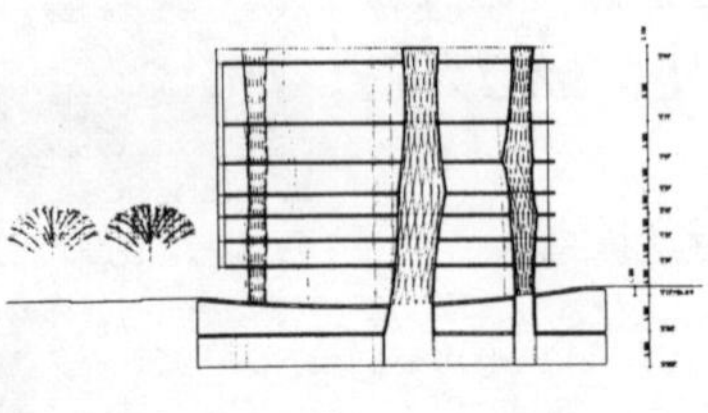

② 媒体中心的设计竞赛方案剖面

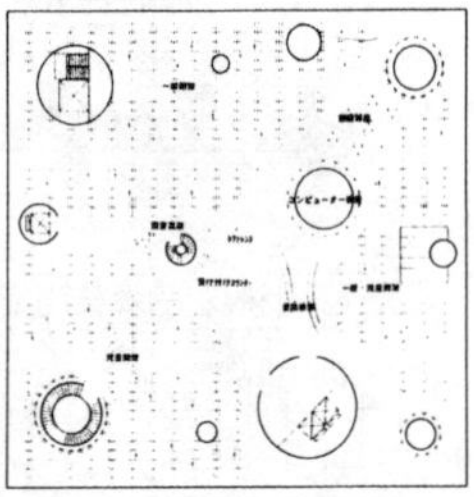

③ 媒体中心的设计竞赛方案平面

④ 藤泽市湘南台文化中心(长谷川逸子)

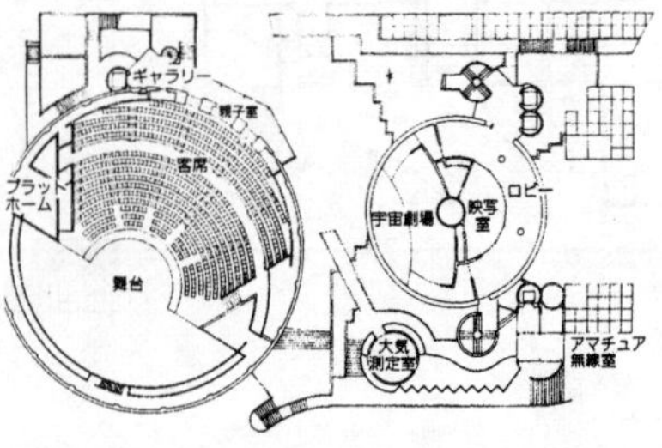

⑤ 藤泽市湘南台文化中心三层平面

⑥ 千叶市立打濑小学(西拉堪斯)

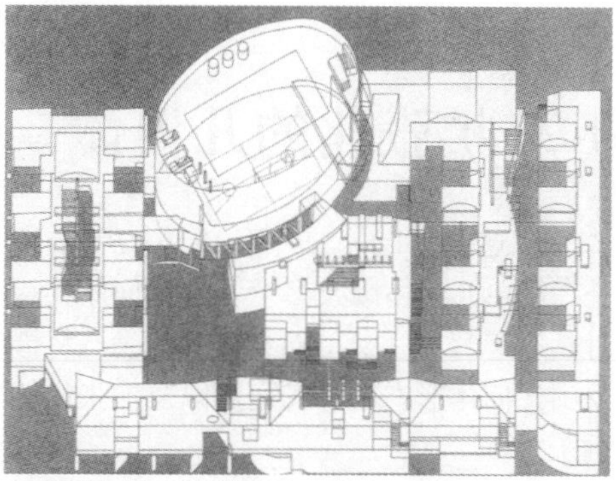

⑦ 千叶市立打濑小学轴测

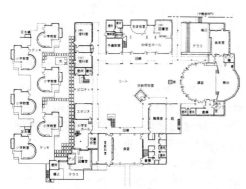

⑧ 育英学园萨雷济奥小学和中学(藤木隆男)一层平面

⑨ 育英学园萨雷济奥小学和中学

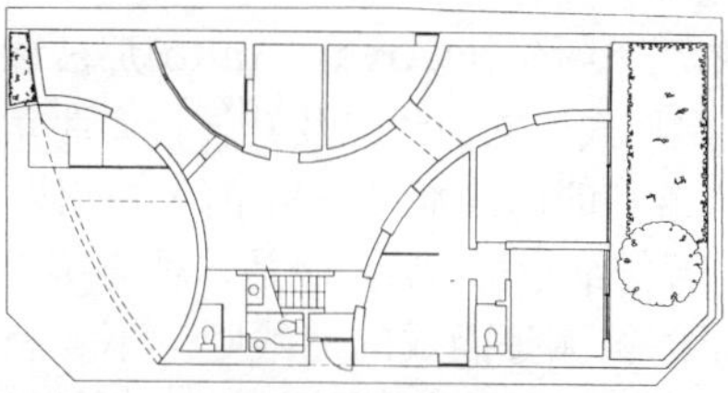

⑩ 新井诊所(著者)一层平面

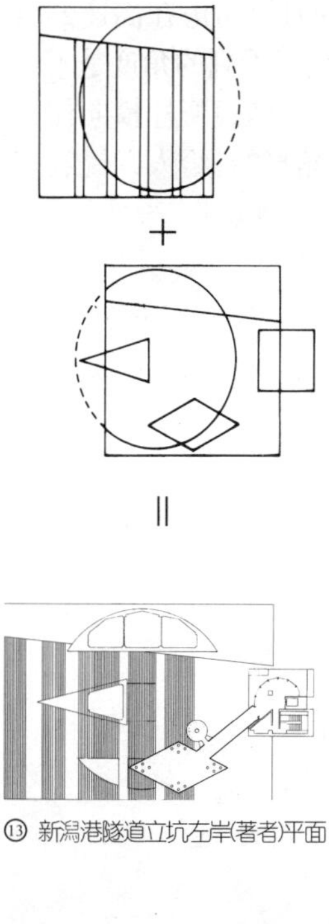

⑬ 新潟港隧道立坑左岸(著者)平面

⑪ 新井诊所

⑫ 新井诊所

⑭ 新潟港立坑左岸

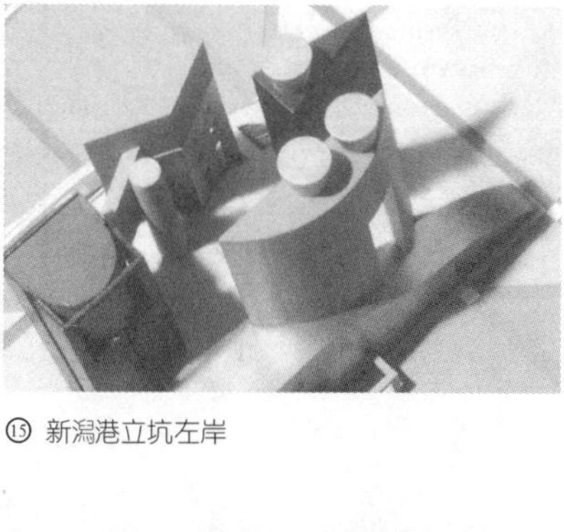

⑮ 新潟港立坑左岸

Ⅱ-9 扩张化的几何体 GEOMETRY

在这之前的篇幅中，论述的中心点是在简单几何体以及多个基本几何体共存时具有怎样的关系，而在这一部分，将涉及到几何体形态本身的变形以及扩张化的例子。

首先举一个典型的例子，即密斯·凡·德·罗(Mies van der Rohe)那个著名的玻璃摩天楼方案(1921年，图①②)，其平面形态是颇引人注目的。毫无疑问，那是一种受到当时德国表现主义潮流影响的形态，它和密斯后期的抽象形态还是有相当距离的。但当时密斯很关心的一点是玻璃面上光的反射问题，可以说，这种形态能够引发有关反射的诸多问题。还有，阿尔瓦·阿尔托(Alvar Aalto)那被称为“自由形式”的曲线以及其转折弯曲角度出人意料的曲线都决非简单的几何体。当然，若仔细分析，那大概是一种连接不同曲率的圆弧等而成的曲线吧。不管怎么说，正如同在埃森歌剧院(设计竞赛1959年，建于1998年，图③－⑤)设计中所见的所谓自由形式，我们在此所关注的也是采用了一种与人的活动或空间流动感密切相关的手法。那不是一种恶作剧式的将形式复杂化，而是为追求一种简单几何体所达不到的空间效果而采用了那样的形式，是具有确切的表现意图的。

著者所设计的冈山调车场遗迹公园设计投标方案(1995年，图⑥－⑧)，使用了一种与所有景观设计不同的由100多个称为“细胞公园”的小公园而组成的大公园的设计理念，为将细胞公园群和谐地连接起来，使用了不规则五角形和六角形的分割模型。同样是使用五角形，著者在多摩新城N城市概念竞标(获最优秀奖)的居民住宅用地方案(1998年，图⑨－⑪)中，就采用了可形成具有两条相等的直角边的五角形的连续体，而同时又具有不同方向性的独特的五角形，并将五角形略微分离一些，尝试通过协调连接的普通的空间而使规则性与变化性相共存。

此外，在著者所设计的临海副都心清扫工厂(与长仓康彦及竹中工务店合作，1995年，图⑫⑬)中，其设计目的是要建成一座能够主导东京临海景观的设计思想的广场标志性建筑，同时要考虑在高速公路上与在公园或散步路所看到的角度是不同的，于是采用了一种将椭圆形柱横向切开的有尖角形状及三角形的、给人以锐利感觉的建筑形态。

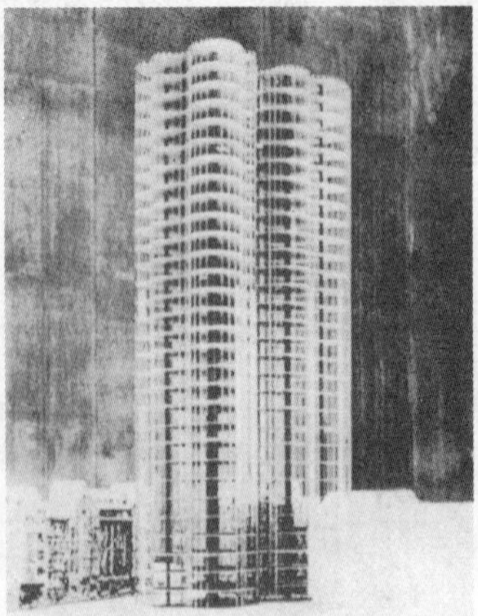

① 玻璃摩天楼方案(密斯)

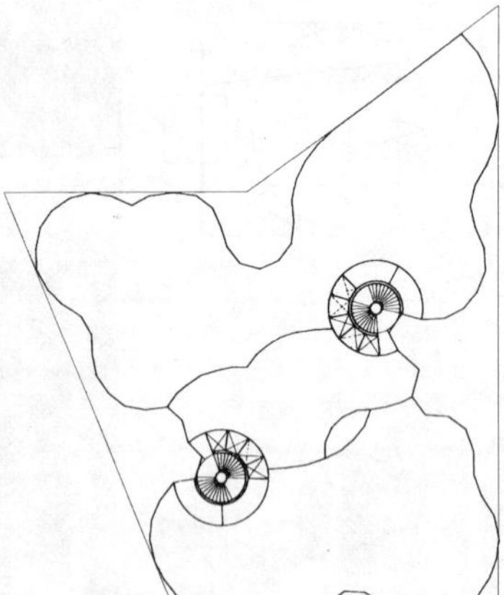

② 玻璃摩天楼方案平面

③ 埃森歌剧院(阿尔托)

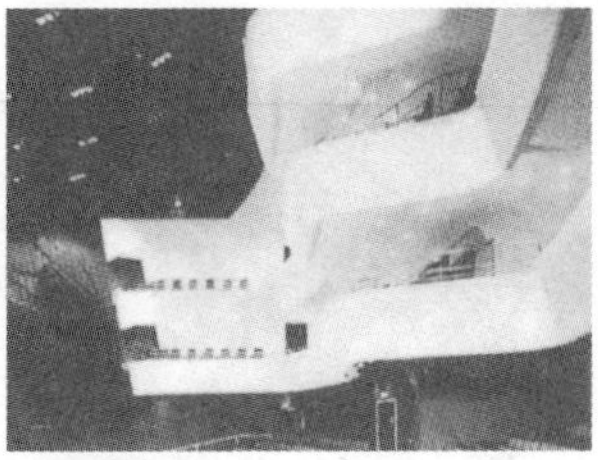

④ 埃森歌剧院

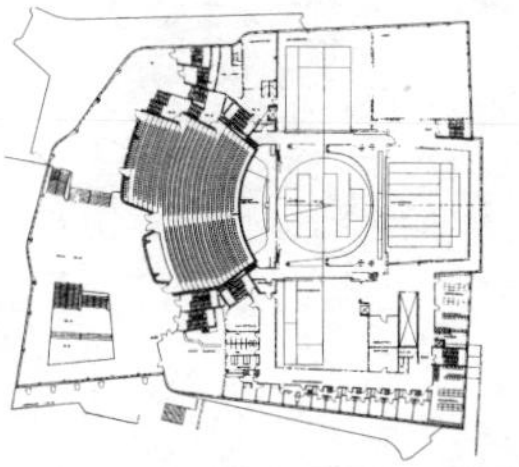

⑤ 埃森歌剧院观众席及休息厅楼梯平面

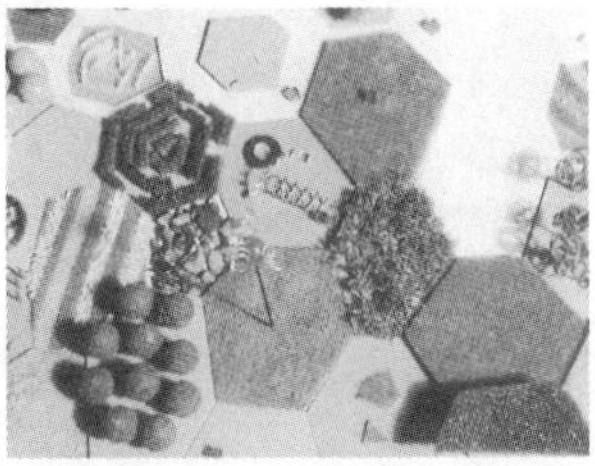

⑥ 冈山调车场遗址公园设计投标方案(著者)

⑦ 冈山调车场遗址公园设计投标方案

⑧ 冈山调车场遗址公园设计投标方案

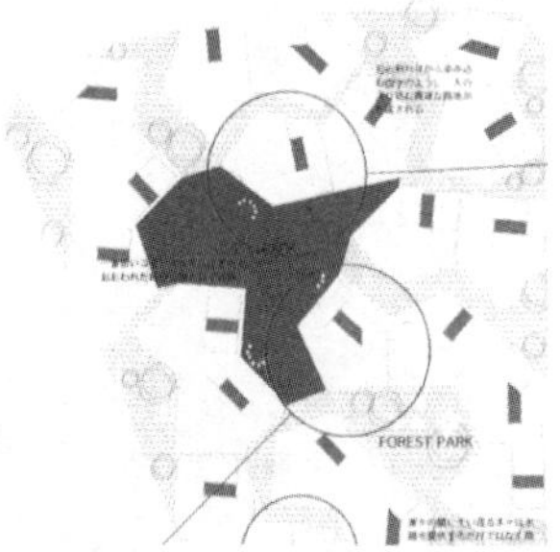

⑨ 多摩新城N城市概念设计竞标方案(著者)

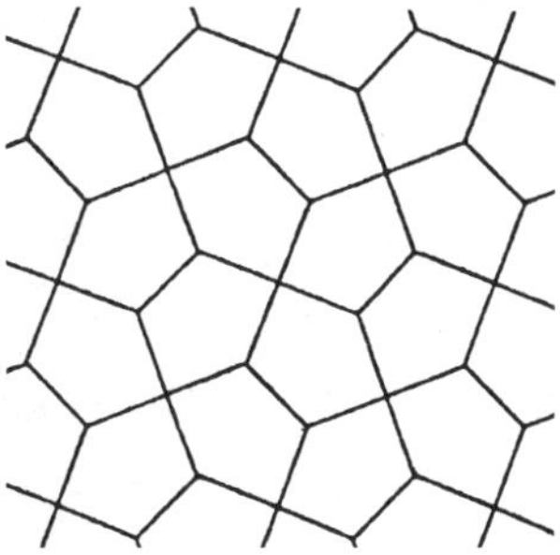

⑩ N城市概念设计竞标“五角形的连续体”

⑪ N城市概念设计竞标模型

⑫ 临海副都心清扫工厂(著者等)

⑬ 临海副都心清扫工厂

SYMMETRY

Ⅲ 对称

概 说 OUTLINE

表示对称的“symmetry”一词起源于“呼应”。这本是我们已经讨论过的在古代古典建筑中表示整体和部分的关系的比例的意思，但在近代末期，其意义却渐渐发生了变化，演变成了表示左右对称的意思。

对称性在建筑史上就是自古以来极为重要的构成概念之一，这一点是无需多做强调的。说到底，平面与立面在可能的情况下几乎都可以归纳为对称性的。那么为什么人们如此看重对称性呢？其原因无非就在于对称性是将建筑中各要素与各房间按其重要程度进行分配和整理，使其具有有序性。而且从对称轴线上我们可以看出同样的规律性，以及有一种引导人们的活动趋于有序性的作用。因此，可以认为对称性具有超越了简单的使形状整齐划一的表面作用，而产生出一种更为根本的构成上的规律性。在考虑对称构成的时候，这一点是很重要的。

关于对称构成，我们来看几则建筑师们的有关论述。例如，帕拉第奥所说的“厢房应定在大门和正厅的两侧，而且，右厢房要和相应的左厢房相对应，以实现其左右均衡”(p.60[A])，这样才能产生出构成上的稳定性。而在这里，更重要的一点是左右厢房的均衡与相互对应。这不单单是关系到房屋的形状，也包含了房屋的重要程度以及带有某种意义上的均等。可以认为这里就包含有对称的本质意义。也就是说，对称性原理不单是房间形状的问题，它也包含着一定的房间的重要性及意义的问题。还有，勒·柯布西耶在有关对称性及轴线意义的问题上曾有过这样的一段话：“轴线可能是人类自身或者原始的表示……轴线使建筑具有了秩序……确定秩序就是决定轴线的序列，即确定目标群的序列和意图的序列(p.61[D])”或者说“平面本身中就具有决定性的基本节奏……所谓规律就是一种均衡状态，是简单或复杂的对称性通过严密的均衡而产生出来的(p.60[C])”。尤其是他所论述的其意义是和序列即等级制度相关联，这一点应该引起我们的注意。在确立构成上的规律性的时候，对称就能够将建筑的各要素与各房间所应具备的重要程度以及序列和等级制度都很完备地表现出来。

关于这一点，我们反过来看，不考虑各要素的规律及等级而仅仅是形式上的对称就将因其过于形式化而不太被人们接受。这种形式化的对称性将无法真正地给建筑构成赋予规律性。例如，勒·柯布西耶在阐述轴线意义时就对布扎(巴黎美术学院)体系进行过如下的批驳：“在建筑中，轴线必须具有一定的目的。而在学校中却把这一点抛诸脑后，把几条轴线无限度、无确定性地引向虚无，而任其交会成星型(p.61[D])。还有希区柯克和约翰逊在《国际风格》一书中也认可了对称构成在确立建筑规律性时所起到的重要作用，并说道：“近代建筑标准化很自然地给构件带来了高度的整合性。因此，建筑家们就没有必要为了达到美学概念上的有序性，而使用对称性或轴性上的对称规律”(p.61[E])，他们指出，标准化以及骨架结构上的规律性将带来可以取代对称的构成上的规律性。从功能主义的角度考虑，则说道：“不对称的设计样式实际上在技术方面和美学方面都是很受欢迎的。这是因为不对称性的确能够提高构成的一般感性。在现代建筑形式中，几乎所有形式其建筑性能都是由不对称性直接表现出来的。……国际建筑样式不要给不规则的各种建筑性能都扣上对称的帽子(p.61[E])，他们主张在从建筑物性能的角度出发而不适合使用对称性的时候，当然应该遵从建筑性能要求。但是，这样就能够产生另外的一种形式主义，因此，他们警告说："一个拙劣的建筑家的特点是以装饰为由而刻意地滥用不对称性"(p.61[F])。若要反驳这样的观点，其实从建筑性能的角度来看，在很自然地具有对称性的时候，也会达到所期望出现的效果的。

以上我们围绕着对称选了几条论述，这里，我们参照着这些说法，整理一下在考虑对称构成的方式和可能性的时候所必须充分注意的几点。

首先很重要的一点就是判断出能够成为对称构成的建筑要素有哪些。关于建筑的各要素及各房间，要在考虑有对应关系的序列或者等级的基础上，寻找与被设置成的对称物相对应的空间，这是非常必要的。进一步说就是必须判断出它们本身是否需要对称的构成。若不能判断出对称构成是很自然的，则即使是在避免形式对称的意义上，也应放弃对称。另外，要在有自然的对应关系的时候遵从各要素的重要程度或规律性而形成自然的对称构成。这时就可以说设计是遵循对称原理的一个很有水准的作品了。

第二点就是自然的构成所应该涵盖的范围有时会是建筑整体，有时又止于建筑的局部。因此，我们必须判断出对称所要求的范围达到了哪种程度。也就是说，有必要充分地搞清楚是整体对称合适还是局部对称更合适些。建筑的组成若很复杂，整体对称是不自然的，但对于局部来说要求对称的要素却很多，这种状况是屡见不鲜的。搞清楚这一点也是很重要的。

第三点，左右对称时自然要有对称轴。这条轴线根据和人的活动线具有怎样的关系又可能分为空间轴线和构成轴线。空间轴线就是兼做人的活动线的轴线，而构成轴线则是指即使仍是左右对称的对称轴，但它也只起到使建筑要素具有规律性的构成上的作用，人是不能沿轴线行走的。若对空间轴线上的空间表现作调整，就像在布扎体系建筑理论所提到的"动线"，即随着人的移动便能感受到一种富于变化的空间流线感。另一方面，若空间轴线非常彻底，从门口延伸到对称构成的中心，有时也会产生一种很呆板的感觉。所以，有意识地将空间轴线和构成轴线分开，从而使对称构成产生多种空间魅力，这一点是很重要的。

我们在以下的篇幅中，列举对称构成的几例。我想在此再说明一下的是，对称构成弄不好会有形式主义的嫌疑，但由于使用方法的不同，它又是一种使构成具有规律感的极为有效的措施。而且，也不是像通常人们所理解的那样——是有着不可违背的规律的、牢不可破的体系，而是一种有很大弹性的构成手法。正如香山寿夫所说："因为对称构成手法有最明确的构成原理，所以其承受变形的能力和适应能力都很高，因此我欣然采纳了对称构成"(p.61[G])。当采用对称构成会使作品失之于死板时，就该放弃使用这种构成手法，而有意识地打破对称或者去实现明确的非对称效果。

[A]厢房应定在大门和正厅的两侧，而且，右厢房要和相应的左厢房相对应，以实现其左右均衡。这就是说，建筑物的一侧要和另一侧统一，是为了均衡地承担屋顶荷载。之所以这样做，是因为若将一侧做得较大而另一侧较小，则较小的一侧墙体的布置就会较密，而再由此确定相应的承载将使较大的一侧更为薄弱。(这种在建筑物内外都使用“左右完全对称形式”的设计原则，即使在文艺复兴时期也不是普遍的，应该可以将其视作**帕拉第奥设计法**的一大特色。编著者注)安德烈亚帕拉第奥著.桐敷真次郎编著.帕拉第奥〈建筑四书〉注解。中央公论美术出版，1986 年，p.112

关于对称的诸家言说

[B]在决定基本构成的概念时，必须要考虑到以下几个常见的问题：

1．要确定对称与非对称构成哪一个更合适；

2．要确定哪种建筑样式更适合设计特性；

3．要选择能在原始的、没有缺点的形式上进行琢磨、修正并最终达到尽善尽美的基本构成。

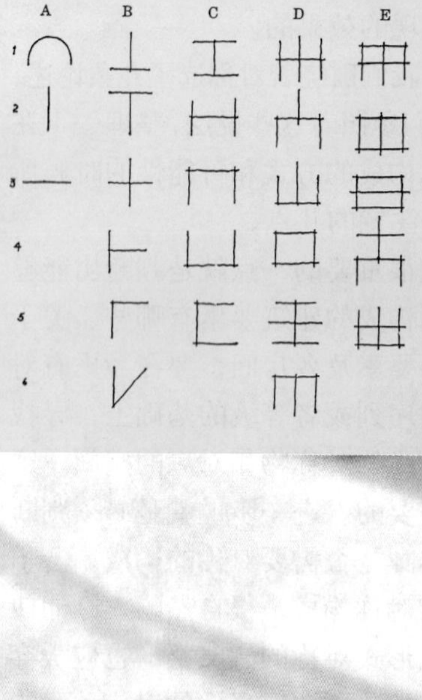

所有的有机平面构成都可以分成二三种基本类型。但是，要把他们组合起来，会产生更大范围内的基本构成的概念。那些被大家熟知的类型名称就是由包括各种要素的空间所必须遵从的轴线组合而来的。那塔尼爱尔·考特拉恩得·卡提斯.建筑的构成.(Nathaniel Cortlandt Curtis Architectural Composition J.H.Jansen) 1935, p.188—189

[C] 平面本身中就具有决定性的**基本节奏**。作品按相同的法则，从简单的到复杂的都根据它所处的位置不同而有不同程度的或纵或横的延伸。……所谓规律是一种均衡状态，**是简单或复杂的对称性或者严密的均衡而产生出来的**。勒·柯布西耶.走向新建筑.吉阪隆正译.鹿岛出版协会，1967 年 p.53

[D] **轴线可能是人类自身或者原始的表示**……轴线使建筑具有了秩序，建立秩序是开始工作的起点。建筑物被固定在若干条轴线上，轴线是指向目的地的行动指南。在建筑中，轴线必须具有一定的目的。而在学校中却把这一点抛诸脑后，把几条轴线无限度、无确定性地引向虚无，而任其交会成星型。……建立秩序就是决定轴线序列，即确定目标物的序列和建筑意识的序列。勒·柯布西耶.走向新建筑.吉阪隆正译.鹿岛出版协会，1967年 p.146

[E] 通常轴线性质的对称是指像巴洛克建筑那样，使各种特殊之处和细微的细节所产生的杂乱具有一定的联系，以使不规则的部分具有一定的规律性。近代建筑标准化很自然地给构件带来了高度的整合性。因此，建筑家们就没有必要为了达到美学概念上的有序性，而使用对称性或轴性上的对称规律。**不对称的设计样式实际上在技术方面和美学方面都是很受欢迎的**，这是因为不对称性的确能够提高构成的一般感性。在现代建筑形式中，几乎所有形式其建筑性能都是由不对称性直接表现出来的。……国际建筑样式不要给不规则的各种建筑性能都扣上对称的帽子。亨利·拉塞尔·希区柯克，菲利普·约翰逊.国际风格.武泽秀一译.鹿岛出版协会，1978年 p.72—73

[F] 一个拙劣的建筑家的特点是以装饰为由而刻意地滥用不对称性……而一个出色的建筑家的特点是使设计的**规律性接近于对称性**。亨利·拉塞尔·希区柯克，菲利普·约翰逊.国际风格.武泽秀一译.鹿岛出版协会，1978年 p.72—73

[G] **建筑物必须要有一个确定的正面形式**……建筑的正面是否规整且是否具有适用性在于其三段构成。……正面要在垂直方向采用三段构成，这是基于建筑物立于地面且上部是天空这一点来考虑的。也就是说，正面通常是由基座、中间部分和顶部组成的。……水平方向的三段构成是指要采用A·B·A的对称形式。两端的A对应不同的情况而产生A与A'的变形。因为对称构成手法有最明确的构成原理，所以其承受变形的能力和适应能力都很高，因此我欣然采纳了对称构成。人类的活动路线并不是严格地遵循支配建筑构成的对称轴线，而应该是任意的。**因此物体的规律就和人的自由形成了对比关系**。香山寿夫.建筑三书.SD,1984(9):22

Ⅲ-1 左右完全对称 SYMMETRY

对称这一概念就如亨曼·瓦伊尔在《对称》(远山启译.纪伊国书店. 1957年)等书中所提及的，正广泛地被应用到了数学、物理、生物学等各个领域。因为人们在实际生活中要使用建筑空间，所以建筑物在垂直方向上的对称几乎都不成立。在建筑上最简单的对称形式为线对称，即平面上的单轴左右对称应用得最多。其中最具原始特性的是古代那些古典的神殿。古希腊的大神殿多是建在空旷的地方，因此至少在外观上各个立面都是左右对称的；但在面向城市广场而建的古罗马神殿则重点突出其正面，而产生出很多像尼姆设计的前廊式神庙(公元前19年前后，图①②)那样典型的单轴左右对称的结构。

与神殿这样简单的形式不同，而略微包含一些复杂设施的建筑中，左右对称仍然是使构成具有规律性的一个重要的原理。强烈主张在住宅的各个房间配

① 前廊式神庙

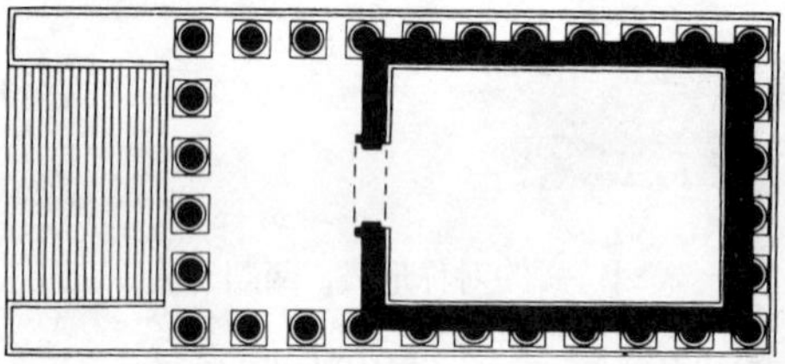
② 前廊式神庙平面

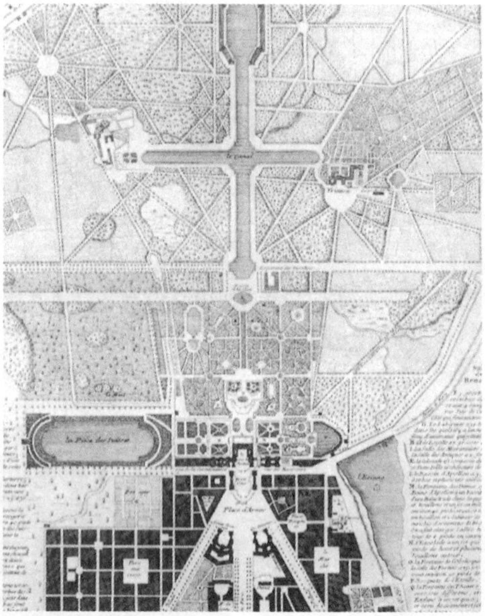
④ 凡尔赛宫平面

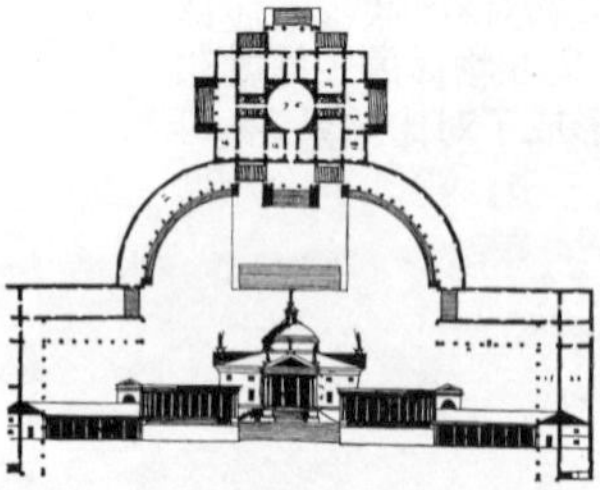
③ 特里西诺别墅立面、平面(帕拉第奥)

⑤ 不莱尼姆宫(瓦恩布拉)

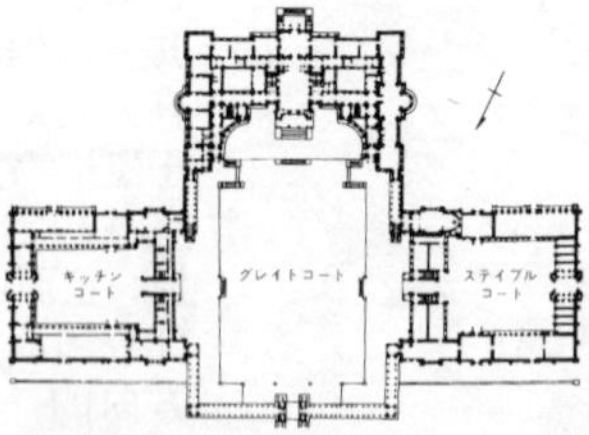

⑥ 不莱尼姆宫平面

置上要做到左右对称的帕拉第奥设计的特里西诺别墅(1552–1562年，图③)就是在左右伸出两翼加强了左右对称效果；凡尔赛宫(1624–1770年，图④)中，位于三条放射状的轴线交会点的国王寝室的街道左右的墙体都呈雁行式布置，从而突出了左右对称性，同时提高了轴线的进深。代表英国巴洛克建筑的乔恩·瓦恩布拉的不莱尼姆宫(1705–1725年，图⑤⑥)就是在位于轴线左右的两翼位置设定交叉轴线而产生了进深方向上左右对称的结构。

近现代建筑中，早期的近代建筑代表作之一的奥特·瓦格纳的维也纳邮政储蓄银行(1906年，图⑦–⑨)在素材和构成方法上都是完全近代式的，但在整体平面构成上却强行保留了对称构成。还有，美国史莱夫–兰布–哈蒙建筑事务所设计的帝国大厦(1931年，图⑩–⑫)就改变了纽约的城市分区规划法所规定的道路斜面而遵从传统的左右对称。还有，迈克尔·格雷夫斯的波特兰大楼(1980年，图⑬–⑭)就是恢复传统左右对称的后现代思潮的典型例子。

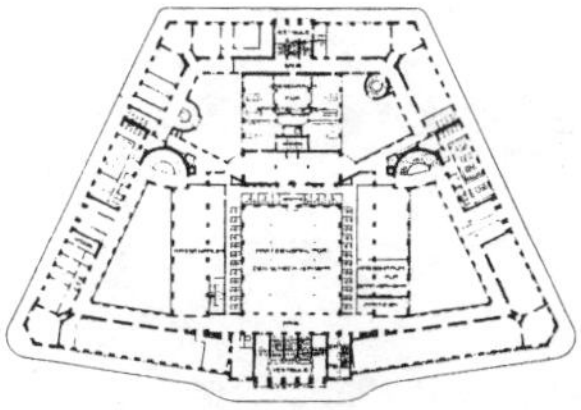

⑦ 维也纳邮政储蓄银行(瓦格纳)平面

⑧ 维也纳邮政储蓄银行

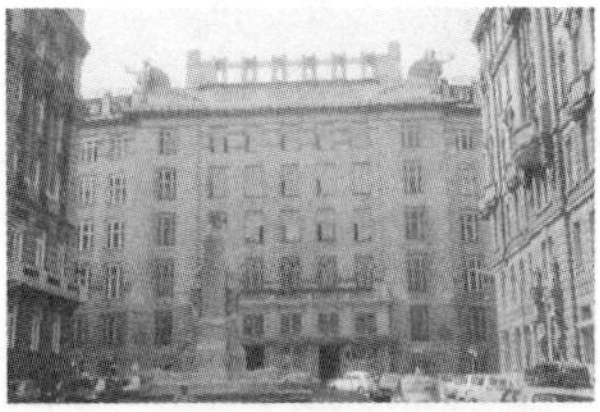

⑨ 维也纳邮政储蓄银行

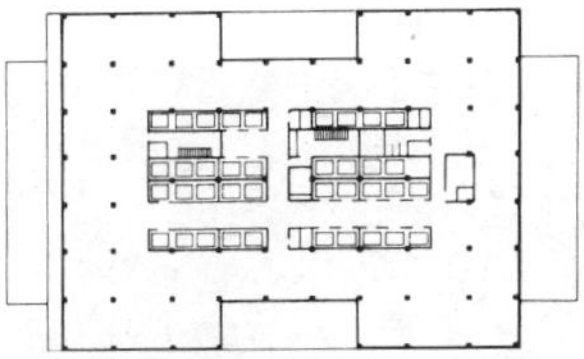

⑩ 帝国大厦(史莱夫–兰布–哈蒙)标准层平面

⑪ 帝国大厦

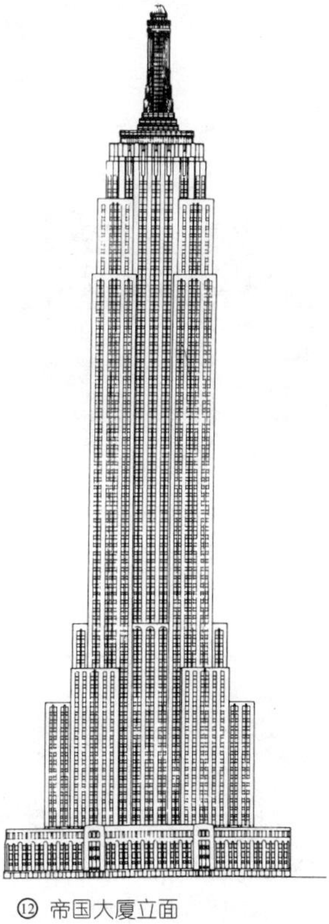

⑫ 帝国大厦立面

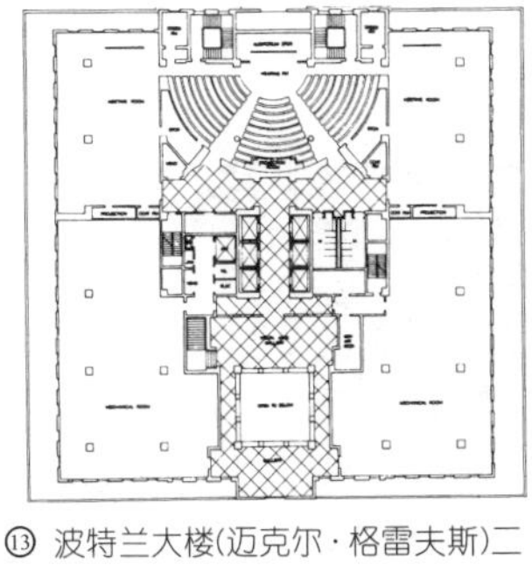

⑬ 波特兰大楼(迈克尔·格雷夫斯)二层平面

⑭ 波特兰大楼

Ⅲ-2 对称性和向心性 SYMMETRY

在只有一条对称轴线的情况下，左右对称突出了沿轴线的方向性以及空间进深，而若采用两条交叉轴线则产生了向心性。对称轴增加并形成放射状时就更是如此。

文艺复兴时期执着于理想比例和几何体，以那样的设计理念为背景而探求具有明显向心性的建筑。尤其是以集中式的教堂为主。著名的列奥那多·达·芬奇的构想作品(图①)以及伯拉孟特的米兰时代的几件实际作品——如圣玛利亚·德莱格拉齐教堂(1485−1497年，图②)，在《建筑论》中曾画出了各种形式的平面图(图③)，最终产生了圣彼得大教堂这代表一个时代的纪念性作品。顺便提一下，如果比较作为设计基础的伯拉孟特方案(1506年，图④)和米开朗琪罗的方案(1506年，图⑤)，相对于前者是分裂成放

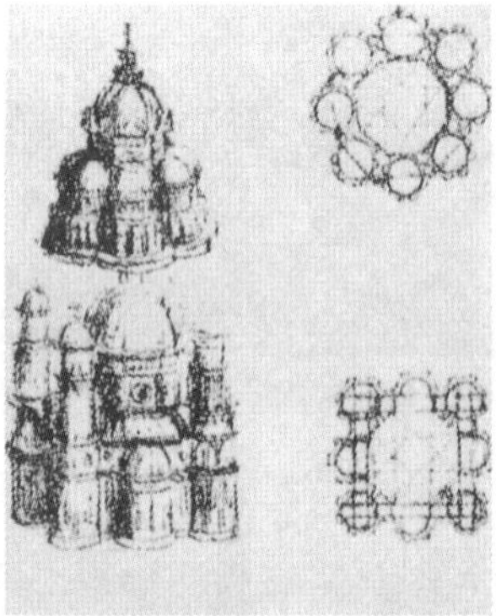

① 达·芬奇的构想作品

② 圣玛利亚·德莱格拉奇教堂(伯拉孟特)

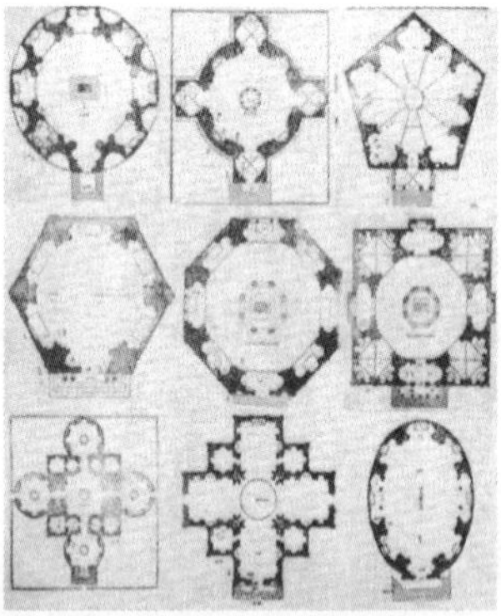

③ 塞尔立奥的集中式教堂

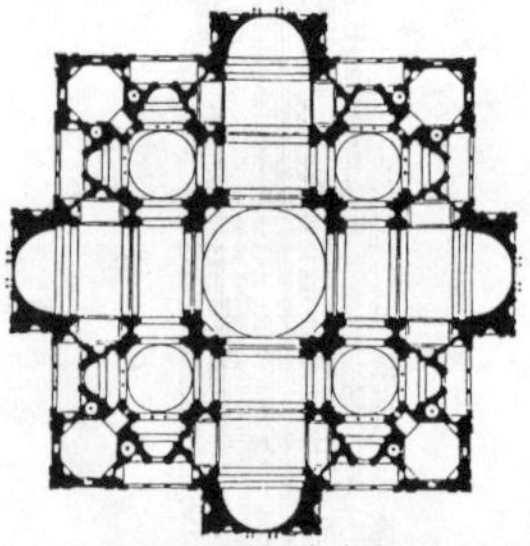

④ 伯拉孟特设计的圣彼得大教堂的方案平面

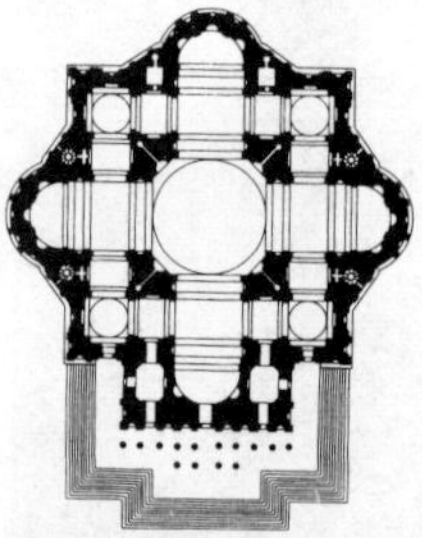

⑤ 米开朗琪罗设计的圣彼得大教堂方案平面

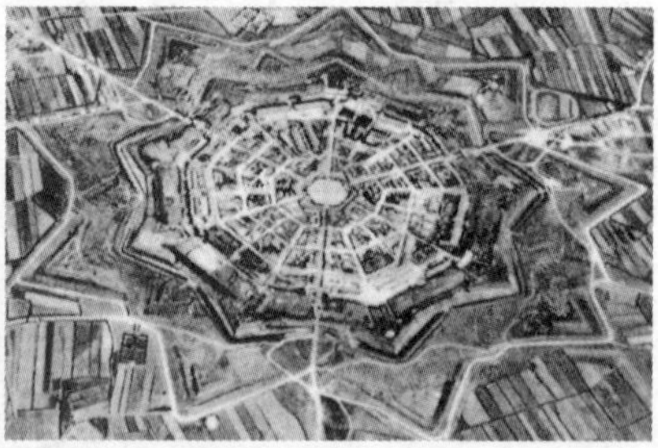

⑥ 帕尔曼诺瓦(斯卡莫齐)

⑦ 巴黎歌剧院(加尼埃尔)

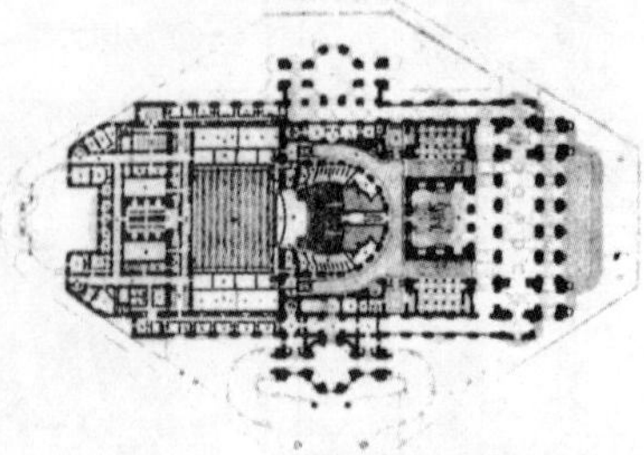

⑧ 巴黎歌剧院平面

射状的多中心形式，后者则是兼顾了结构上的补强要求而使用了更为简洁的向心形或者说是双轴对称的这样一种收敛构成形式。文艺复兴时期，就像温琴佐·斯卡莫齐的帕尔曼诺瓦(Palmanova)(1593年设计，图⑥)中那样，即使是理想城市构想也采用明显的向心形。

在被勒·柯布西耶批评为“把几条轴线无限度无确定性地引向虚无，而任其交会成星型”(p.61[D])的布扎体系中也未必都是星型的，而是达到了双轴对称构成的最高峰。例如夏尔·加尼埃尔设计的巴黎歌剧院(1861—1874年，图⑦⑧)就是使用了能够产生空间等级感或最大限度地产生出的空间表现感的对称构成。作为使用双轴线及可区分中心和边缘的空间等级感的手法，同时使复杂的建筑性能具有规律性的例子则有卡尔·弗里德里希·西恩凯尔(Karl Friedrich Schinkel)的老博物馆(1824—1828年，图⑨⑩)以及埃里克·贡纳尔·阿斯普隆德的斯德哥尔摩公共图书馆(1920—1928年，图⑪⑫)等。还有，路易斯·康设计的哈尔瓦犹太教会堂(1967—1974年设计，图⑬⑭)也是使用双轴对称构成，突出层状向心性的代表作品。

⑨ 老博物馆(西恩凯尔)

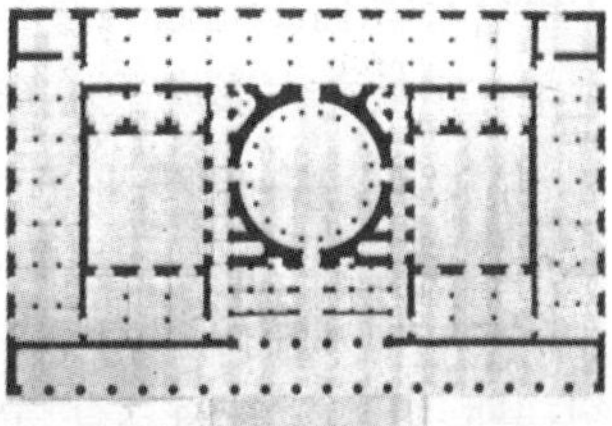

⑩ 老博物馆平面

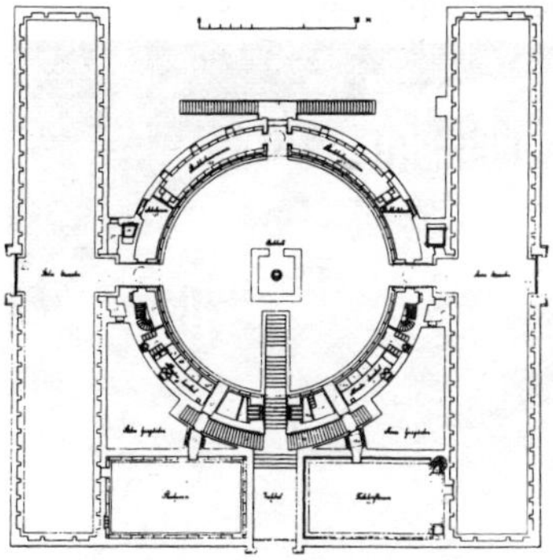

⑪ 斯德哥尔摩公共图书馆(阿斯普隆德)平面

⑫ 斯德哥尔摩公共图书馆

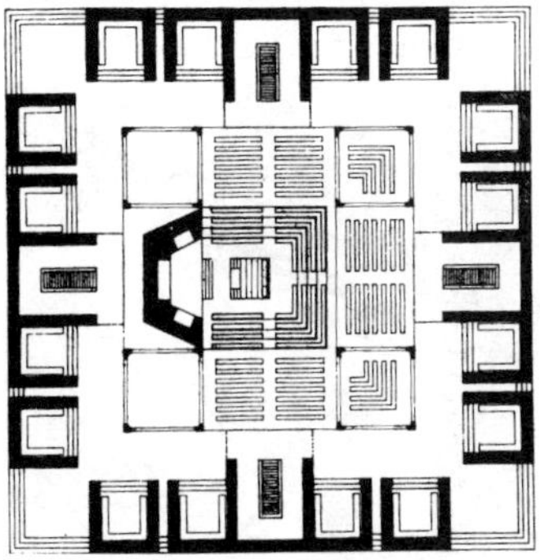

⑬ 哈尔瓦犹太教会堂(路易斯·康)平面

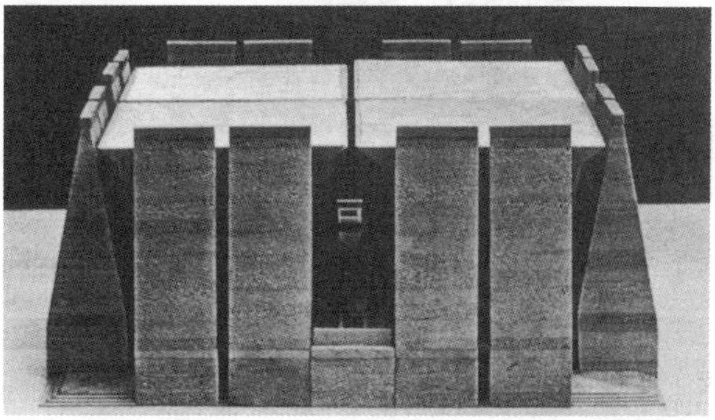

⑭ 哈尔瓦犹太教会堂

Ⅲ-3 局部对称的叠加和延续 SYMMETRY

若要使对称构成适用于建筑整体，有时就会比较牵强，但在其某个部位上有时却可以很自然地形成对称构成。尤其是在结构功能复杂或者有几栋建筑组合的时候更是如此，此时要采用在对称构成的范围内形成自然的局部对称，并使其轴线叠加或说是接续的构成手法。这一点雅典卫城就是很好的例子。起控制作用的山门(propylaia)轴线就和帕提农神庙以及伊瑞克提翁神庙(Erechtheion)的轴线完全不同，它是在卫城之内形成了几条轴线共存、叠加的形式(图①②)。而且，那些轴线之间的关系也很不明确。与此对照，古罗马时代建在罗马城郊外蒂布尔的哈德良别墅(2世纪初期，图③④)是将具有局部对称的几何体并列放置，即使是外部空间也用墙体围成较为封闭的形式，而对称轴线就如同触手一样伸展开，将彼此的空间联系起来。

至于菲利普·伯鲁乃列斯基的育婴院(1421—1425年，图⑤－⑦)和密斯·凡·德·罗的伊利诺伊工学院(I.I.T)的校园(1943—1958年，图⑧⑨)，前者是形成庭院，后者是有多座楼舍，虽然它们都采用了局部对称构成，但那些轴线之间并没有构成紧密的联系。相对照的有詹姆斯·斯特林的柏林科学中心的设计竞赛方案(1979年，图⑩－⑫)以及矶崎新在伦敦的圣保罗大教堂周围的巴塔诺斯塔地区的再开发设计方案(1987年，图⑬⑭)，是使几栋具有局部对称几何体的建筑物之间的轴线形成密切的关系而组合起来。在此与哈德良别墅建筑一样，轴线成为了不可见的触手，使每一栋楼与周围的城市网存在着密切的关系。

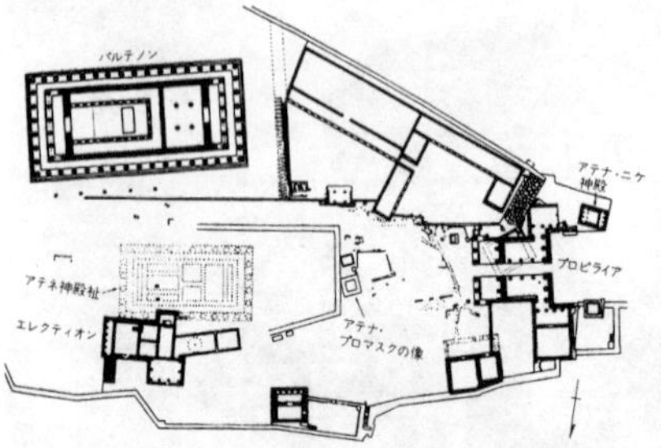

① 雅典卫城平面

② 雅典卫城

③ 哈德良别墅

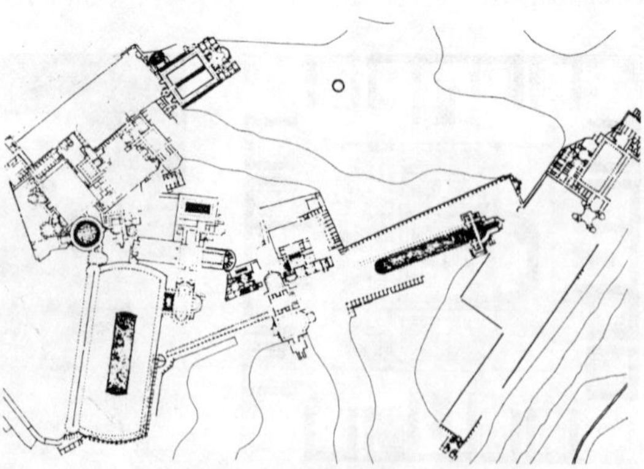

④ 哈德良别墅平面

⑤ 育婴院(伯鲁乃列斯基)

⑥ 育婴院

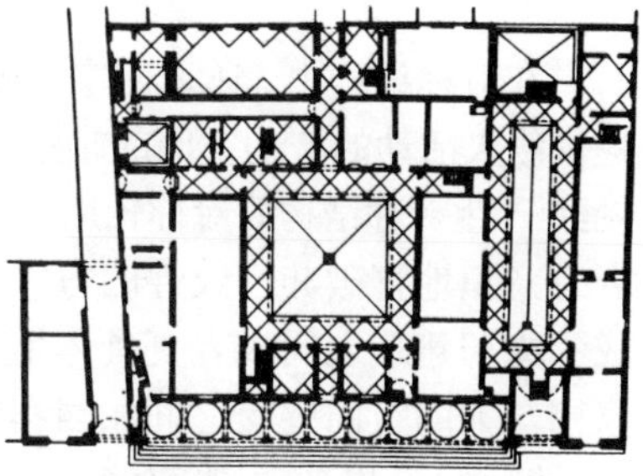

⑦ 育婴院平面

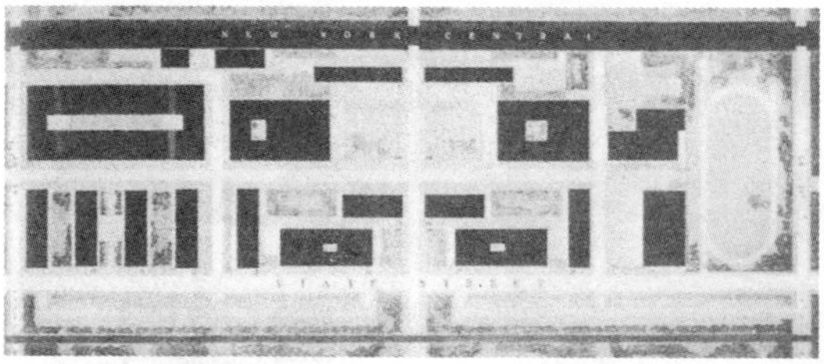

⑧ 伊利诺伊工学院(密斯)

⑨ 伊利诺伊工学院

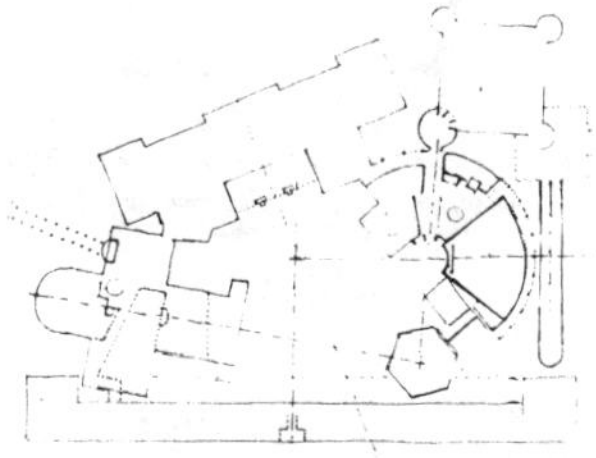

⑩ 柏林科学中心的设计竞赛方案(詹姆斯·斯特林)一层平面

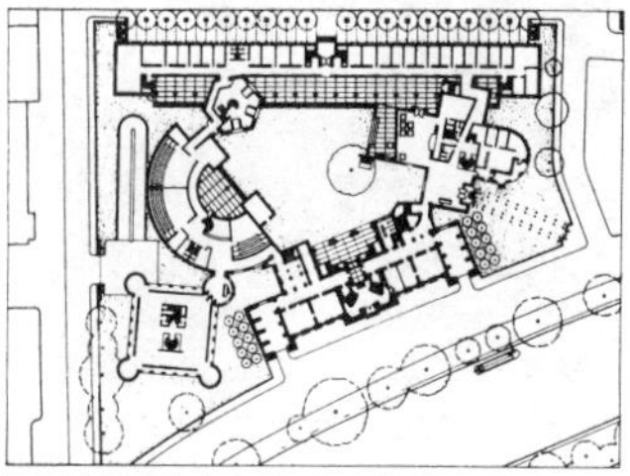

⑪ 柏林科学中心的设计竞赛方案图解

⑫ 柏林科学中心的设计竞赛方案

⑬ 巴塔诺斯塔地区的再开发设计方案(矶崎新)

⑭ 巴塔诺斯塔地区的再开发设计方案图解

Ⅲ-4 空间轴线和构成轴线 SYMMETRY

在对称结构中，通过使空间轴线(能提供给人活动的流动空间的轴线)和构成轴线(产生对称结构的对称轴)完全一致或者有意识地打破其一致性的方式，就造成了人与建筑之间或者更具体地说建筑氛围与人的空间感受之间相当程度的差异。例如，在巴黎歌剧院(p64 图⑦⑧)那样的大型建筑中，当构成轴线与空间轴线接近一致时，就产生一种壮观宏大的空间感觉，但常常也会因此而很容易成为呆板的建筑。另一方面，像菲舍·万·爱尔拉哈的圣·卡尔·保罗麦乌斯教堂(St. Karl-Borromäuskirche，1716-1737年，图①-③)那样，当连续的空间形状和大小都不同的时候，就会产生出富于变化的空间感。

我们并不是要使构成轴线和空间轴线必须一致，若围绕构成轴线的形态中设定好线，就可以产生更加多变的丰富的空间感。在保尔·菲利普·库莱的罗丹

① 圣·卡尔·保罗麦乌斯教堂(爱尔拉哈)

② 圣·卡尔·保罗麦乌斯教堂

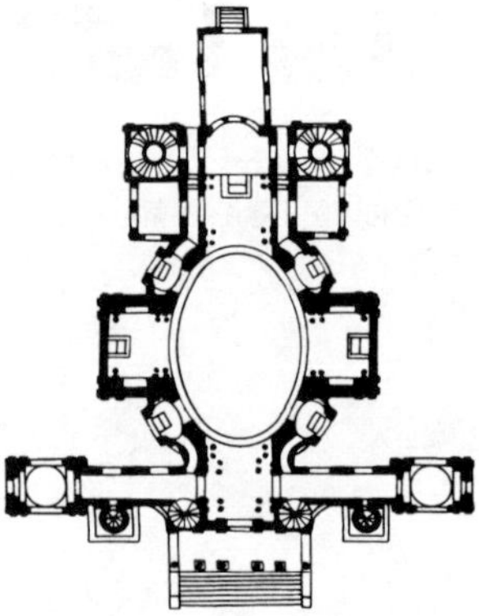
③ 圣·卡尔·保罗麦乌斯教堂平面

④ 罗丹美术馆(库莱)

⑤ 罗丹美术馆

⑥ 罗丹美术馆

⑦ 罗丹美术馆

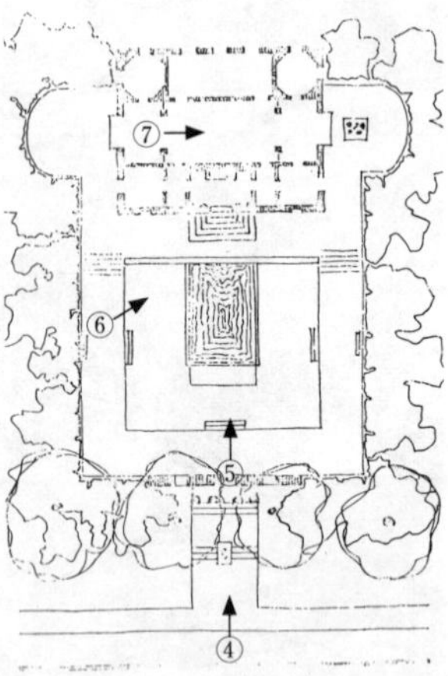

⑧ 罗丹美术馆平面

美术馆(1926—1929年，图④－⑧)中，构成轴线从大路一直延伸到展厅内部，当人们走近时首先看到的是罗丹的《思想者》,从侧面进入越过大门就来到美术馆的正面,还必须沿水池环绕一周而入,然后要沿着门口的停车门廊绕行进入。还有维尼奥拉主持设计的朱利娅别墅(Villa Giulia，1551年动工，图⑨－⑪)也使对称轴线贯穿整体，但人的活动路线却是与构成轴线或分或合互相盘绕。在大门口及凹下的花坛的降低部位是在构成轴线上,而其他的则是通过半圆形的柱廊、阶梯以及指向正交轴方向的空间的展开而形成。香山工作室/环境规划研究所的东京大学综合资料馆(1982年，图⑫－⑭也是用活动路线与鲜明的构成轴线相结合的形式。路易斯·康的菲利普·艾克塞塔学院(Phillips Exeter Academy)图书馆(1965—1971年，图⑮，p.112图⑤－⑦)的正门并不在构成轴线上，而是设在了建筑物的一角。平时十分看重左右对称构成的加戴恩却常常把正门有意地从构成轴线上稍作偏移,这是很有意味的。还有，勒·柯布西耶的救世军总部(1929年，图⑯)，使用了从停车门廊到休息室的三种形状所产生轴线而将构成轴线和空间轴线略作分离处理。

⑨ 朱利娅别墅(维尼奥拉)

⑩ 朱利娅别墅

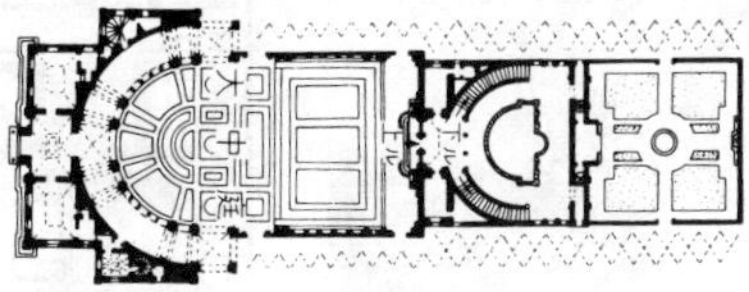
⑪ 朱利娅别墅

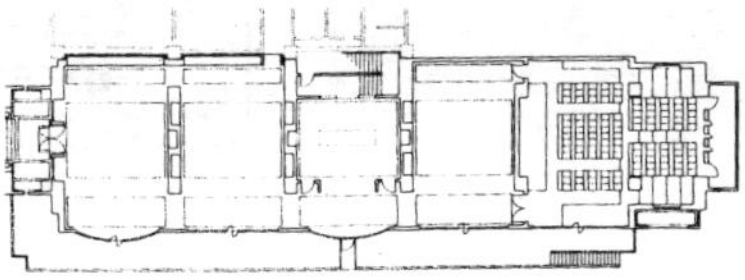
⑫ 东京大学综合资料馆(香山寿夫)平面

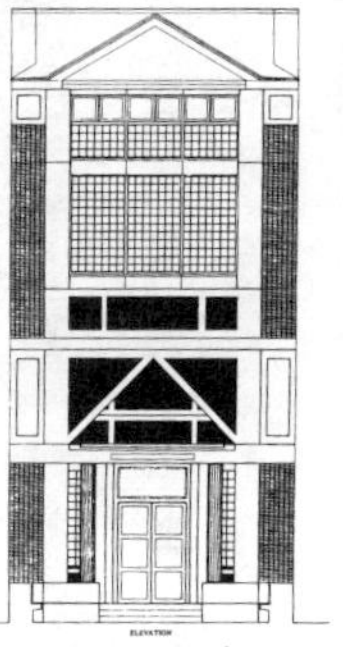
⑬ 东京大学综合资料馆立面

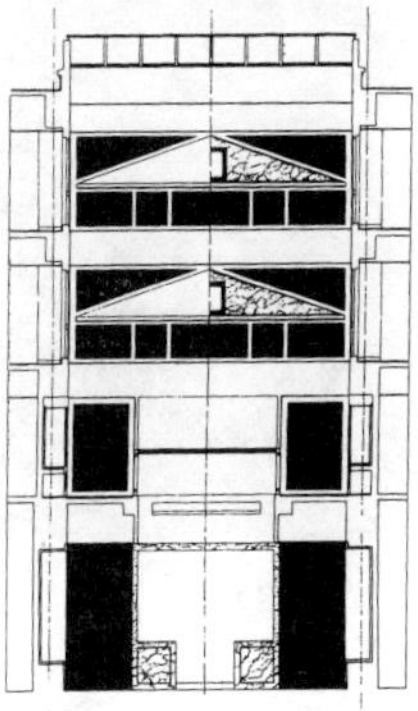
⑭ 东京大学综合资料馆展开图

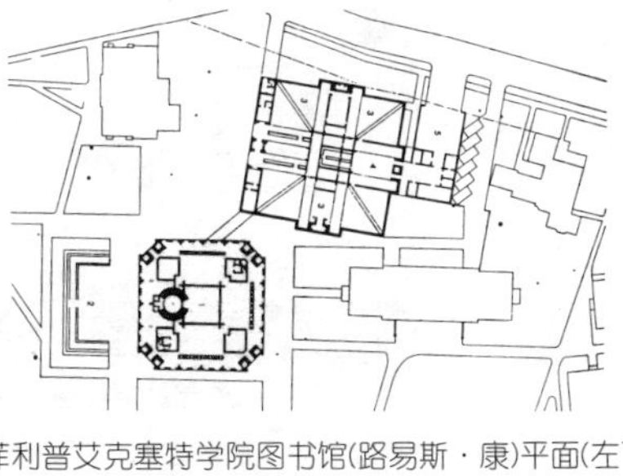
⑮ 菲利普艾克塞特学院图书馆(路易斯·康)平面(左下)

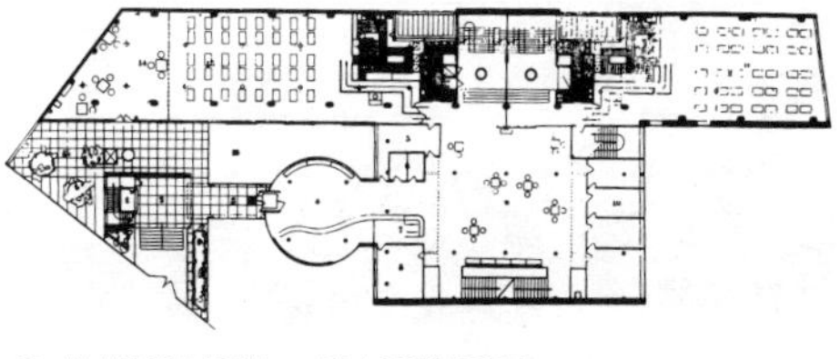
⑯ 救世军总部(勒·柯布西耶)平面

Ⅲ-5 伸展的轴线 SYMMETRY

在单轴对称构成中，把构成轴线以外的部分构成外部空间，并采取将其空间在轴线的一端或者两端向外伸展的构成手法，可以称之为具有伸展轴线或者延伸轴线的对称构成。

轴线一端伸展的例子可见于托马斯·杰弗逊(Thomas Jefferson)的弗吉尼亚大学(Virginia University)校园(1817–1826年，图①－③)。在轴线的起点处设置了我们称为“入口大厅”的象征性建筑，并从该处引出一条作为道路动线的、宽达50m的称为“劳恩”的主要校园空间，长达200m左右。这条轴线当初构想是要延伸到弗吉尼亚平原的，但后来由马吉姆·米德和豪瓦尔特在轴线上设计了作为标志的建筑物。这条轴线本来是要通过连接其两侧的柱廊空间而被强调，并要沿着这一柱廊空间在两侧各建起五栋教学楼，但杰弗逊要将其作为建筑教育的实物教材而特意将所有的楼舍设计意图改变了。

以克里斯特法·莱恩为主设计的格

① 弗吉尼亚大学校园(杰弗逊)

② 弗吉尼亚大学校园教学楼

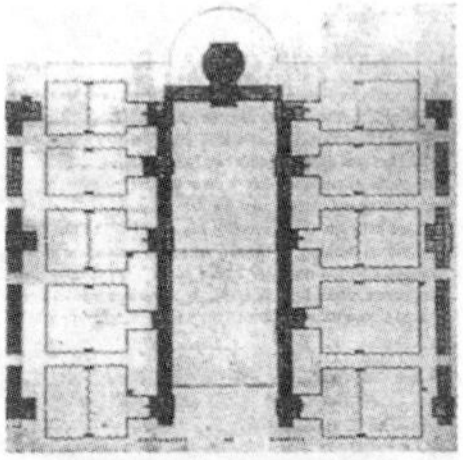
③ 弗吉尼亚大学校园平面

④ 格林威治疗养院(莱恩等)

⑤ 格林威治疗养院

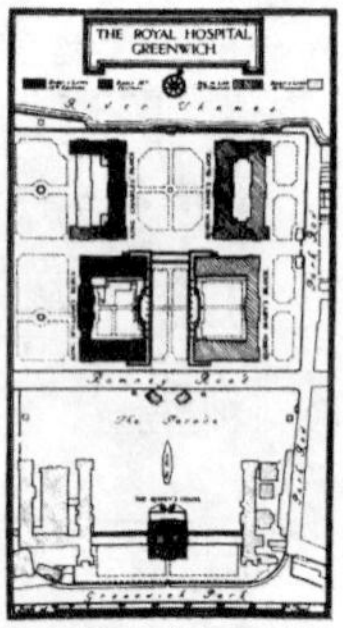

⑥ 格林威治疗养院平面

⑦ 熊本县立保田洼第一住宅区(山本理显)

⑧ 熊本县立保田洼第一住宅区布置

⑨ 熊本县立保田洼第一住宅区

林威治疗养院(1662－1814年，图④－⑥)，在从琼斯的女王宫(1616－1635年，p.26图②)起指向河边的轴线上设计了四栋设施，在女王宫的旁边，在与低矮的卡布鲁特圆柱的柱廊相对称的位置设计了穹顶，在近河广场上通过大型的立面效果突出了轴线。还有，山本理显的熊本县立保田洼第一住宅区(1992年，图⑦－⑨)也是面向大路伸展成L形的轴线上设计了公共广场。圣马可广场(图⑪⑫)也是变成L型并面向大海的。

路易斯·康的萨克生物研究所(1959－1985年，图⑬－⑮)可以作为在轴线两端伸展的典型例子。一进入广场，就可以看见流水和为将研究室面向大海而砌筑的45°的墙面，由此突出了轴线，并将人的视线引向太平洋。还有约翰·奥托·沃恩·斯普莱凯森(Johann otto von spreckelsen)设计的巴黎新城市中心德方斯的新凯旋门(Grande Arche)(1989年，图⑯－⑱)，是在从卢佛尔宫开始，经过香榭丽舍街、绚丽的凯旋门而到达德方斯的长长的城市轴线上建起的巨大的门型建筑。这是现存的为最大限度地生成城市轴线而建的著名的例子。

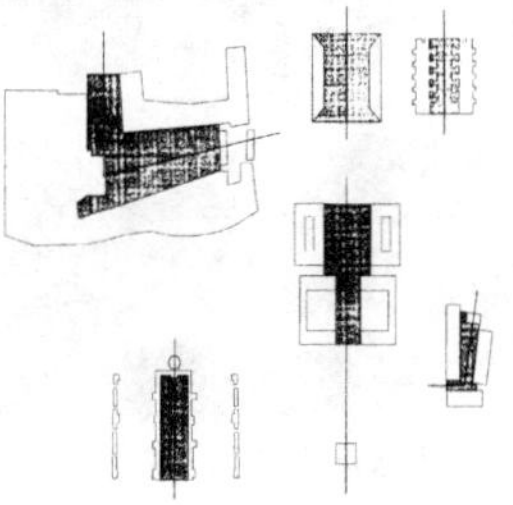
⑩ 六个广场相同比例的图解

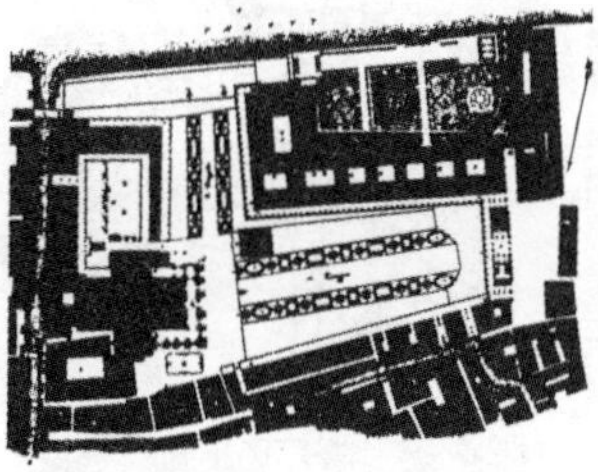
⑪ 圣马可广场广场平面

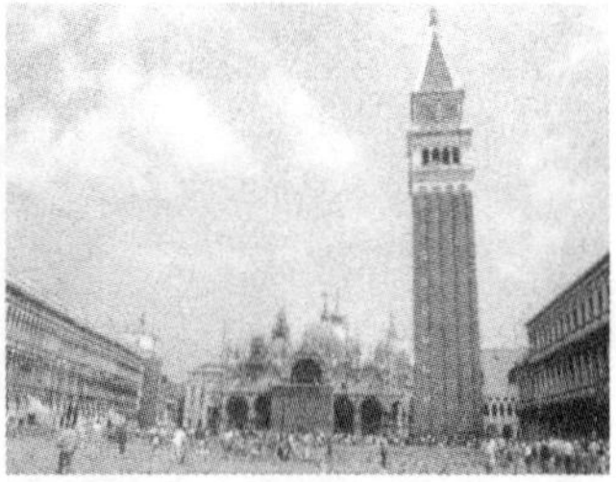
⑫ 圣马可广场广场

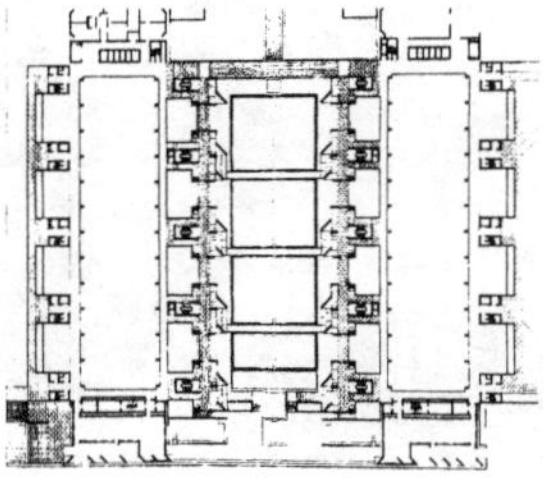
⑬ 萨克生物研究所(路易斯·康)平面

⑭ 萨克生物研究所

⑮ 萨克生物研究所

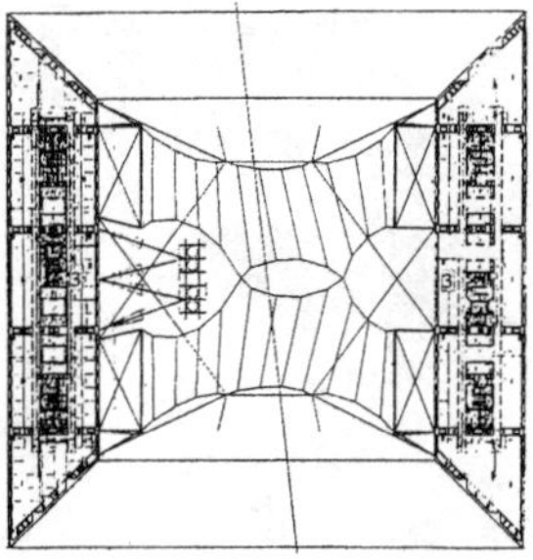
⑯ 新凯旋门(约翰·奥托·沃恩·斯普莱凯森)标准层平面

⑰ 新凯旋门

⑱ 新凯旋门

Ⅲ-6 透视图的变形 SYMMETRY

在对称构成中通常将对称轴两侧的墙面或者柱廊的设计统一起来，当人们立于轴线上来观察空间时，透视图感觉的效果是最理想的形式。尽管如此，相反在轴线上展开的空间宽度的变化，可打破基于常规透视法的空间认知，能够获得独特的空间效果。

米开朗琪罗的卡比多广场(1547年动工，图①②)，为使正面建筑物看起来较近，有意识地打破了文艺复兴鼎盛时期的那种稳定的协调性和视觉感的理念，它没有将广场两侧的建筑物平行布置，而是向纵深呈倒八字型展开，从而产生了一种违背透视的效果，即消除了常规透视方法的纵深感。乔瓦尼·洛伦佐·伯尼尼的圣彼得大教堂(1656—1667年，图③④)前连接椭圆广场和大教堂的梯形广场的布局也是要达到同样的效果。而同样的由伯尼尼(Bernini)设计的教皇接待厅前的大阶梯(Scafa Regia，

① 卡比多广场(米开朗琪罗)

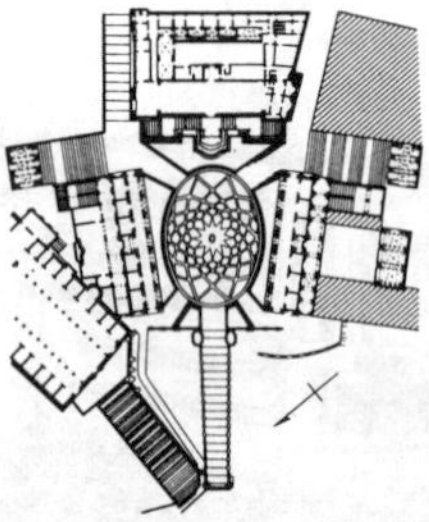
② 卡比多广场平面

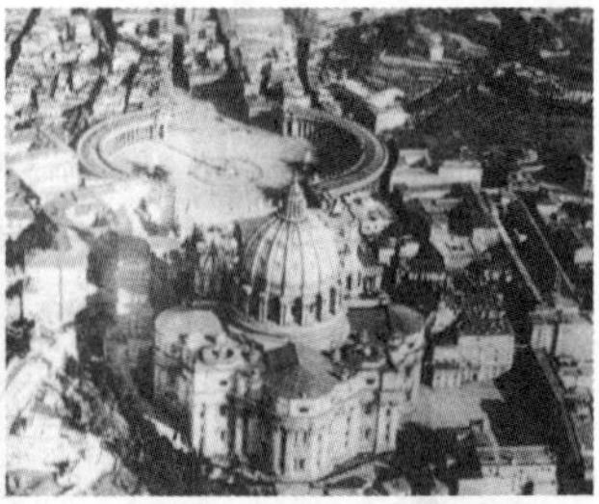
③ 圣彼得大教堂前的广场(伯尼尼)

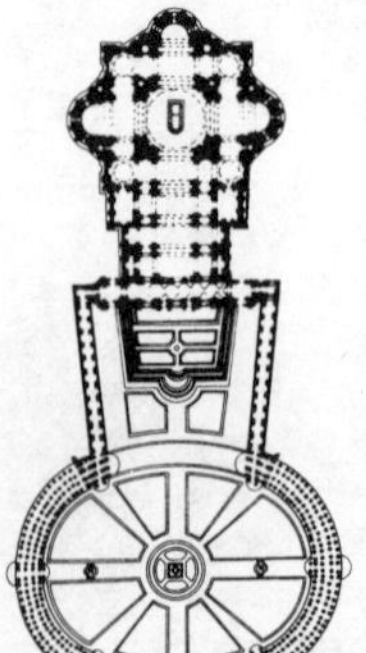
④ 圣彼得大教堂前的广场平面

⑤ 教皇接待厅前的大阶梯(伯尼尼)

⑥ 圣彼得大教堂前的广场构想(米开朗琪罗)

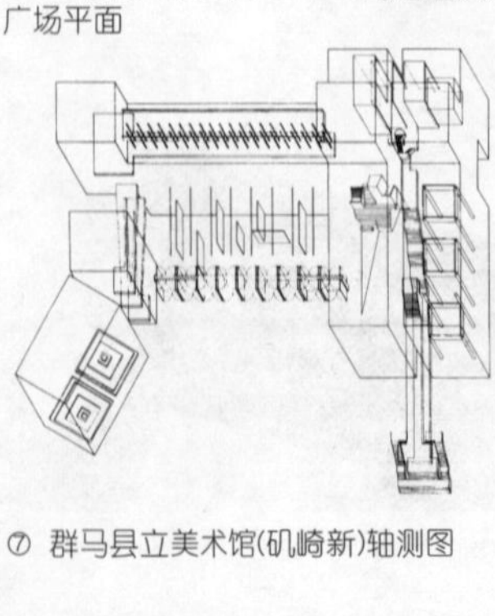
⑦ 群马县立美术馆(矶崎新)轴测图

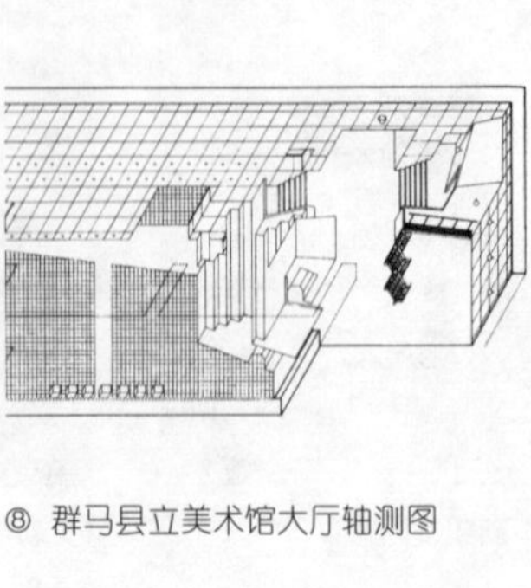
⑧ 群马县立美术馆大厅轴测图

⑨ 群马县立美术馆

1663－1666年，图⑤)也是将深度略微缩减，形成远近感比实际上更强且进深更大的效果。顺带说一句，伯尼尼的广场和当初米开朗琪罗所设想的广场(图⑥)是完全不同的。

在现代建筑中，这种改变了透视的例子在不直接涉及对称构成的时候也以各种形式被表现出来。例如，矶崎新在设计群马县立美术馆(1974年，图⑦－⑨)的时候，将各组成部分布置在大门口而使其产生了一种逆透视效果。筱原一男的东京工业大学百年纪念馆(1982年，图⑩－⑫)将顶部突出的细长的半圆柱型的自助餐厅在半空做了一次折转，从而改变了日常生活中对细长空间的视觉感。阿尔瓦洛·西扎(Alvaro Siza)的佳丽西亚现代美术中心(1993年，图⑬－⑮)通过地下室梯形平面的展厅和正厅的墙、天花板的斜线而将均衡的透视空间改变。尤其是比较一下地下展厅从反方向拍下的照片，更可以理解空间视角的差异。还有，史蒂文·霍尔(Steven holl)的米兰波尔特·维多利亚(Porta Vittoria)设计方案(1986年，图⑯－⑱)，有意摒弃了普通透视图法的布置方法，设计出了引发人的新知觉的空间。

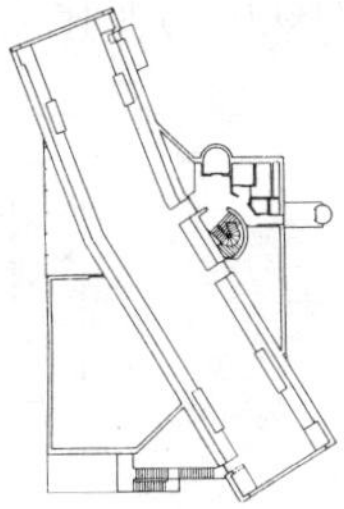
⑩ 东京工业大学百年纪念馆(筱原一男)四层平面

⑪ 东京工业大学百年纪念馆

⑫ 东京工业大学百年纪念馆

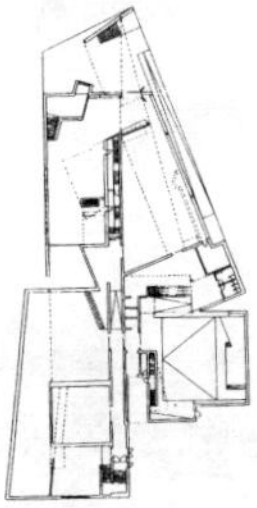
⑬ 佳丽西亚现代美术中心(西扎)一层平面

⑭ 佳丽西亚现代美术中心 从两个方向看同一个展厅

⑮ 佳丽西亚现代美术中心

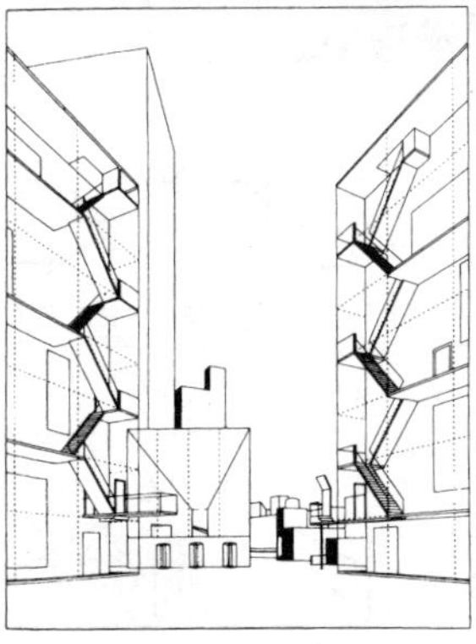
⑯ 波尔特·维多利亚设计方案(史蒂文·霍尔)

⑰ 波尔特·维多利亚设计方案

⑱ 波尔特·维多利亚设计方案

Ⅲ-7 整体构成中的对称与非对称 SYMMETRY

以对称构成为基础而引入非对称构成，人们尝试着通过这种方式使得整体构成中有序性与自由性共存。作为其中颇有代表性的一种手法就是，将包括外部形式在内的整体构成大框架设计成左右对称，而在内部空间的构成上则故意采取局部的对称的连续或更多采用非对称形式。例如克洛德·尼古拉·列杜设计的圭马尔旅馆(1770年，图①②)，在外观上其正面和背面都具有很强的左右对称性，而内部空间则形成一种也像是以这种构成为基准建造起来的感觉，实际上若不走正门而从侧门进入，则将被斜向引入椭圆形的大厅，前面所述的具有局部对称特征的房屋具有连续的构成。勒·柯布西耶设计的昌迪加尔议会大厦(1953−1963年，图③－⑥)也是这样，外部为对称构成，而内部却是变形的圆形、矩形会场，同时其附属的休息厅及坡道、通道等则又被藏于非对称构成中。从正面看，其对称与非对称的共存性也显而易见，巧妙地产生了一种规则与变化之

① 圭马尔旅馆(列杜)

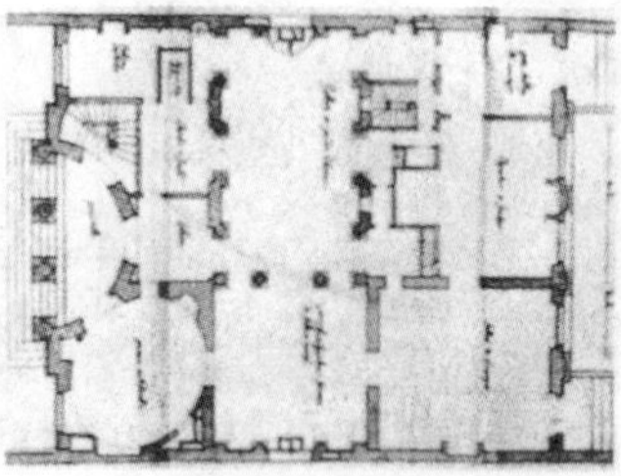
② 圭马尔旅馆平面

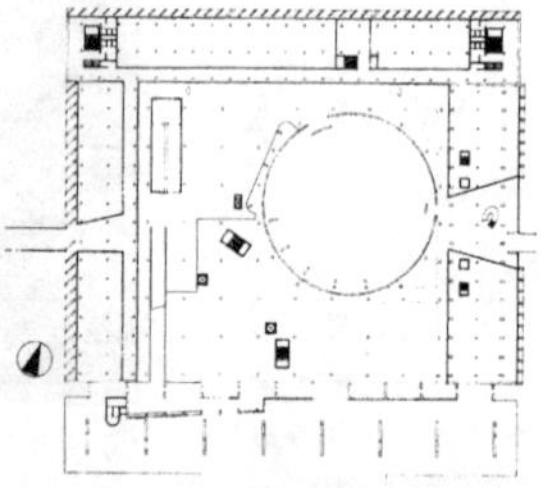
③ 昌迪加尔议会大厦一层平面

④ 昌迪加尔议会大厦(勒·柯布西耶)

⑤ 昌迪加尔议会大厦

⑥ 昌迪加尔议会大厦

⑦ 母亲之家(文丘里)

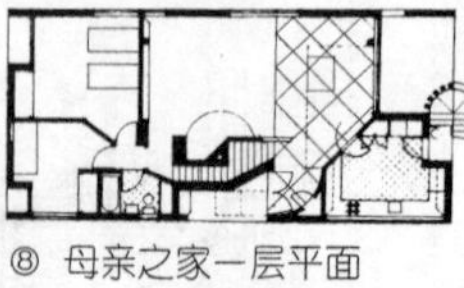
⑧ 母亲之家一层平面

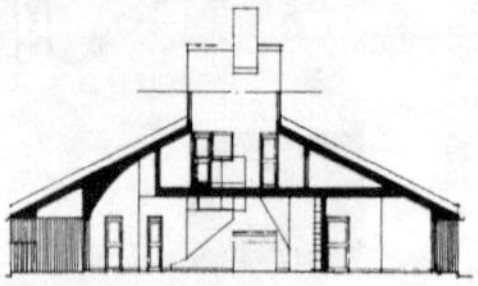
⑨ 母亲之家剖面

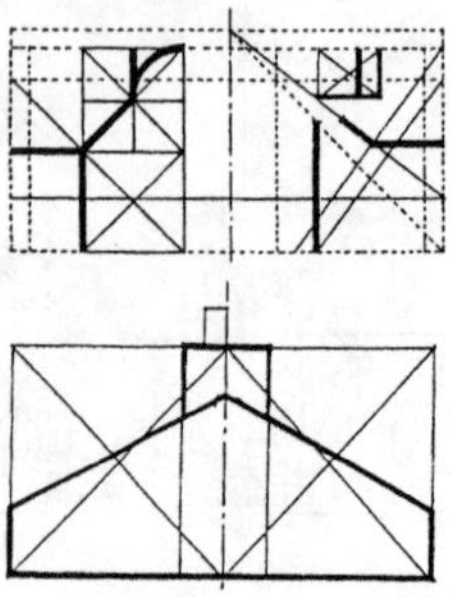
⑩ 母亲之家图解(上：平面，下：剖面)

间的均衡性。罗伯特·文丘里的母亲之家(1962年，图⑦－⑩)在有很强的对称性的外壳内部，却一半是以正方形为基础的平面构成，另一半是以3：4：5的比例为基础的平面构成。而且开洞部分表现了这是以对称轴为界而具有左右不同的平面构成的建筑。

在更为积极地表现对称与非对称的共存性时，打破了外部形式上的对称。罗伯特·斯特恩的拉恩古宅邸(1973－1974年，图⑪－⑭)拥有完全对称的正立面，但实际上却是将具有局部对称的各个房间组合起来而形成整体的非对称性，从侧向观察就可以明显地看出对称的正立面与其背后构成的对比效果。此外在著者(与竹山圣合作)设计的藤泽市湘南台文化中心的竞赛方案(获优秀奖)(1986年，图⑮－⑰中，将基于对称性的各个构成要素(轴线要素)和有意识地从对称轴上偏移出来的曲线或者斜向要素(非轴线要素)进行对比共存，以表现出建筑的秩序感与自由。同样，著者设计的坂本龙马纪念馆竞赛投标方案(1988年，图⑱－⑳)，虽然也在相同的构成延长线上，但这里更着重突出非轴线要素。

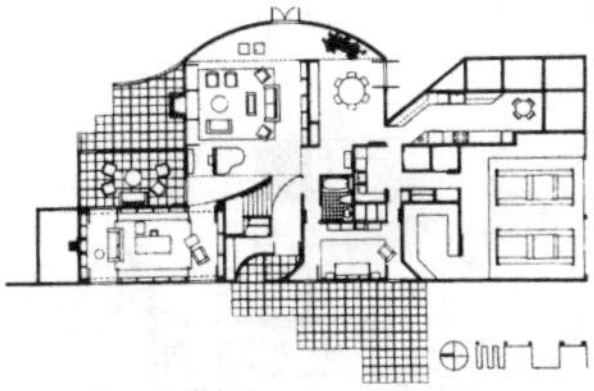
⑪ 拉恩古邸(斯特恩)一层平面

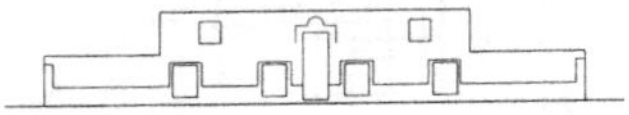
⑫ 拉恩古邸立面

⑬ 拉恩古邸

⑭ 拉恩古邸

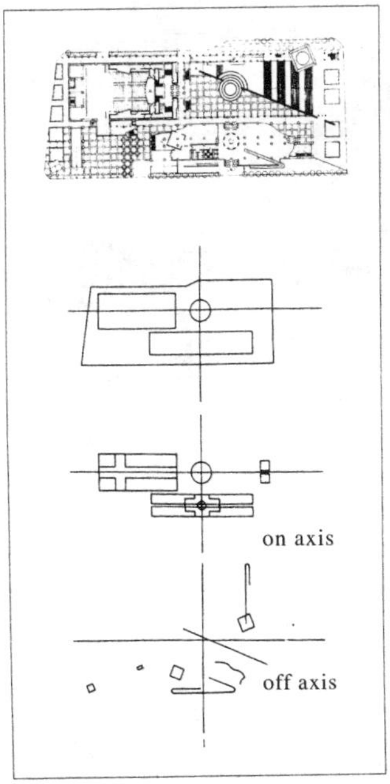

⑮ 藤泽市湘南台文化中心设计竞赛方案(著者与竹山圣)平面图、分析图

⑯ 藤泽市湘南台文化中心设计竞赛方案

⑰ 藤泽市湘南台文化中心设计竞赛方案

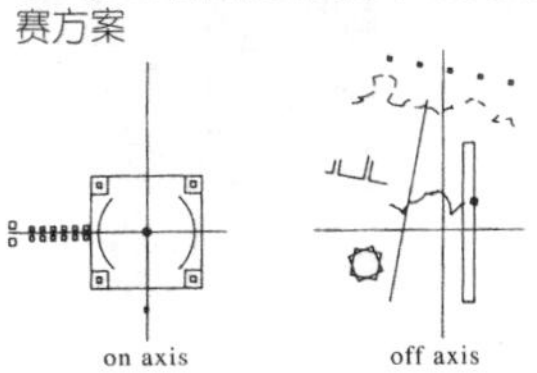

⑱ 坂本龙马纪念馆竞赛投标方案(著者)分析图

⑲ 坂本龙马纪念馆竞赛投标方案

⑳ 坂本龙马纪念馆竞赛投标方案

Ⅲ-8 正立面上的对称与非对称 SYMMETRY

对称与非对称的共存与其说是体现在整体构成上，更多地是体现在了正立面构成上。之所以这样说是因为正立面对于整体构成来说好比是其脸部，不应该把正立面仅仅当作一个表层单独对待，而应将其与整体相联系，尝试以对称与非对称的均衡来调整正立面。

在1920年的纽约，受过布扎体系教育的建筑家们设计了很多高层建筑，而其中的大多数都因为必须按1916年颁布的《城市分区规划法》所划定的道路斜线采用非对称形式，但同时又要努力尽可能地表现出传统的对称构成。伊莱·康(Ely J.Kahn)的砖材纺织大楼(1929年，图①②)就是其中的典型例子，在这里，我们可以看出建筑家们在法规与美学理念之间进行斗争的身影。

在近代建筑作品中可以看到有很多设计都是出于不同的目的而通过对称与非对称共存来调整正立面。例如，看一下槙文彦有关螺旋(SPIRAL)大楼(1985年，图③④)正立面的一系列研究模型(图⑤)

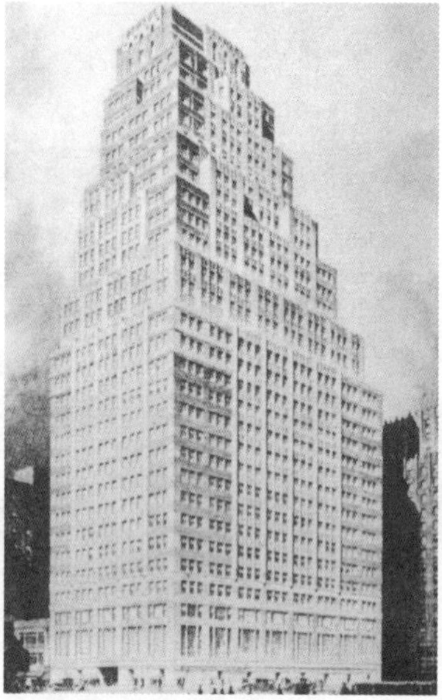

① 砖材纺织大楼(伊莱·康)

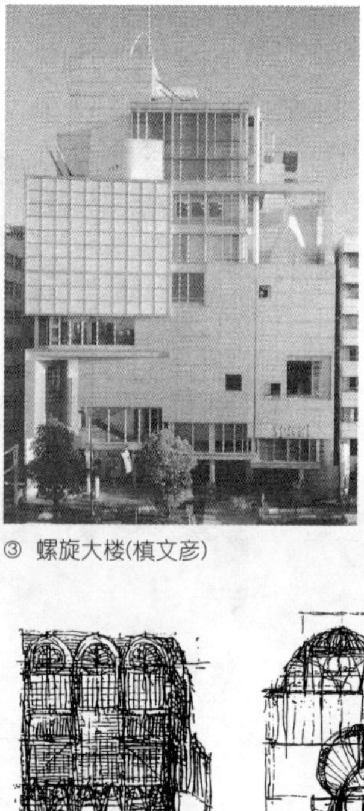

③ 螺旋大楼(槙文彦)

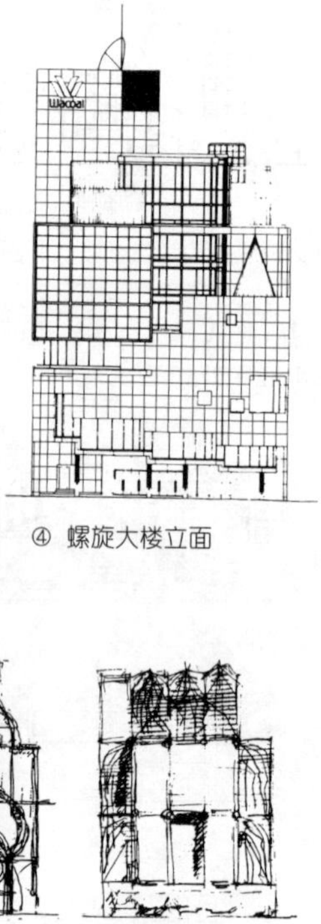

④ 螺旋大楼立面

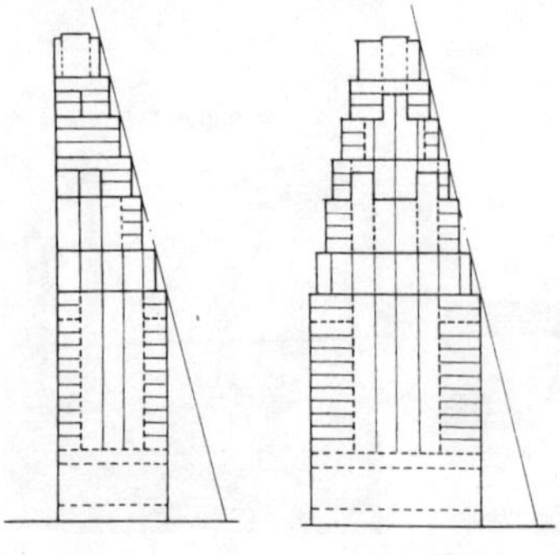

② 砖材纺织大楼分析图

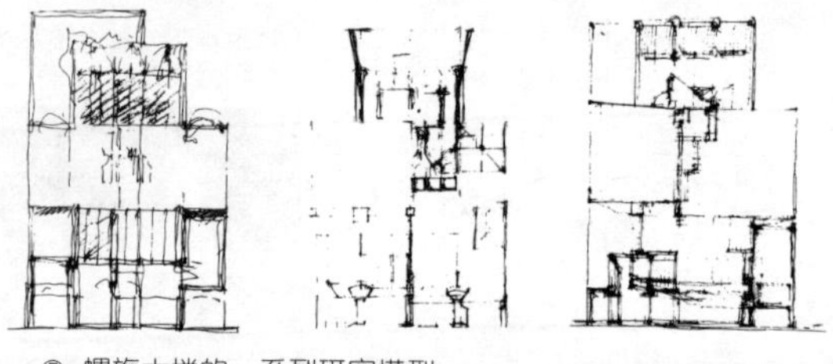

⑤ 螺旋大楼的一系列研究模型

就能够明白，虽然这是以对称性为基础的，但有时也突破了对称性，或者是将非对称的部分组合到一起而得到最终的形式。这可以说是将具有对称性的稳定感和具有非对称性的变化性巧妙地组合起来，从而最大限度地体现二者表现力的典型一例。

马里奥·博塔设计的里格尔耐特住宅(1976年，图⑥－⑨)虽然整体轮廓和中间的“中庭”部分都是对称构成，但通过对应于中庭侧面阳台的中间开洞部分变形为非对称式的方法，消除了僵硬感而成功地体现出适当的变化。在著者所设计的高岛平集合住宅(1992年，图⑩－⑫)中，正面受到日照条件限制而将左上部切除，却通过中央顶部的框架形式而暗示其对称性，通过以正方形为基础的形式的组合而生成整体的均衡感。还有，近代建筑中，当无法还原到单纯的箱形结构时，例如从罗贝尔·马莱－斯蒂文斯(Robert Mallet-Stevens)设计的1924年之家(1924年，图⑬－⑮)等建筑中就可以看到，在生成正立面的三维形体处理中如何尝试实现对称与非对称的均衡的。

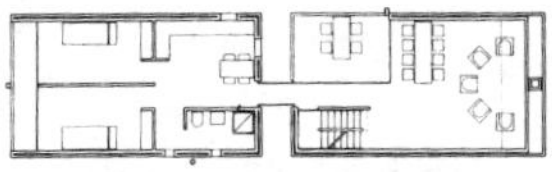
⑥ 里格尔耐特住宅(博塔)三层平面

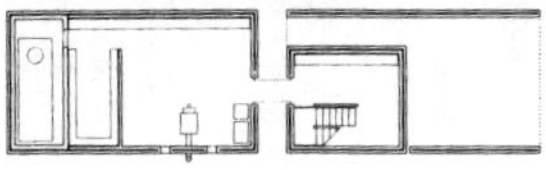
⑦ 里格尔耐特住宅二层平面

⑧ 里格尔耐特住宅

⑨ 里格尔耐特住宅

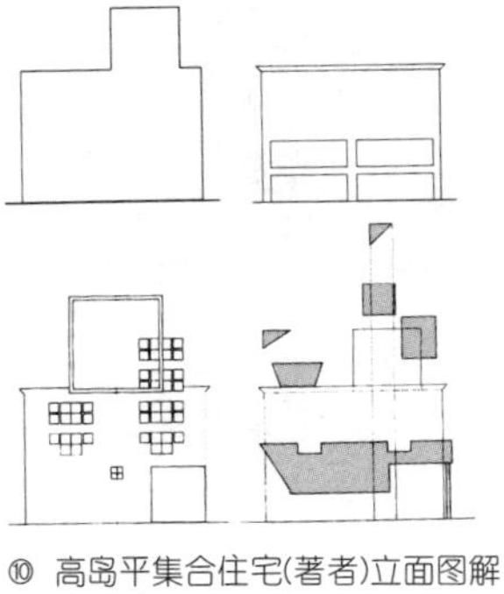
⑩ 高岛平集合住宅(著者)立面图解

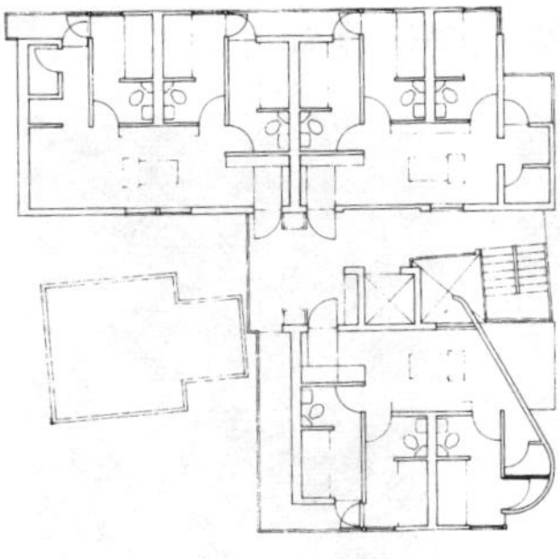
⑪ 高岛平集合住宅六层平面

⑫ 高岛平集合住宅

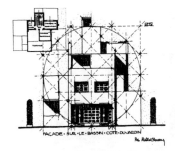

⑬ 1924年之家(马莱－斯蒂文斯)分析图

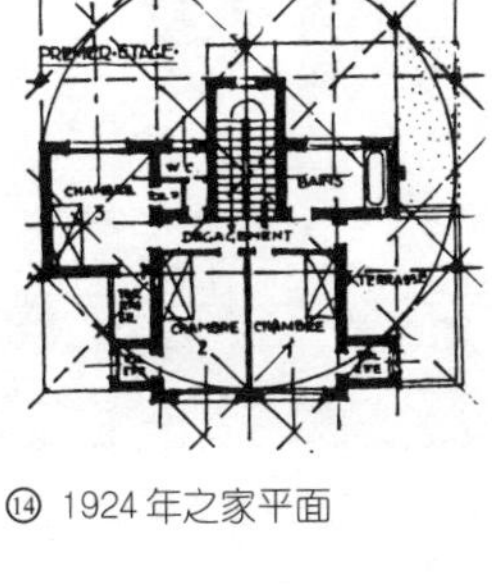

⑭ 1924年之家平面

⑮ 1924年之家

Ⅲ-9 对称概念的扩大、变形 SYMMETRY

本章至此为止，我们只集中研究了左右对称的例子，但是把对称的概念进一步扩大的话也应包括点对称。同时，把本来应该是左右对称的构成有意识地打破其对称规律可称之为变形对称。

点对称的例子可见于弗兰克·劳埃德·赖特设计的普莱斯大楼(Price Company Tower)(1952–1956年，图①②)，其平面图形采用了风车状的回转对称。勒·柯布西耶设计的哈佛大学卡彭特(Carpenter)视觉艺术中心(1964年，图③④；p.89图⑨–⑪)，其在正立方体的对角线方向画曲线的构成方式在点对称中称为射线对称。回转或倾斜方式会使动感更加强烈，并会获得与对称所特有的静态、均衡不同的构成秩序。

有意识地打破对称的手法在剧场、教堂等原本很自然地形成对称的建筑中

① 普莱斯大楼(赖特)

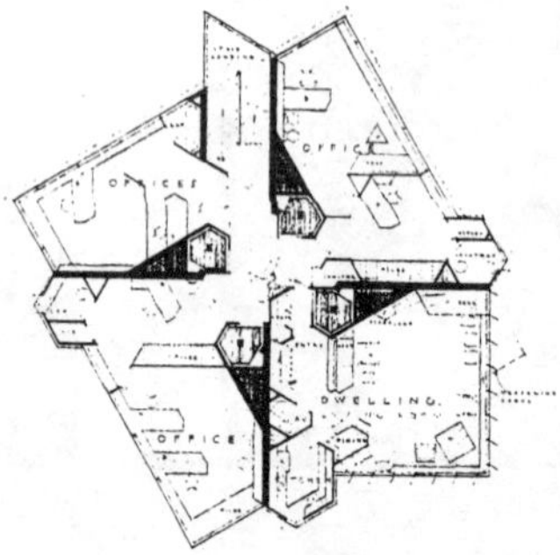

② 普莱斯大楼标准层平面

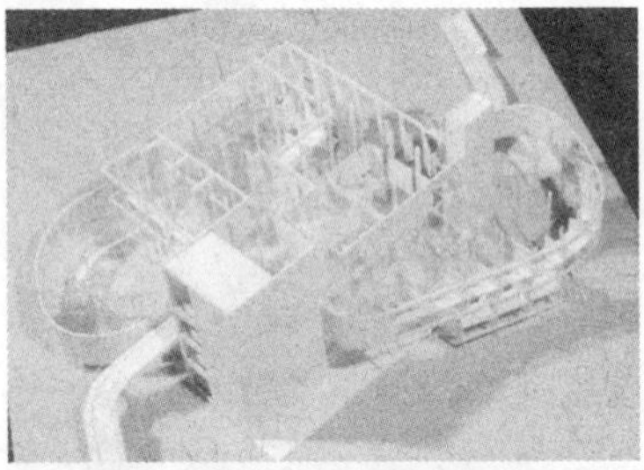

③ 哈佛大学卡彭特视觉艺术中心(勒·柯布西耶)

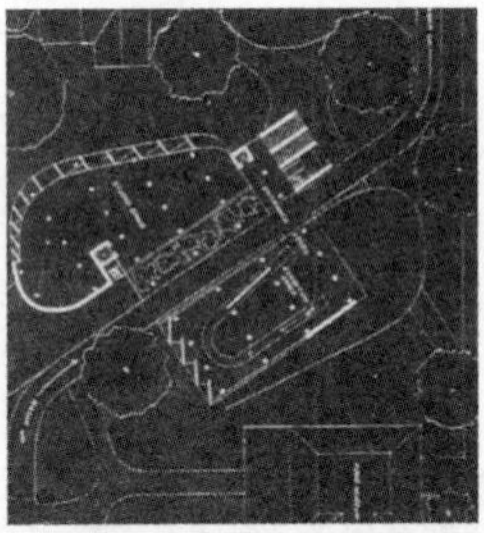

④ 哈佛大学卡彭特视觉艺术中心布置

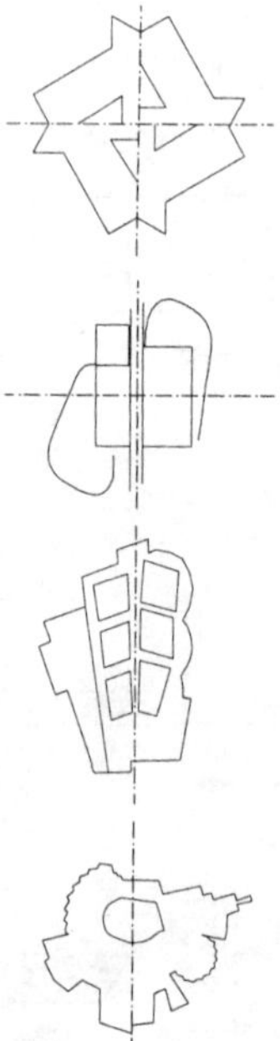

⑤ 几项设计的平面图解

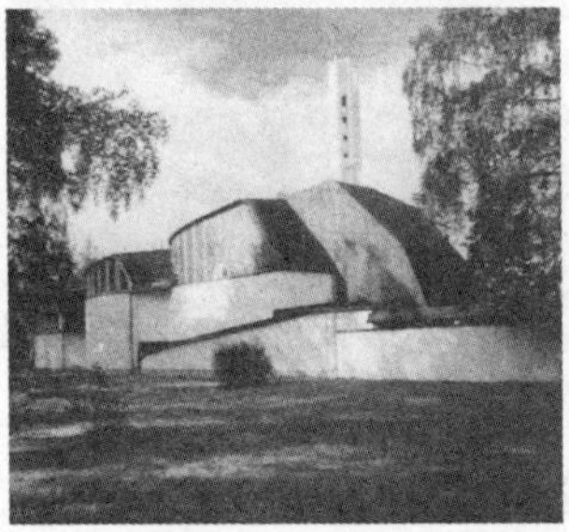

⑥ 伏克塞涅斯卡教堂(阿尔托)

⑦ 伏克塞涅斯卡教堂

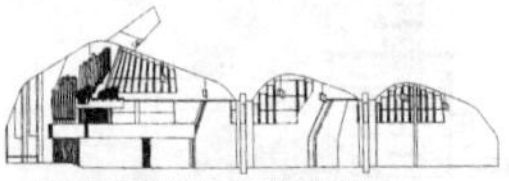

⑧ 伏克塞涅斯卡教堂剖面

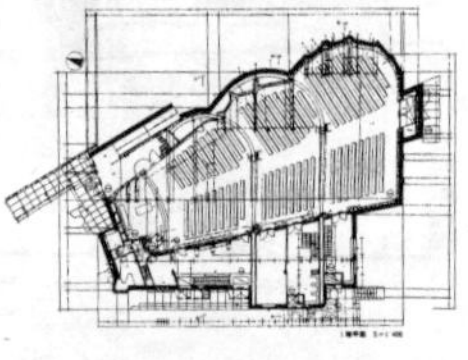

⑨ 伏克塞涅斯卡教堂一层平面

能生成鲜明的空间效果。阿尔瓦·阿尔托的作品中就有很多这样的例子。而在伏克塞涅斯卡教堂(1956—1958年，图⑥－⑨)中，在礼拜堂内部使用了暗示对称的构成，但通过一侧连续的线形墙体和另一侧将整体空间大致分成三部分的曲面墙体而使分割、包容与空间的整体感相共存。实际上，这个礼拜堂还可以根据人数的多少通过可变动的空间划分来改变空间的大小。

更有甚者，汉斯·霍莱因在洛杉矶的沃尔特迪斯尼音乐厅设计竞赛投标方案(1988年，图⑩－⑫)中，在进行大剧场空间设计时也基本采用了葡萄酒堆场型式，同时在确保舞台视线的前提下划分成几个空间，将对称性作了最大限度的变形，提出了极有独创性的剧场空间的方案。还有，到了史蒂文·霍尔的戴尔电影院(1990年，图⑬—⑮)，各个电影厅都只能勉强暗示其内部对称性，但作为整体却是一种在三面围合型构成中加入了奇特的形状的构成。在这些创作中我们可以看出，对于剧场、影院等一直都被认为应该设计成对称性的这种理念的强烈批判。

⑩ 沃尔特迪斯尼音乐厅设计竞赛投标方案(霍莱因)

⑪ 沃尔特迪斯尼音乐厅设计竞赛投标方案

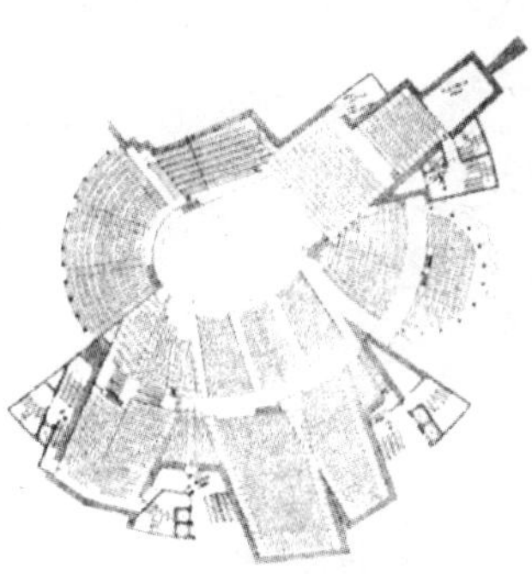

⑫ 沃尔特迪斯尼音乐厅设计竞赛投标方案平面

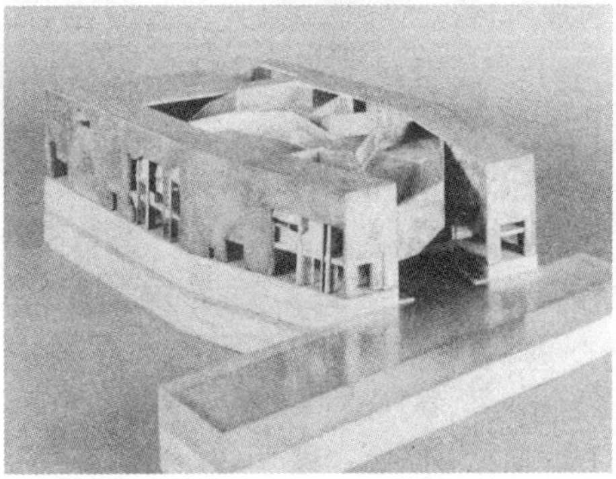

⑬ 戴尔电影院(史蒂文·霍尔)

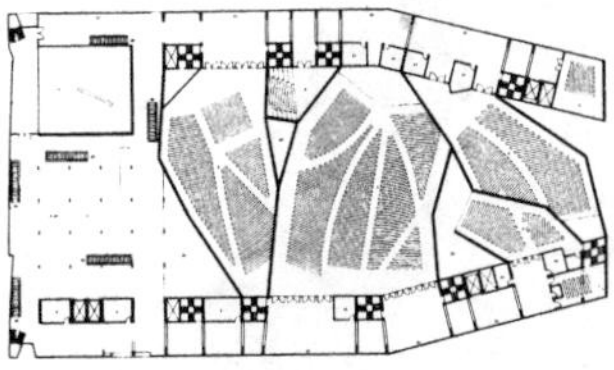

⑭ 戴尔电影院平面

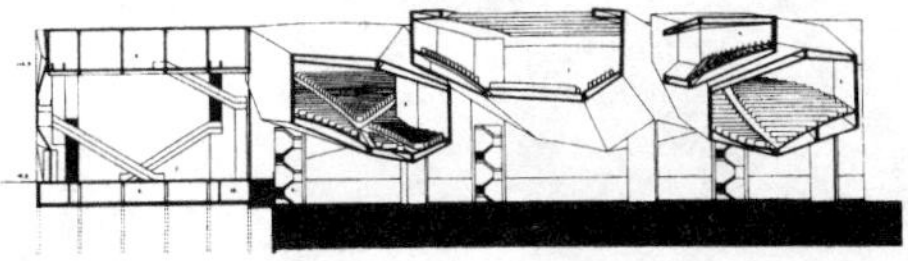

⑮ 戴尔电影院剖面

ARTICULATION

IV 分解

概说 OUTLINE

虽然是有点概念性的说法，为了明确“构成”的手法或原理，有必要对构成的各个要素进行明确的“分解”。若非如此，则对于有什么样的组成要素以及是怎样构成的，都将不甚明了。就像要素自身是什么无法判断那样，也无法知晓是怎样构成的这些问题。在这个意义上说，要素的分解，对于构成这一概念的整体来说就不得不认为是一个不可欠缺的大前提。顺便提一下，“分解＝连接”的说法不单单是说要分成更小的单元或部分，也意味着要能够明确地认识那些单元或部分。

那么何为建筑上的构成诸要素呢？还有，关于要素和构成的考虑方式在建筑史上是何时才有了明确的认识呢？

可以说19世纪的布扎体系的建筑理论是集大成的成果，朱利安·嘎地的《建筑的诸要素与各种理论》(1901年)从正面论述了要素和构成的问题。无论如何，到那时建筑设计体系也因各种要素的构成而建立起来，但对此真正的讨论还是在19世纪的法国。嘎地认为构成才是建筑家们最应该关心的问题，而给构成以极高的地位，并且说构成是“将各部分集中、融会、结合成一个整体。因此，相反从另一个侧面来看，这些组成部分就是构成诸的要素”(p.84[A])。而且，作为构成的各个要素，他具体地列举了房间、入口、楼梯等在建筑内部具有一定的集中性的空间单位。在此，很有意思的是嘎地还将这些构成要素的名称与各种墙、窗、拱顶、屋顶等组成建筑物的要素名称区别开来。这一点表明了嘎地所说的构成就代表着以各个房间为要素的平面构成。要说起来，大概人们会认为将建筑的各要素立体性地进行组合并不像用构成这一富有魅力的语言来表示得那样深奥。

但是近现代建筑的三维控制为实现各种形式提供了可能，这种操作大概还是应该称为构成吧。这样，构成就应该是指先由建筑的各个部分生成各自的内部空间，然后再将这些内部空间组合起来成为大建筑整体这样两个阶段。而且之后还应该有一个把多个建筑组合起来形成建筑群或者是街市的阶段。

瑞纳·班纳姆(Reyner Banham)指出由布扎体系理论化了的“构成”与“要素”的考虑方式实际上是为20世纪20年代确立的功能主义的近代建筑作了准备。他认为其依据是这些近代建筑的特征全在于“相应于被分离和限定的各种功能而有被分离和限定的三维形体，而这样的分离和限定就是以很显而易见的方式实现构成”(p.84[B])。通常意义上，近代建筑是从以布扎体系为代表的学院派的批判和否定为开始的，在这种解释最为流行的时候，瑞纳·班纳姆的观点是很有深意的。实际上，对于建筑上各要素构成的关注，更表现在对结构体各要素如地面、墙、柱、屋顶等各要素的重视，如果说进而提高了对于各个内部空间的功能以及其相关功能的关注，则可以说那便已经很接近于近代建筑了。

那么对于我们在文章开始提到的作为“构成”与“要素”的思考方法，构成要素的分解就变得很重要了。在此，我们以前述的构成的各个阶段的观点为线索整理一下要素分解的各种形态。

1)由建筑要素构成内部空间的阶段

a)结构体与非结构体的分解：近代建筑中，结构随着传统的梁架结构演变而成为钢结构或者钢筋混凝土结构，对于这种新的结构形式的可视化的意识有所提高。尤其是支撑楼面、屋顶的柱子或者是非结构体的外墙以及玻璃面的外露方式更加重要起来。槙文彦想到勒·柯布西耶曾说过的“要尽可能地使柱子自由”(p.85[G])正是很有启发性的。

b)线与面的分解：二维形状能否作为结构暂且不表，而为了明确表示出空间本身就是通过线和面而形成的，分解出线形与面的要素就很重要了。这是早期弗兰克·劳埃德·赖特和德·斯泰尔的一种手法。

c)特殊要素的分解：就像路易斯·康设计了调节光线的墙一样，通过将具有特殊功能的要素的分解而突出其存在，也有这样的情况。

2)从各内部空间构成建筑整体的阶段

a)内容的分解：与内容(在这里是用来表示建筑物的建设内容或者各个房间的功能的)相关，则相应的强调分段的方式也有多种多样。这时，构成上的分解就将按照内容上的几种强调分解方式进行。例如，直接在外观上表现出来由内容而自然导出的各个房间或者是三维形体的构成手法，明确表现出互不相同的内容结合起来的复杂体的表现等。前者是在20世纪20年代近代建筑建立时期很常见的，尤其是勒·柯布西耶曾称颂说，“在必须遵循程序的严格要求下，工程师们创造出了形式……创造出了造型上具有清晰形象的各种样式”(p.84[C])。这正是支持这种构成的典型。

b)等级意义上的分解：这个阶段是将各个房间的重要性明确化。也就是划分出各个房间的层次感。这种划分的方式有很多种，相应的也有很多构成的可能。例如香山寿夫曾说过，“认真地理解内容，切实地研究其构成，而将平面划分成几个中心或者周边部分”(p.85[H])，这时整体构成便自然地归结于对称构成或者有向心性的构成。任何一种构成对于整合空间层次感都是很重要的，与程序的分解也是密切相关的。

c)尺度分割：建筑物整体尺度过大的时候，要考虑到与周围环境或者人体尺度的对比效果，以建筑表现的效果为目标做出适当的尺度和形态分割。

以上我们对构成中的分解的各种形式作了一个概括。这样看来，分解不但是要素构成的一个大前提，它为建筑物所带来的多种意义也是必不可少的。也就是说，通过分解建筑中的各个要素，与内容相关的各个房间和各房间群组成的三维形体所具有的意义就很明确地被表现出来了。诺伯格·舒尔茨(Christian Norberg-Schulz) 说过：“空间结构将其所包含的内容以其自身的意义所表现的能力是由分解的程度所决定的。也就是说，没有分解的形体只能表达出没有分解的内容”(p.85[F])。这大概确是如此吧。

但是，在建筑表现上有时也有意识地放弃分解。那就是不希望建筑通过分解而体现阶段性构成的缜密的意义，而是希望建筑具有没有分解状态那种模糊的感觉或者有意识地隐藏、消除建筑分解的意义。表现主义者正是前者的一个例子，而近年常见的保守派建筑正是后者的典型。与前述比例的情况相同，有意打破比例的前提是必须掌握完美比例究竟是什么，而在有意地使用没有分解手法时必须先搞清楚分解的各种形式。没有掌握分解所做出没有分解结构的建筑——这样的建筑实际中确有不少——就像幼儿不会说话而沉默不语一样。这和明明会说而特意保持沉默是不一样的。

关于分解的诸家言说

[A]**虽被称之为构成，但实际上并不像所称作的那样满含意味和魅力。**那才是真正属于艺术家们的领域，除了原理上不允许的情况以外它就是无限制的。而所谓的构成到底是什么呢？那就是将各个部分进行集中、融会、结合成一个整体。因此，相反从另一个侧面来看，这些组成部分就是构成的诸要素。就像构想通过墙、窗、体积和屋顶这些建筑要素实现一样，构成就由房间、入口、出口和楼梯而确定，这些就是构成的要素。朱利安·嘎地《建筑的诸要素与各种理论》;瑞纳·班纳姆.石原达二，增成隆士译.第一机械时代的理论与设计.鹿岛出版协会，1976自p.19起引用

[B]**"构成"与"要素"**这两个概念形成了学院派和近代派共通的设计哲学。其手法是很有特点的。……对应于被分离和限定的各种功能而有分离和限定的三维形体，这样考虑的话，则这种**分离和限定**就以显而易见的方式构成，可以说这是20世纪初期进步的建筑整体所共同具有的特征。瑞纳·班纳姆.第一机械时代的理论与设计.石原达二，增成隆士译.鹿岛出版协会，1976年 p.19

[C]在必须遵从程序的严格要求下，工程师们利用**生成并强调形状的手段**而得到造型清晰的形式。勒·柯部西耶.走向新建筑.吉阪隆正译.鹿岛出版协会，1976年 p.41

[D]**巴塞罗那馆(Barcelona Pavilion)的墙**不过就是一道幕。并没有规定固定的三维形体。在由柱子支撑的平面屋顶下扩展开的三维形体，在某种意义上说是通过**想像而获得了一种境界。**墙体是独立于三维形体整体中的幕，是互不相关的个别存在，从而将整体分割生成了几个三维形体群。这种设计不是那种常见的连续的外部幕墙，而是通过支撑于规则分布的柱列上的平面屋顶而整合到一起。亨利·拉塞尔·希区柯克，菲利普·约翰逊.国际风格.武泽秀一译.鹿岛出版协会，1978年 p.59

[E](巴塞罗那·帕维利奥恩——著者注)单纯的梁柱构成对称的结构，布置在被支撑的基础的一端，并注意使两个长方形相互关联。……将直的、表面光滑的划分区格中的一部分置于曲线性空间中，或者向四周拓展，其所有的支柱都是独立布置的，从而促成了视觉上的动感。在区格中有几个实际上是承担荷载的，但这样的墙板却能够体现出从**传统的支撑作用独立出来的思想**。这种结构物的连接部位以及细部结构都严格控制，以免有损其承担所有墙体承载的紧张感的特质。维利阿姆·卡提斯.近代建筑系谱—1900年以来(上卷).五岛朋子，泽村明，末广香里译.鹿岛出版协会，1990，p.305

[F]空间结构的容量，也就是空间结构将其所包含的内容以其自身的意义所表现出来的能力是由分解的程度所决定的。**没有分解的形体只能包含没有分解的内容。**分解化若是在容许反复进行密度、布局和尺度上的变化，并在整体范围内都体现“一般化”，则其空间基本上就把所有不一样的内容都覆盖掉了。诺伯格·舒尔茨．存在·空间·建筑．加藤邦男译．鹿岛出版协会，1973年 p.208

[G]（代官山集合住宅计划——著者注）在各个时期，没有作为墙、柱承重结构部分的自由柱全部都使用了圆柱。尤其是第一期和第二期时，几根圆柱均做出了各自的特征。E栋的四根蓝色的柱子和D栋的半圆柱形的入口大门以及作为其中心的一根白色的柱子也都是同样的做法。20多年前，我去拜访谢恩蒂加尔，当时我正拿着名古屋的丰田纪念讲堂的设计图纸，正在旅途中的勒·柯布西耶给了我亲切的批评。我很清楚地记得，当时他指着埋入抗震墙中的柱子说，**“要尽可能地使柱子自由”**。槙文彦．记忆的形象——存在于都市与建筑之间．筑摩出版

[H]对于建筑平面的构成秩序，我觉得最好的构成方式是由主体和侧翼所构成的A·B·A的三部构成。无视所给的房屋的设计计划而刻板地使用机械构成的模型当然是不对的，与此相反，只从计划的要求条件出发来做出房屋合理连接的模型，这也得不到一个清晰的平面。**无论怎样，如果好好地理解计划并切实地研究其构成，就会发现平面可分成几个中心和边缘部分……**。我常常觉得它出现在设计研究的最终阶段，当形成平面秩序的一个奇妙的激发灵感的时刻。……在明确的秩序中，人们倒是有多种多样的选择。香山寿夫．建筑三书．SD.1984(09)p.34

Ⅳ-1 结构体的分解 ARTICULATION

在以骨架结构这种新的构造方式为基础的近代建筑中，如何将结构提升到新的建筑表现层次就成为一个很重要的课题。换言之，就是如何将建筑以新的结构方式清晰地表现出来。首先，在近代建筑阶段，使用了一种把骨架结构直接在外部表现出来，而明确地将结构体与非结构体区分开来的手法。路易斯·沙利文的卡森·皮里·斯考特百货公司大楼(Carson Pirie Scott Department Store，主体部分建于1904年，图①)就是违背了芝加哥派那种重视高层建筑的实用性的设计理念。沃尔特·格罗皮乌斯和阿道夫·梅耶尔(Adolf Majer)所设计的法古斯鞋楦工厂(1911年，图②)把墙角部分做成全是玻璃窗和金属板做的窗下墙，更进一步地提高了这种骨架结构的表现力。

使骨架结构的表现带有更原始的或偏于理念性的意味的就在勒·柯布西耶提出的多米诺系统(1914年，图③)。在其图解里说明，只用柱子、楼板和楼梯描绘出了原始的结构体，而将墙作为非结构

① 卡森·皮里·斯考特百货公司大楼(沙利文)

② 法古斯鞋楦工厂(格罗皮乌斯和梅耶尔)

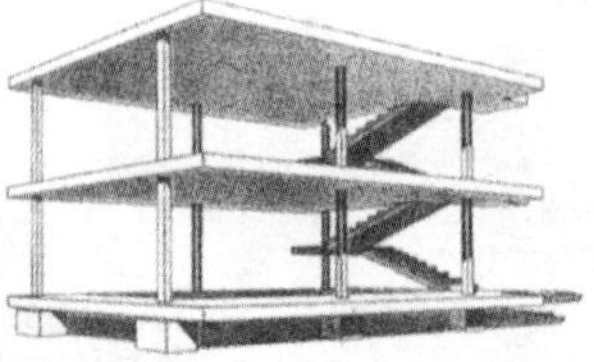
③ 多米诺住宅区设计(勒·柯布西耶)

④ 巴塞罗那国际博览会德国馆(密斯)

⑤ 巴塞罗那国际博览会德国馆

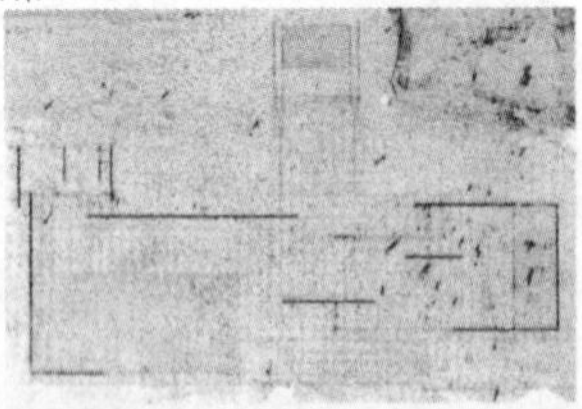
⑥ 巴塞罗那国际博览会德国馆最终方案平面

⑦ 萨伏伊别墅(勒·柯布西耶)

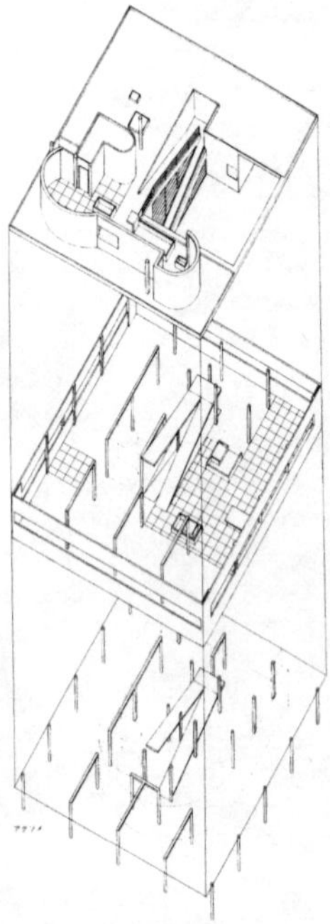
⑧ 萨伏伊别墅轴测

体进行自由布置。

密斯·凡·德·罗所设计的巴塞罗那国际博览会德国馆(1929年，图④－⑥)以及勒·柯布西耶设计的萨伏伊别墅(1931年，图⑦⑧)，在各种建筑要素均存在的前提下，运用多米诺体系原理即将柱子和楼板所构成的骨架作为明显的分解要素处理，从而出色地实现了为避免将结构体隐藏而将墙独立布置的想法。

战后，在密斯倾注了大量心血的高层建筑中，支柱与竖框的关系成为一个重要的问题。最初实现的密斯的高层建筑芝加哥湖滨路公寓(1951年，图⑨－⑪)为了将竖框直接安装在柱子上，无法使玻璃面的实际宽度完全均衡，而且也无法实现纯粹的结构体和在其四周包膜的想法。于是密斯在西格拉姆大厦(1958年，图⑫－⑭)中采用悬挑结构，将结构体和外膜用更简单的方式清晰地表现出来。这样的结构体的分解对现代建筑家们来说，是一个表现上的问题，同时又是一个理论性的问题。在现代建筑中，结构表现仍然是一个很重要的问题，尤其是在诺曼·福斯特所设计的香港汇丰银行(1986年，图⑮⑯)那样，采用巨型结构与悬挑结构相结合的独特的结构，作品能将外观和内部结构同时展现出来，这本身就实现了一种强烈的建筑表现。

⑨ 芝加哥湖滨路公寓(密斯)

⑫ 西格拉姆大厦(密斯)

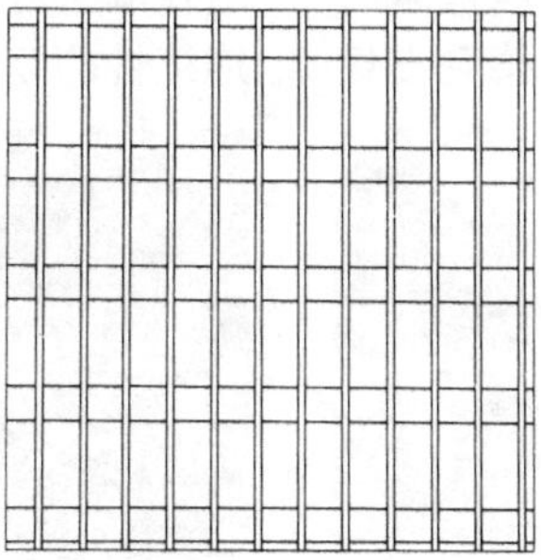

⑬ 西格拉姆大厦立面

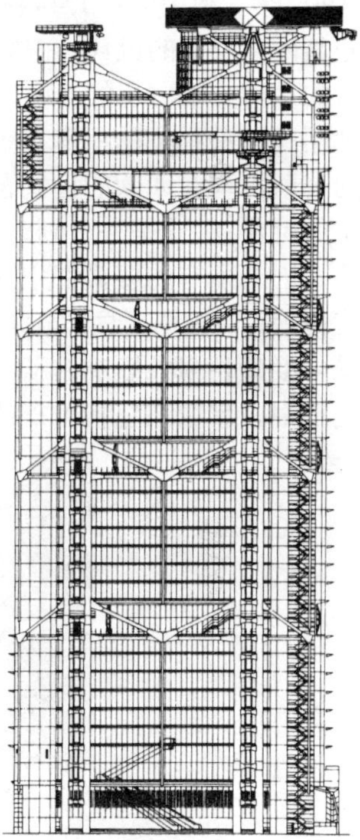

⑮ 香港汇丰银行(福斯特)立面

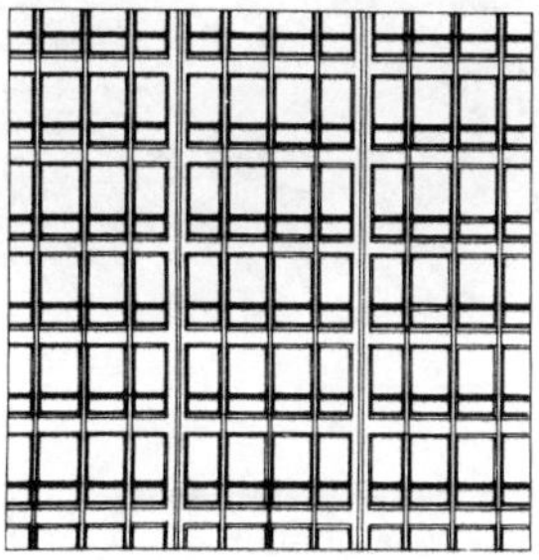

⑩ 芝加哥湖滨路公寓立面

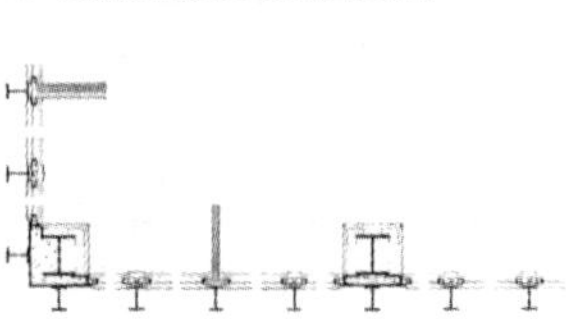

⑪ 芝加哥湖滨路公寓详图

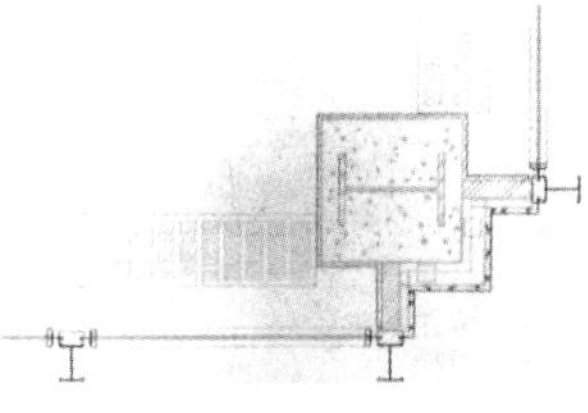

⑭ 西格拉姆大厦详图

⑯ 香港汇丰银行

Ⅳ-2 要素分解的各种形式 ARTICULATION

结构体与非结构体要素的分解在建筑要素的分解中是尤为重要的，在近代建筑中更是常常可以看到，而且还可以看到要素分解的诸多形式。顺带说一下，在古典主义所必用的样式中，虽然大体上是形成柱和梁这样的结构体，而将其清晰化成更细微的要素时则各个被清晰化出来的成分又都具有各自的意义。

近代建筑中往往形成更为抽象的线和面的分解。其最早的例子见于弗兰克·劳埃德·赖特的基督教统一教派教堂(1907年，图①②；p.44图⑦⑧)，尤其是其内部空间的设计。在这个教堂中，木质的线材分解白色的墙面，柱、墙、家具都用同一种抽象的图案覆盖。这种抽象的分解出现在西欧的抽象艺术还没有诞生的时代，因此是一个划时代的创新。但是，因为所有的要素都用这种抽象的图案覆盖，而削弱了柱、墙和家具的分解。受早期赖特强烈影响的荷兰的风格派的建筑中，就像在里特维得的乌德勒支住宅(1924年，图③－⑤)的设计中所见到的那样，倾向于更加紧密地将抽象模型的分段和建筑要素联系起来。赖特本身也在后期的作品流水别墅(1936年，图⑥－⑧)中，做出了由阳台和屋檐的水平线及砌石面的壁炉与柱子的垂直线所组成的构成，即一种以与建筑要素密切相关的具有抽象形态为基础的构成。

在建筑作品中，具有特别含义的要素通过与其他要素分离而显示更为深刻的意义。例如，勒·柯布西耶设计的哈佛大学卡彭特视觉艺术中心(1949年，图⑨－⑪；p.78图③④)为了贯通整体而做的斜坡以及路易斯·康的萨克生物研究所集会设施大楼设计方案(1959－1968年，图⑫⑬)为了采光而设的独立墙与其他要素分离，都因而突出了其存在。

史蒂文·霍尔独特的开洞，例如DE机床公司(1992年，图⑭⑮)，并不是简单地在墙上开洞，而是同时具有切断墙的连续性的复杂分解之例。

① 基督教统一教派教堂(赖特)

② 基督教统一教派教堂

③ 乌德勒支住宅(里特维德)

④ 乌德勒支住宅

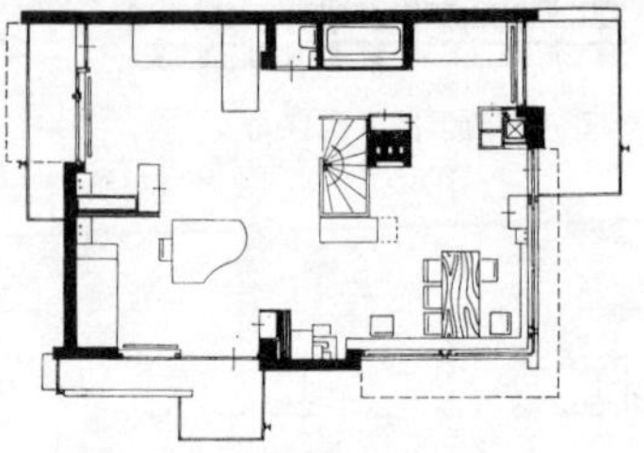
⑤ 乌德勒支住宅二层平面

⑥ 流水别墅(赖特)

⑦ 流水别墅

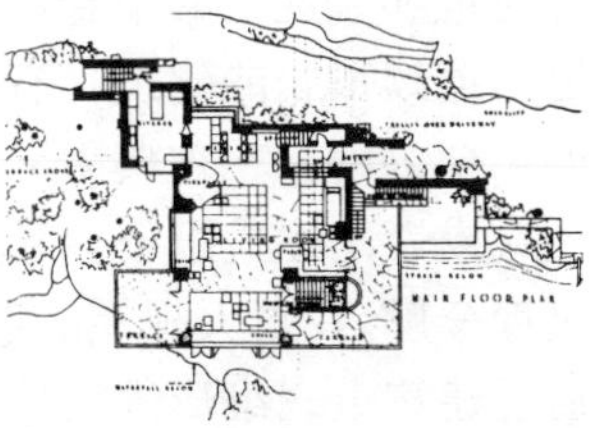

⑧ 流水别墅平面

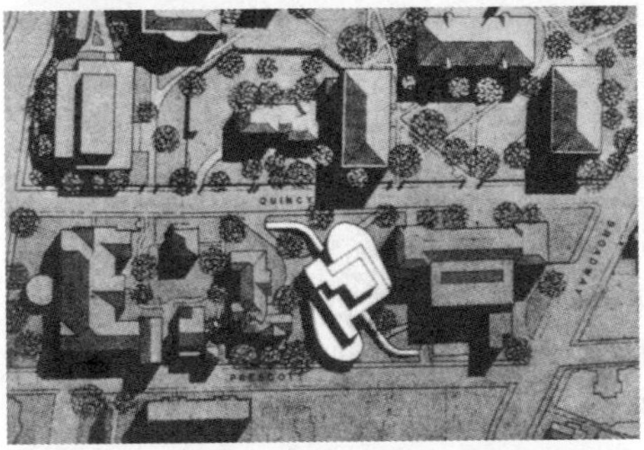

⑨ 哈佛大学卡彭特视觉艺术中心(勒·柯布西耶)布置

⑩ 哈佛大学卡彭特视觉艺术中心

⑪ 哈佛大学卡彭特视觉艺术中心

⑫ 萨克生物研究所集会设施大楼设计方案(路易斯·康)平面

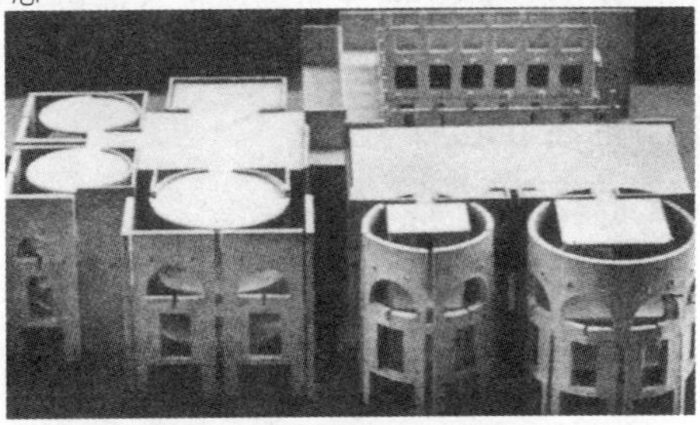

⑬ 萨克生物研究所集会设施大楼设计方案

⑭ DE 机床公司(斯蒂文·霍尔)

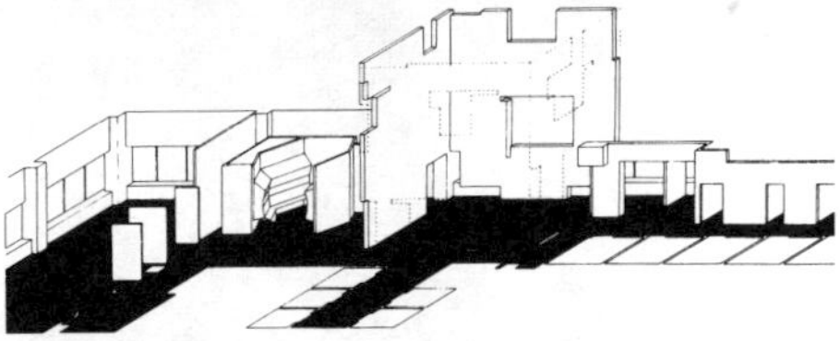

⑮ DE 机床公司轴测

Ⅳ-3 尺度的分解 ARTICULATION

建筑物的规模很大时，例如，像高层建筑和大规模的集合住宅，或者沿着道路连续很长的建筑，有必要进行适当的尺度分解。在古典主义建筑中，利用柱式或者是柱式组合，从而实现适当的尺度分解。在更大规模的近现代建筑中，通过建筑上三维形体的处理而进行尺寸分解。

高层建筑中，尤其是20世纪20年代到30年代所建的装饰艺术风格的高层建筑中，三维形体的变化尤为显著。其变化形式一般是适应于城区规划法的斜线规则而产生的。洛克菲勒中心的RCA大楼(1933年，雷蒙德·福特主持设计，图①－③)与斜线规则无关，而是适应电梯的布置而越向上越小，得到了这种三维形体的变化。还有SOM设计的利华大厦(1952年，图④－⑥)，通过明确地划分低层和高层，而摸索出了一套具有良好的城市空间的高层建筑的方法。

作为大跨度建筑，古尼埃尔·里拜斯肯特的柏林美术馆扩建部分(p.137 图⑧－⑩)是有意识地将细长的建筑形态弯折，从而进行尺寸和空间的分解。而槙文彦的代官山集合住宅规划山坡住宅(Hillside Terrace，1968－1992年，图⑦⑧)，在沿着道路的建筑群中巧妙地实现了一种正统的、建筑物三维形体的分解，与适当引入外部空间的建筑手法。

集合住宅中，在多个单个的居住单元组合到一起的时候如何表现单个单元的划分是一个很大的课题。莫西埃·萨夫迪的蒙特利尔国际博览会哈贝塔67(1967年，图⑨)就用预制混凝土制作出单个的居住单元，通过类似于堆积木的手法表现了单元与整体的关系。而坂本一成研究所的星田公共城市(Common City)(1992年，图⑩－⑬)通过表现适当连续的外墙与居住单元的屋顶组合，成功地使整体的连续感与单个单元的划分共存。

① RCA 大楼(雷蒙德·福特等)

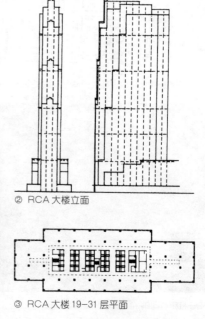

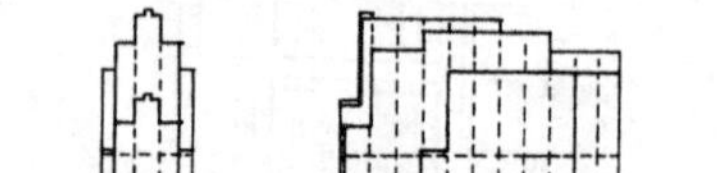

② RCA 大楼立面

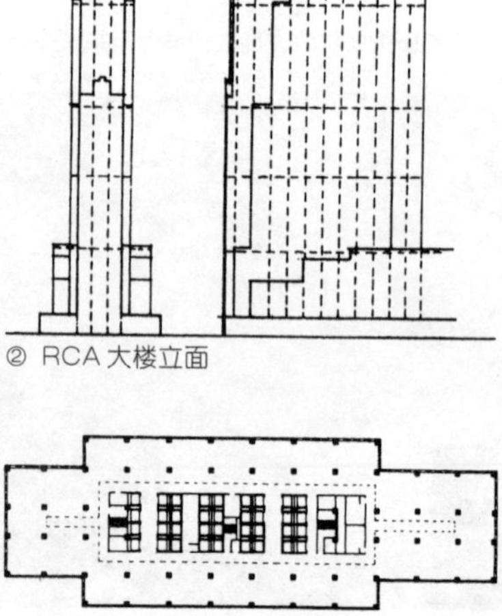

③ RCA 大楼 19–31 层平面

④ 利华大厦(SOM)

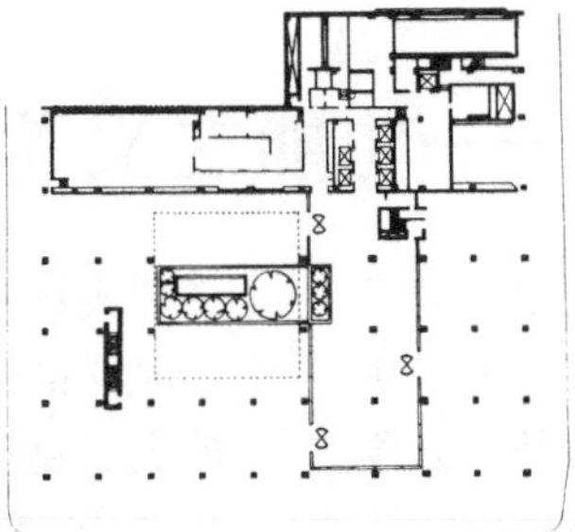

⑤ 利华大厦一层平面

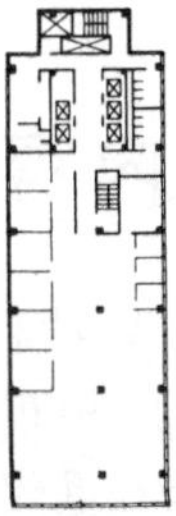

⑥ 利华大厦标准层平面

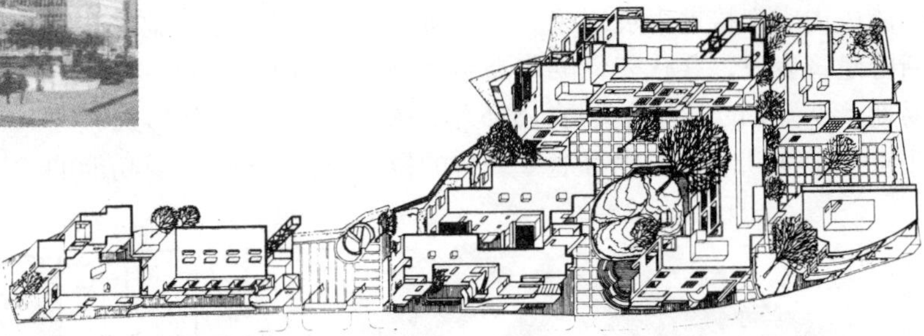

⑦ 山坡住宅(槙文彦)轴测

⑧ 山坡住宅

⑨ 哈贝塔67(莫西埃·萨夫迪)

⑩ 星田公共城市(坂本一成)立面

⑪ 星田公共城市

⑫ 星田公共城市

Ⅳ-4 内容与分解——功能主义阶段 ARTICULATION

路易斯·沙利文曾说“形式要服从于功能”，勒·柯布西耶则说“住宅是居住的机器”。在近代建筑中，通常是反复揣摩建筑所应该具备的功能，然后确定建筑内容(设备内容、各房间构成)，再将其功能或内容直接地表现出来，从而得到新的建筑表现。其代表性的作品包括路易斯·沙利文的温赖特大厦(1895年，图①－③)以及弗兰克·劳埃德·赖特的拉金管理大楼(1905年，图④－⑥)。前者在沙利文的一篇题为《基于美学角度考虑的高层建筑》著名论文中被定型化，由基层部分(商业设施)——柱身部分(办公)——顶层部分”三部分所组成的高层建筑完全地视觉化。而后者具有将包括在平面四个角布置的管道核心直观地表现出来的外部形式。

这种表现功能的建筑形式，特别是

① 温赖特大楼(沙利文)

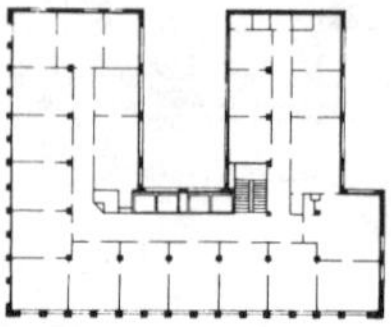
② 温赖特大楼平面

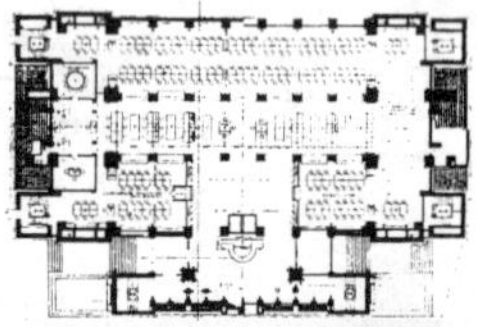
⑤ 拉金管理大楼标准层平面

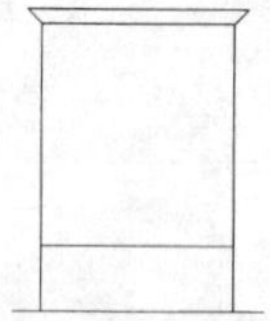
③ 温赖特大楼立面图解

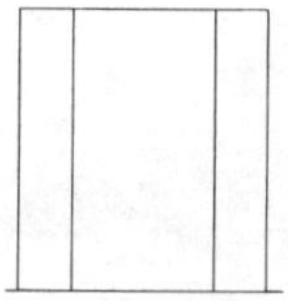
④ 拉金管理大楼立面图解(赖特)

⑦ 包豪斯校舍(格罗皮乌斯)

⑥ 拉金管理大楼

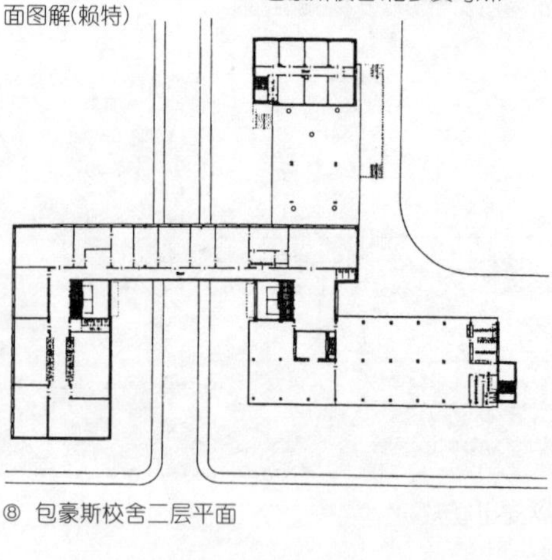
⑧ 包豪斯校舍二层平面

由此生成的基于内容的分解来表现外部形式的设计思想成为20世纪20年代的主流。在沃尔特·格罗皮乌斯的包豪斯校舍(1926年，图⑦⑧)的设计中，把摄影楼、教学楼、实验楼及车间清晰化，并与将底层架空、用柱支撑的管理大楼相连接，从而得到了一种明快而活泼的建筑构成。而哈恩纳斯·梅耶的国际联盟总部设计大赛方案(1927年，图⑨)通过将高层办公楼与低层的会议大楼明确地分开，彻底地追求一种重视功能的表现形式。特别是伊万·莱奥尼奥在列宁研究所设计方案(1927年，图⑩)中，对于水平布置的办公楼、垂直性突出的高层以及含在玻璃球体内的图书室，采取了将这些对比形态共存的方法，得到了一种戏剧性的表现效果。

第二次世界大战以来，建筑表现越来越多样化，而完全追求功能表现、内容表现的作品有詹姆斯·斯特林(James Stirling)的莱彻斯特(Leicester)大学工程学院(1963年，图⑪–⑬)。在这栋大楼中，低层的实验楼，中层的研究室、办公楼，以及似是浮在半空的讲义室和垂直动线的交通井等，都按各自的功能而采取了相应的形式，它们的组合方式都如实地在外部表现出来。

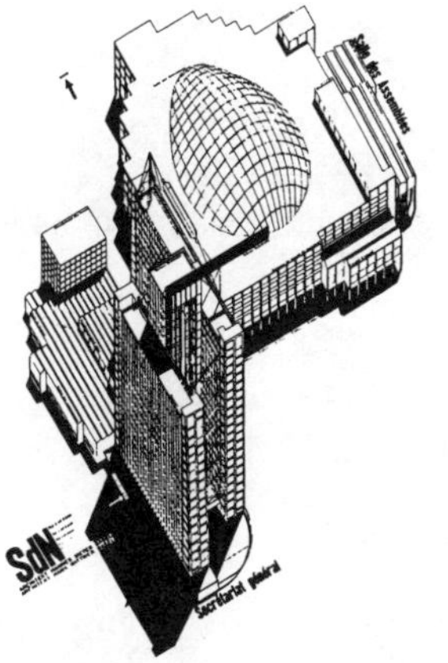

⑨ 国际联盟总部设计大赛方案(梅耶)

⑩ 列宁研究所设计方案(莱奥尼奥)

⑪ 莱彻斯特大学工程学院(斯特林)

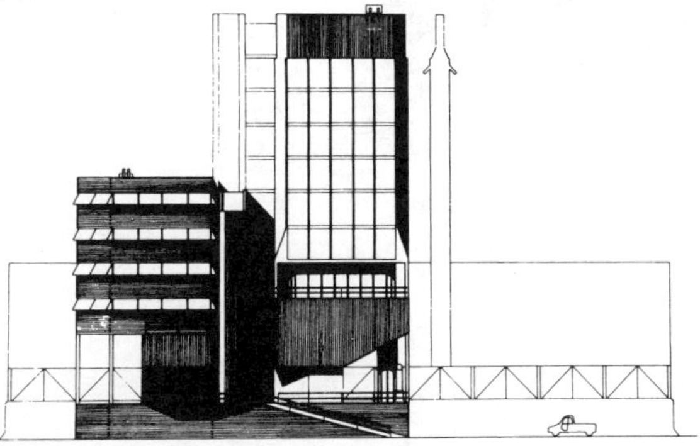

⑫ 莱彻斯特大学工程学院立面

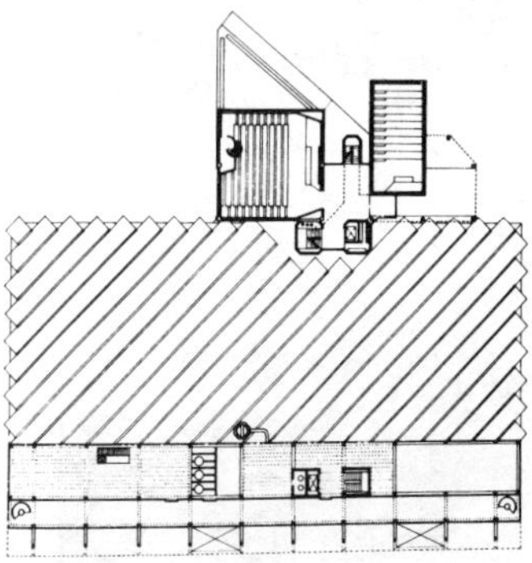

⑬ 莱彻斯特大学工程学院平面

Ⅳ-5 内容与分解——被隐藏的要素的异化 ARTICULATION

将构成建筑的内容进行分解来表现的设计思路更推进一步，就到了如何处理在建筑上通常被隐藏的要素的问题。路易斯·康说要建立被服务空间就不可缺少服务空间，这是关注这个问题的开始。对康来说，他赋予了服务空间以很重要的地位，而能否将其可视化就是另一个层次的问题。而对于随康学习的理查德·罗杰斯(Richard Rogers)来说，服务空间的可视化已成为一个很重要的手段。在伦佐·皮亚诺(Renzo Piano)和罗杰斯合作设计的蓬皮杜国家艺术与文化中心(1977年，图①－③)中，结构体与活动线自然是不用说的了，而将设备管道和配管等在外部表现出来，其本身就起到了一种主要的建筑表现的作用。而罗杰斯在伦敦劳埃德大厦(Lloyds of London，1986年，图④－⑥)的设计中，为了保证在不规则的建筑用地中创造出灵活的、规则的办公空间而索性将服务

① 蓬皮杜国家艺术与文化中心(皮亚诺和罗杰斯)

② 蓬皮杜国家艺术与文化中心

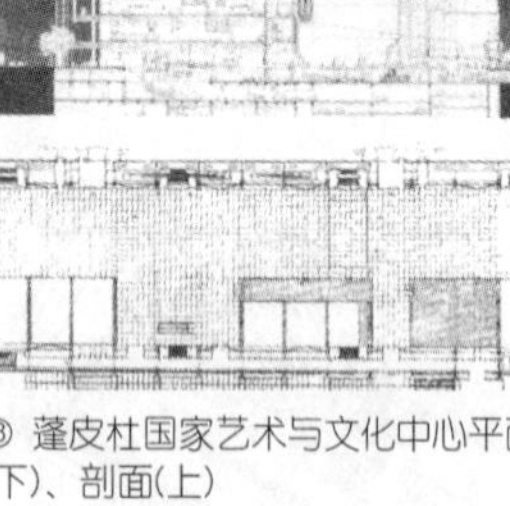
③ 蓬皮杜国家艺术与文化中心平面(下)、剖面(上)

④ 伦敦劳埃德大厦(罗杰斯)

⑤ 伦敦劳埃德大厦

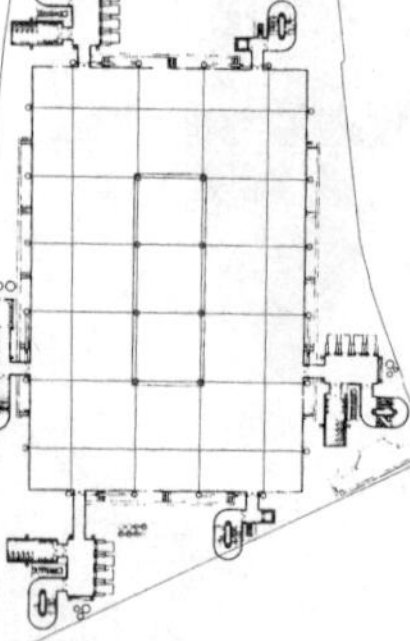
⑥ 伦敦劳埃德大厦平面

⑦ 八代市立博物馆(伊东丰雄)

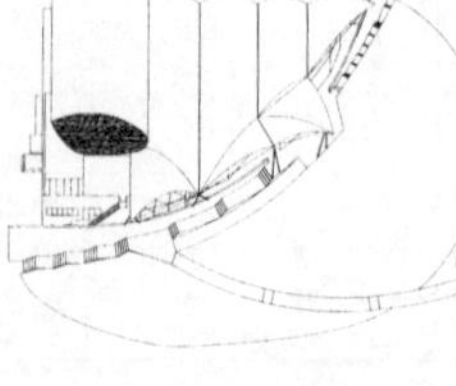
⑧ 八代市立博物馆轴测

⑨ 八代市立博物馆北立面

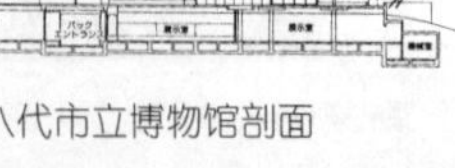
⑩ 八代市立博物馆剖面

空间的要素全部外露，从而实现了其可视化。

在建筑上，并不是仅仅把这种服务空间隐藏起来的。有时尽管某些设施起着很大的作用，但仍然是把它们隐藏到不为人所见的地方。例如展览设施的收藏库或图书馆的书库等就正是其典型例子。因此，将这些部分可视化就成为建筑设计主题的一个倾向，同时也可以说是内容分解的表现之一。伊东丰雄设计的八代市立博物馆(1991 年，图⑦－⑩)上部的收藏库，多米尼克·派劳的法国国会图书馆(1996年，图⑪⑫)包括书库在内的四座塔形建筑，以及矶崎新在国立国会图书馆关西馆的设计竞赛方案(1996 年，图⑬⑭)中设置的墙壁状的书库等，都是这种思想的典型代表作。

著者所设计的新潟港隧道立坑(建设中)，为了表现出通常容易被忽略的隧道排气装置的换气塔，也使用了塔状的三维形体。这是在立坑左岸的初步方案(1989 年，图⑮⑯)中原定的形式，其后，出于观察角度的考虑而引起了改变外观的思考，从而得到了现今的最终方案(p. 53 图⑬–⑮)。

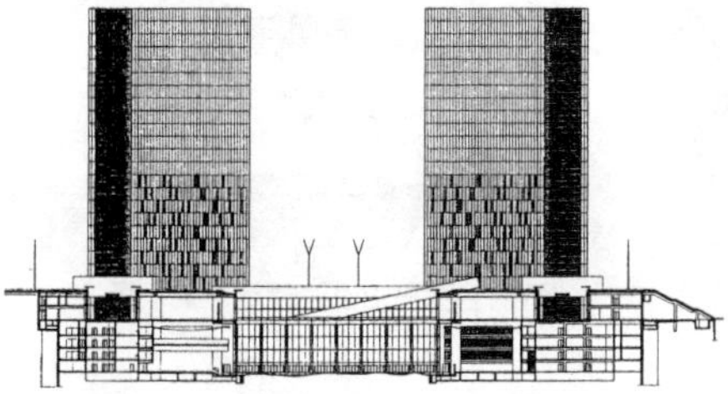

⑪ 法国国会图书馆(派劳)立面

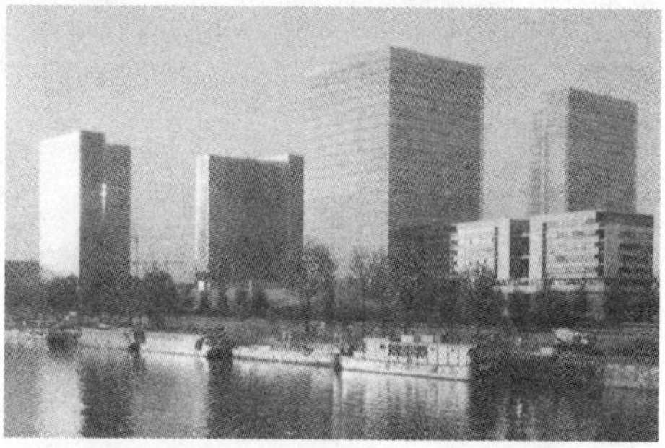

⑫ 法国国会图书馆

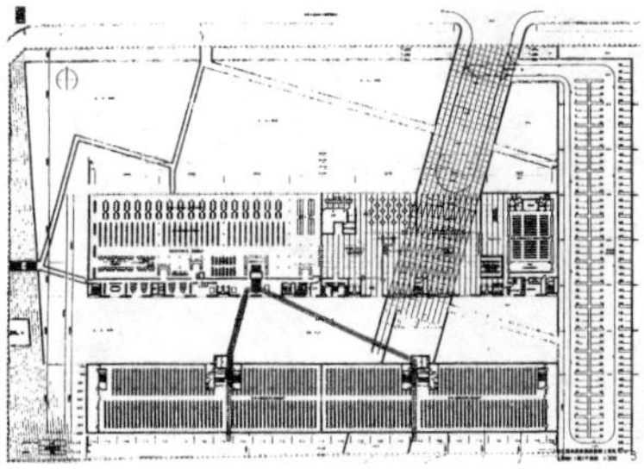

⑬ 国立国会图书馆关西馆的设计竞赛方案(矶崎新)平面

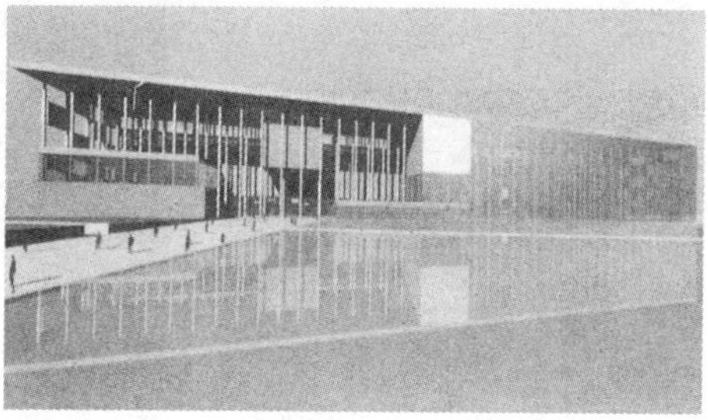

⑭ 国立国会图书馆关西馆的设计竞赛方案

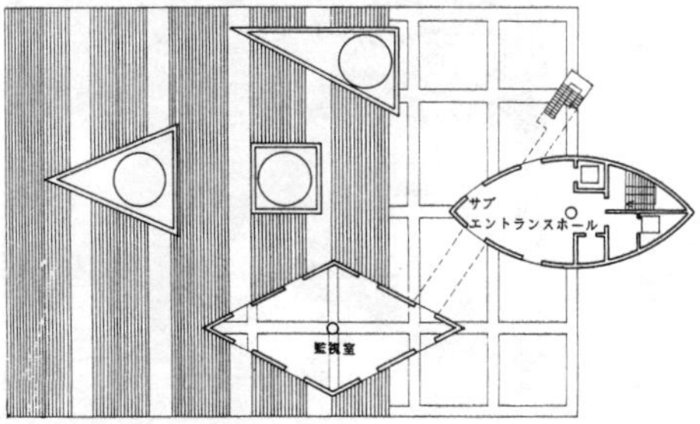

⑮ 新潟港隧道立坑左岸的初步方案(著者)平面

⑯ 新潟港隧道立坑左岸的初步方案

Ⅳ-6 内容与分解——复合性的表现 ARTICULATION

所谓建筑，原本就是将各种设施复合到一起而构成的。这一点，笼统地说来应该是朝着两个方向发展的。一个是将通常无法组合到一起的内容复合为一体，从而获得新的建筑样式。这应该说是一种新的设计内容或者说是建筑功能的形成方法。如伯纳德·屈米(Bernard Tschuimi)的法国国会图书馆设计竞赛方案(1989年，图①②)，是在图书馆中插入了读书或研究后休息的慢跑场地，形成了图书馆与运动设施相复合的一种新的建筑样式。而且，这个复合型的建筑表现也被异化，从而形成了通常难以得到的形态。同样的，屈米设计的拉·维莱特公园(1983年，图③－⑤)，将英国式的自然风景庭园与法国式的几何体庭院(通过布置在120m网格上的雕塑群而象征性地建成)复合到一起，尝试得到了此前所未有过的一种新型公园。

① 法国国会图书馆设计竞赛方案(屈米)

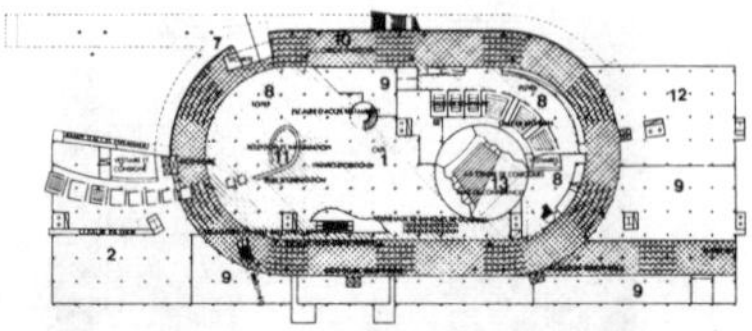

② 法国国会图书馆设计竞赛方案平面

③ 拉·维莱特公园(屈米)

④ 拉·维莱特公园轴测

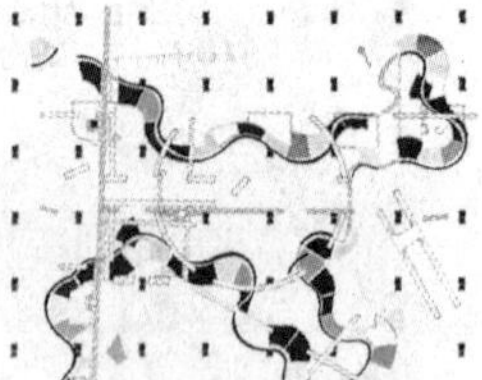

⑤ 拉·维莱特公园平面

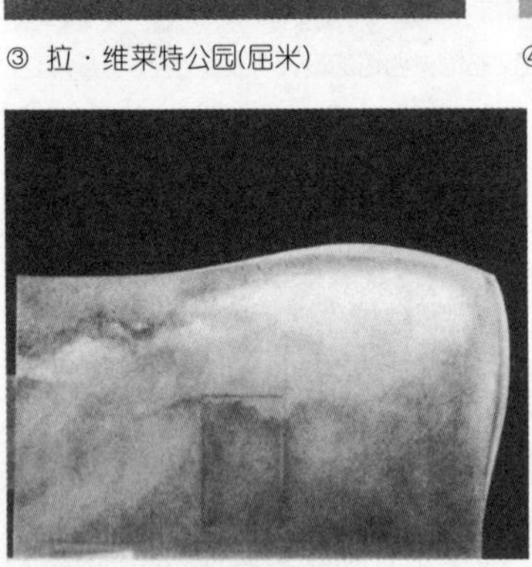

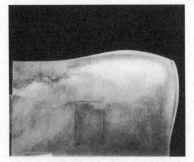

⑥ 第二国立剧院设计竞赛方案(努韦尔与斯塔科)

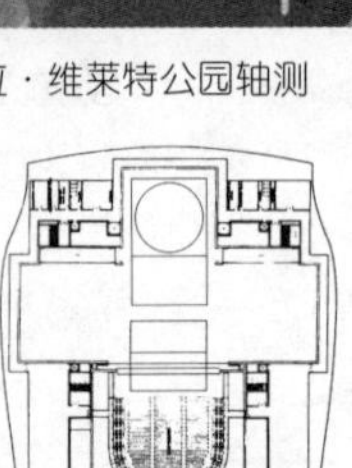

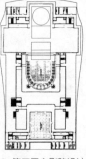

⑦ 第二国立剧院设计竞赛方案平面

⑧ 第二国立剧院设计竞赛方案剖面

另一个方向是如同我们在英国莱彻斯特大学工科楼(p.91 图⑪–⑬)中所见到的那样，给各个建筑内容一种应有的形式，通过这种复合手法而取得突出整体感的表现。让·努韦尔与菲利普·斯塔科共同设计的第二国立剧院设计竞赛方案(1986年，图⑥–⑧)，将两个歌剧剧场容纳于简单的外壳中，这样就表现出了以两个歌剧剧场为中心的复合设施。还有，克里斯琴·德·鲍赞巴克(Christian de Portzamparc)设计的欧洲迪斯尼旅馆的第一个设计方案(1988年，图⑨–⑪)，为表现出一个巨大的旅馆复合体，而使用了多种形态。尼尔·丹尼瑞(Neil Denari)的建筑学院设计方案(1992年，图⑫)也是将各个建筑内容赋予了各自相应的形态，然后将它们如同拼装机器一样组装到一起。而著者所设计的东京国际论坛设计竞赛方案(1990年，图⑬⑭)，它应该是由十多个部门——包括四个大厅、三个展厅、会议设施及宴会厅等组成的大型复合体，为表现出各部门的功能而采用了一种在超大型建筑框架中插入多种形态群的构成手法。

⑨ 欧洲迪斯尼旅馆的第一设计方案(克里斯琴·德·鲍赞巴克)

⑩ 欧洲迪斯尼旅馆的第一设计方案

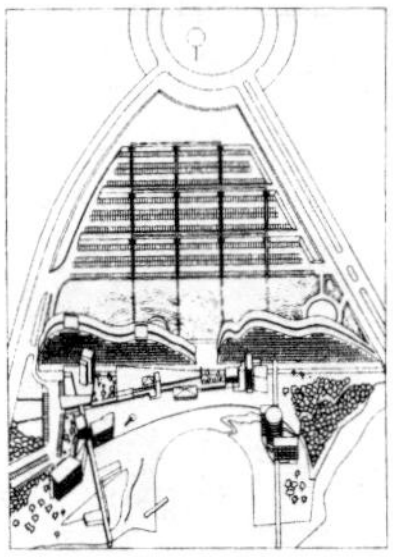

⑪ 欧洲迪斯尼旅馆的第一设计方案轴测

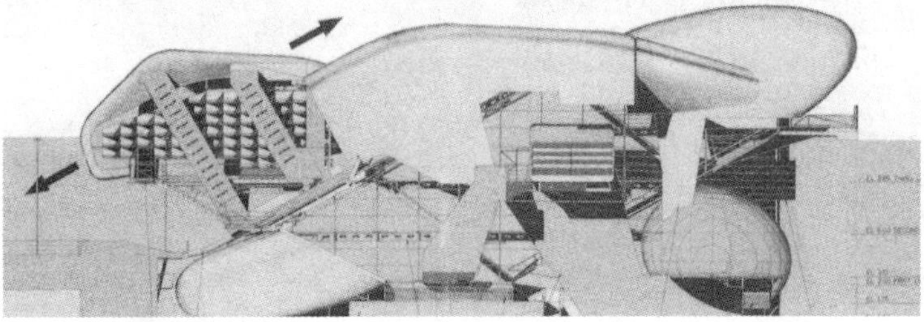

⑫ 建筑学院设计方案(丹尼瑞)

⑬ 东京国际论坛设计竞赛方案(著者)

⑭ 东京国际论坛设计竞赛方案

Ⅳ-7 消除形态分解 ARTICULATION

此前，我们多是注意结构体、特殊要素以及程序是通过怎样的分解而表现出来的，但有意识地消除分解也是一种很重要的表现手法。其代表性的作品可以说是密斯·凡·德·罗的玻璃摩天楼方案(p.54 图①②)。在这个设计中，用连续的玻璃曲面包住整座建筑，若没有这种透明的可见内部结构体，则可以想像得出其结果就像是一件巨大的极少主义(Minimal Art)美术作品。在实际的建筑作品中，把这种设计理念完整地实现是很困难的，但却有很多类似的尝试。例如，诺曼·福斯特设计的维利斯·菲巴及达马斯大楼(1971－1975年，图①②)就实现了流线型连续的玻璃面，但又与密斯的设计完全不同。安东尼奥·高迪(Antonio Gaudi)设计的米拉公寓(Casa Mila)(1910年，图③－⑤)，通过使用连续弯曲的墙面以及屋顶阳台而消除了外形上的分段感。如同分段有各种程度一样，消除分段的程度也是有多种的。埃罗·沙里宁(Eero Saarinen)设计

① 维利斯·菲巴及达马斯大楼(福斯特)

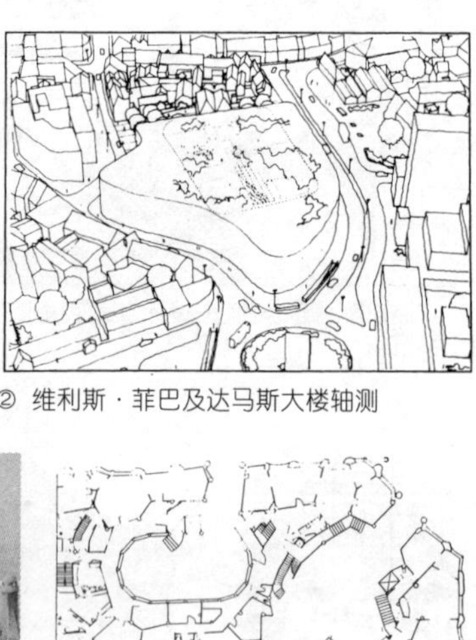
② 维利斯·菲巴及达马斯大楼轴测

③ 米拉公寓(高迪)

④ 米拉公寓

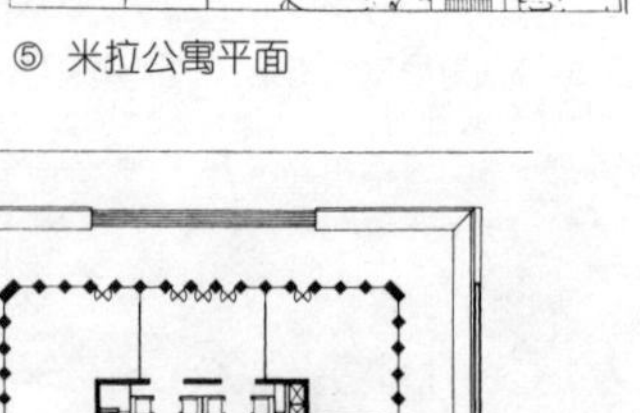
⑤ 米拉公寓平面

⑥ CBS 塔(沙里宁)

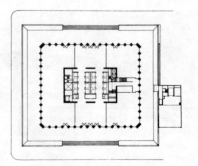

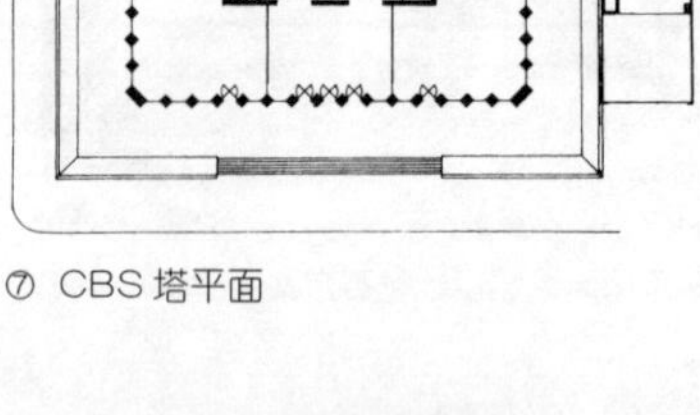
⑦ CBS 塔平面

的CBS塔(1965年，图⑥⑦)就舍去了后期密斯头疼的结构体与外框的分段问题，而在结构柱之间设置装饰性的柱型，体现出一种由柱子与玻璃所产生的均衡的节奏感。长谷川逸子设计的新潟市政厅(1998年，图⑧－⑩)将两个组成部分以背靠背的形式布置，周围全部是以玻璃围护的休息厅，因而消除了建筑形式所固有的大厅型的体形上的分段感。桔组设计的NHK长野广播会馆(1998年，图⑪－⑬)，即使没有完全做到，但却试图使用百叶形式来消除建筑部分与高塔部分的分割。在阿尔瓦·阿尔托设计的维堡(Viipuri)图书馆(1927－1935年，图⑭)中，我们可以看到用表现主义的手法来消除各种建筑要素之间的分解的真正水准，他是通过墙与天棚相连续的曲面来消除分解。在更大尺度的建筑，如埃罗·沙里宁所设计的纽约肯尼迪国际机场TWA候机大楼(1962年，图⑮)就是将墙、柱、顶棚与地板都做成一种动态的相互连接的非分解形态。

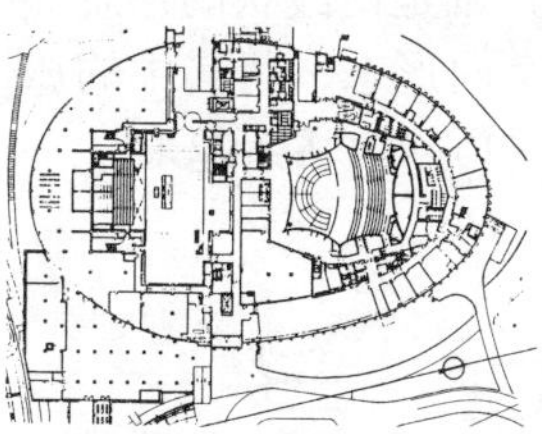
⑧ 新潟市政厅(长谷川逸子)二层平面

⑨ 新潟市政厅

⑩ 新潟市政厅模型

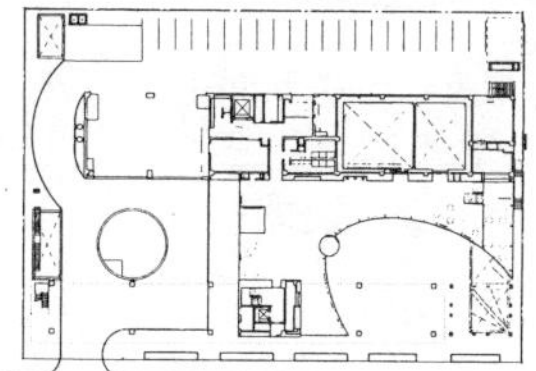
⑪ NHK长野广播会馆(桔组)一层平面

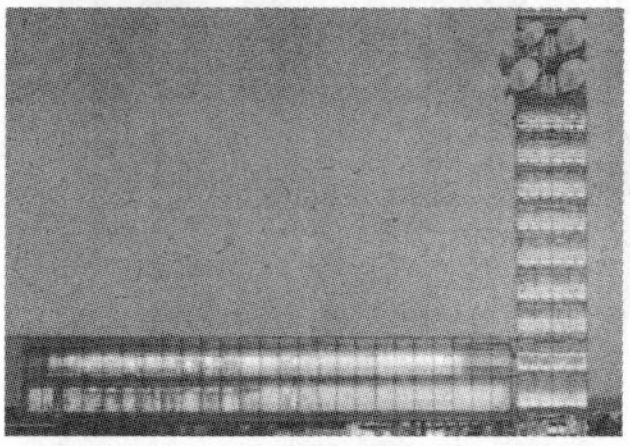
⑫ NHK 长野广播会馆

⑬ NHK 长野广播会馆

⑭ 维堡图书馆(阿尔托)

⑮ TWA 候机大楼(沙里宁)

Ⅳ-8 消除空间分解 ARTICULATION

有些建筑，与其形态本身相比，在空间相位即连接方式上有更独特的创意，从而尝试使建筑空间划分与通常意义上的有所不同。这种建筑可称之为拓扑几何学的建筑。在此，表现的主要着眼点就落在空间连接方式上。

弗兰克·劳埃德·赖特所设计的古根海姆美术馆(1959 年，图① - ③)就是这种建筑。众所周知，在这座美术馆中，观众通过升降电梯到达最顶层，然后再沿着螺旋状的斜坡下行而欣赏美术作品，最终返回到门口大厅。勒·柯布西耶设计的成长美术馆(1939 年，图④ - ⑥)，则是在二层平面上扩展成涡旋状的展厅，但与正厅空间又保持着一定的联系。

近年的设计作品中，如保罗与姆萨维设计的横滨港国际客轮终点站(1995 年参赛作品，图⑦ - ⑨)，是通过一道舒缓的曲面斜坡而将内部空间与屋顶广场相连，尝试使通常意义上的建筑中作为大前提的那种内与外或者是若干层的空间切断模糊化。而斯蒂文·霍尔设计的赫尔辛基现代美术馆(1998 年，图⑩ - ⑫)，则是通过一个连接用的如蛇状伸展的线型的局部形态而将所谓水平或垂直的那种空间感消除，得到了平缓连续的展示空间。

青木淳设计的御杖小学(1998 年，图⑬⑭)做了一个独特的平面设计，即体育馆布置在中央，而将教室群呈放射性布置，从而获得了一种在通常的小学校设计中所不曾见过的内部空间的连续性。西拉卡恩斯设计的鸿巢文化中心(1996 年参赛作品，图⑮⑯)，则是使线状的形态立体化为螺旋状的空间形态，将其中的旅馆与休息厅等空间巧妙地联系起来。

① 古根海姆美术馆(赖特)

② 古根海姆美术馆

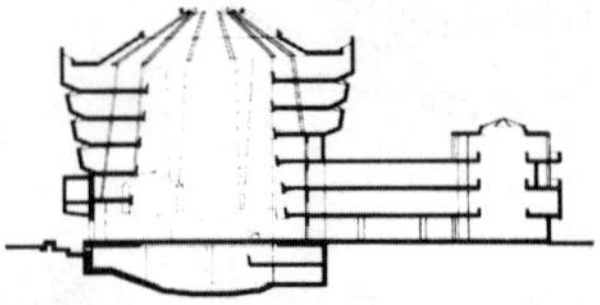

③ 古根海姆美术馆剖面

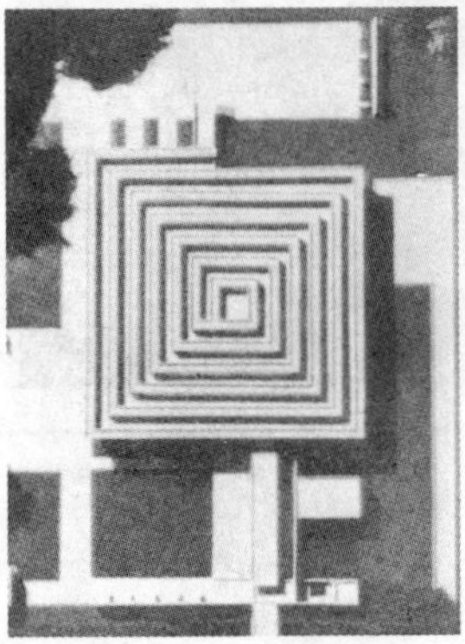

④ 成长美术馆(勒·柯布西耶)

⑤ 成长美术馆

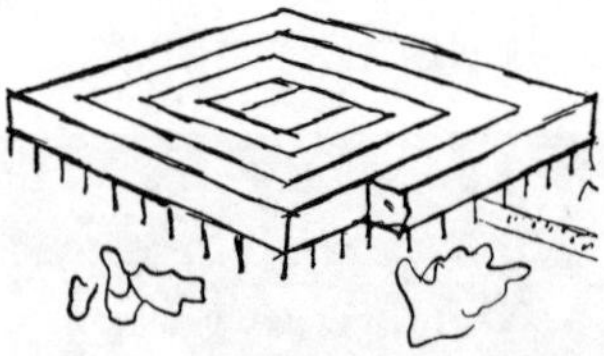

⑥ 成长美术馆

⑦ 横滨港国际客轮终点站设计大赛最优秀方案(保罗与姆萨维)

⑧ 横滨港国际客轮终点站设计大赛最优秀方案透视

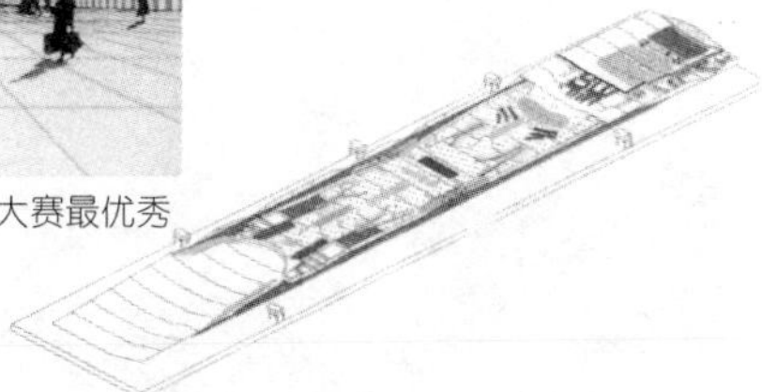

⑨ 横滨港国际客轮终点站设计大赛最优秀方案图解

⑩ 赫尔辛基现代美术馆(史蒂文 · 霍尔)

⑪ 赫尔辛基现代美术馆

⑫ 赫尔辛基现代美术馆三层平面

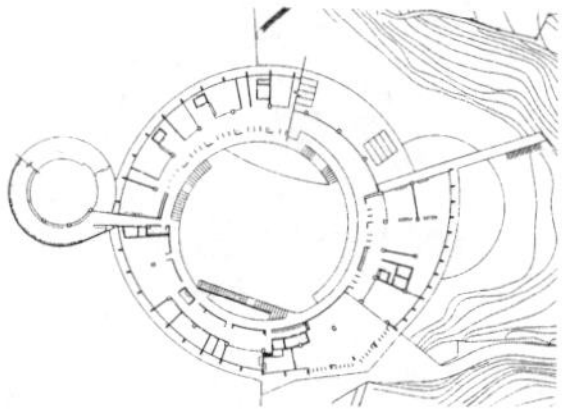

⑬ 御杖小学(青木淳)平面

⑭ 御杖小学

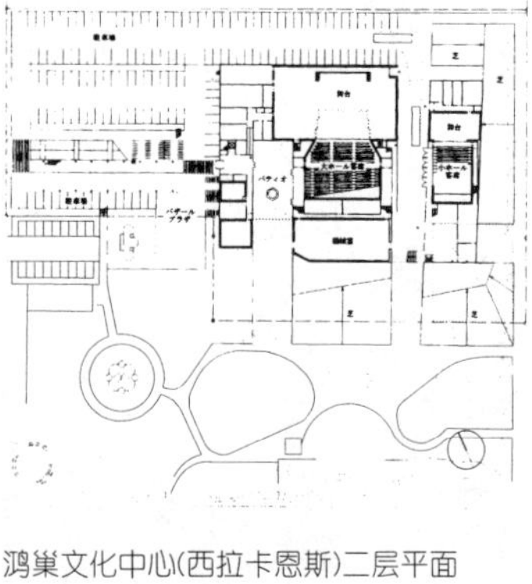

⑮ 鸿巢文化中心(西拉卡恩斯)二层平面

⑯ 鸿巢文化中心

V 深层与表层

FORM AND DESIGN

概说 OUTLINE

在有关建筑的各种论述中，本质、起源、根源、基本概念、深层结构等的词语被广泛使用。这些都代表了什么呢？建筑，实际所见到的不就是其本身吗？实际的形式深处或者说其本质中究竟潜藏着一些什么其他的东西呢？如果有，那到底又是什么呢？

下面，我们从简单的说起。在建筑上，表示形态的词中形态、形状、形式是区分使用的。形状多是我们眼见的形状本身，也就是说它是表示表面形状的词语。应该相当于英语中的shape或者figure。但形态却是在肉眼所见的基础上，也包含着在组成这种形状的时候具备怎样的规律的意思。相当于英语中的form。用到“形式”这个词的时候，相比肉眼可见的外形，它更着重于具备某种规律的意味。这在英语中也多用form表示。这样，表示形状的词语本身就存在着细微的差别，这与我们在前面所述及的在那些建筑的表面背后必定隐藏了一些什么的说法是有密切的关系的。

在对建筑的本质或者起源的论述中，若仔细观察是可以看出来大体上可以分成三个部分。第一个是与建筑设计方法相关的形态构成或者空间结构。换言之，可以说是与建筑的生成或者创造相关联的。这种建筑思想的典型之一则是路易斯·康所提倡的形式设计理论。据康所说，可称为建筑 “开端”的形态是极为重要的。这里包含了两方面的含义，一方面就是建筑或者一个建筑类型在历史中诞生时的形式，也正是满足人们的朴素愿望的形式的一种原始的形式；另一方面，在实际的设计过程中，一边按照原始的设计样式一边要考虑作为设计对象的建筑的存在形式。在设计之初就想像出的建筑形状，康将其命名为“form”，在最初的形态，form是“不存在物质性、形态以及尺寸”(p.106[A])。也就是说它是不可测得的。而所谓的“设计”无非就是将形式赋予具体的形态与尺寸，使其物质化，因此就有“有的设计就是从形式出发，使其不断完善，就是物质化并使之具有形状和尺寸”的说法。

康的建筑思想的一个很大特点就是重新审视了建筑的开端与根源。而其形式归结于最终的设计时，必须是“可感知”的事物，但未必是能够明确地为肉眼所见的。而更可以说虽看不到，但在建筑背后或者其深处仍应该是支撑将建筑物质化、可视化的实体。康这种略有神乎其神之嫌的建筑思想并不是完全不具备其思想渊源的。例如，巴黎的布扎体系设计方法的核心中的“巴洛泰”概念就已经包含了可称之为康的建筑思想根源的东西。

所谓“巴洛泰”就是考虑建筑的功能与所处的条件而构思出大致的建筑物所应该具有的形式，现在说来，这已经基本表示出设计的基本概念来了。在此若加进对建筑起源的思考方式就能够发展成为康的建筑形式的思想。康在宾夕法尼亚大学的老师保尔·菲利普·克瑞是受过学院派教育的法国人，在学院派建筑的近代化的过程中，给后来的康的思想带来了一定的影响(p.106[B])。

另有论述与建筑的设计方法相关的

形态结构的存在方式的其他建筑理论，如菊竹清训在“形、形式、论”里写的那样，将形态作为现象(形式)，法则、实体(形)，原理、本质的辩证法的发展而捕捉到的方法论(p.106[C])。这与康的形式秩序(将形式具体化的规律)设计思想是较为接近的。还有，彼得·埃森曼在着手研究诺姆·乔姆斯基(Noam Chomsky)的生成语法时，曾设想过把形态分为表层结构(可通过知觉等感觉所掌握到的程度)和深层构造(实际中无法看到的抽象的概念性的程度)来考虑的建筑理论(p.106[D])，也可看成是这种思考方式之一。

论述建筑的本质、起源的第二个范畴就是关于建筑的构成要素，是以区别本质要素和附加要素的形式体现的。通常，这些本质的部分有种说法是说它们被应用在建筑的原始形式中，是与建筑的起源、本原相联系的。还有人说本质的部分总是可以产生建筑本身就具备的美感。在18世纪中叶，作为一名神父同时也是一名杰出的建筑理论家的马克·安特瓦努·罗杰，在《建筑试论》中曾经论述过的正是其典型的论述方式。他说“在建筑秩序的构成中，很容易区分本质性参与的部分和仅仅是从必要性出发而引入的或随意加入的部分。具备所有的美感的是本质的部分，而从必要性考虑所加入的部分则总存在着一些特例。随意所加入的部分总存在着某些缺点(p.107[E])。”为了论证这一点，附有一幅著名的原始小屋的设计图。这种理论典型地表现在罗杰的建筑理论中。但在此有一个问题，那就是怎样才称得上“本质”。罗杰所说的那种将基本的架构即结构体视为本质的理论是很容易理解的，因此，在各种近代建筑理论的中这种理论也被反复运用。在现代建筑中，虽然主张暴露结构才是的建筑本质的说法很少，但在考虑建筑物时可以说是将这一理论当作一个大前提的。不只是结构体，若从更广泛的角度来考虑，建筑本质究竟是什么或者说所谓本质的东西是否真的存在，这种疑问在建筑设计中总是被反复追问的，而且可以说一直都是一个极为重要的问题。与这个问题密切相关的便是围绕着建筑的本质或起源的理论第三个范畴。这与埃德蒙得·胡塞尔在《几何学的起源》中将几何学仍作为几何学的可能性，就其根源性意义作为一个问题提出来是相似的(p.107[F])。例如，矶崎新在谈到《大文字的建筑》(p.107[G])的时候，就将在建筑史中牢不可破的、所形成的“建筑性”作为了需要讨论的问题。或者是像在与几何学相关的篇幅中所述及到的(p.37[F])，解构筑主义的攻击目标是建筑的结构性，即以建筑的传统作为根本所建立起来的概念。

以上就是围绕着建筑的本质、起源以及深层讨论的一部分的概述，但也不要忘记在建筑上对于追求这些还存在着疑问。也就是说，建筑是通过其表层现象，通过影像与视觉图像或者是材质与细部等具有手感的部位而可以诉诸人们的感性认识的思考方式(p.107[H])。在这些考虑中，追求本质或起源的本身就是落后于时代的，也可以说是妨碍了建筑的进化与发展的。现代建筑设计应该说是在表层与深层的纠缠之间左右摇摆着的。

关于深层与表层的诸家言说

[A]最初所具有的就是关于形态的信念。设计就是遵从着这种信念的工作。而建造则是一种基于秩序感觉的一种行为，**当作品完成的时候必须要领会到其初始的一切**。所谓形式就是无法分离的各种特质的具体表现。形式并不存在于物质性、形态以及尺寸。有的设计无非就是从形式出发的一个完善过程。设计是物质的，具有形态和尺寸。……可实现的是如同精神和灵魂的密不可分一样，是思想与感情的融合。那就是想要实现某种意念的起源。也就是形式的原初。形式是将几个平衡体系的协调与秩序的感觉包括在其中的，是作为一个存在而与其他相区别开来的。形式既没有形状也没有尺寸。我们以某个汤匙与一般的汤匙之间的区别为例来分析，提到一般性的汤匙是指有两个紧密相连的部分即把手和器皿联系起来的一种形式，而在说到某一把汤匙的时候，那就意味着那是由银制或者木制的特定的设计，是一种或大或小或深或浅的某种物质。形式是“what”，而设计是“how”。**形式不是属于个人的，而设计是设计者所特有的**。路易斯·康.形式·秩序·设计；阿莱克萨恩德拉·提恩．起源——路易斯·康的人与建筑理论.香山寿夫，小林克弘译．丸善，1986年 p.72—73

[B]保尔·菲利普·克莱认为印第安纳州的公共图书馆设计中的建筑形式必然能够开创一种新的现代的范例。这种设计方法决定了1914年美国公共图书馆的构成要素的性质及其相对重要性。在这种设计方法中，将书的借还作为主要的功能，为适应这种主要活动而划分出一个很大的空间，并使其支配和调整建筑物整体形式，这种设计思路就是19世纪中叶以来的布扎体系所提倡的概念创造的方法。……在学院派中把这一方法用一个词来概括就是——“**巴洛泰**”。……那就意味着选择了关于某种建筑的特质的一个最初的基本概念。戴维·万·赞塔恩．布扎体系.(David van Zanten.The System of Beaux—Arts.Architectural Design Profile 17.1976,p.68

[C]有关形式若表示成如下三个阶段：

感觉　理解　思考

(1)→(2)→(3)

现象　法则　原理

则对形式的认识过程就可以说经历了这种过程，可称之为三段式。换言之，从由表面现象来感觉形式的阶段开始，到从形式中了解其普遍性的技术或者说是法则性的第二个阶段，最终是处理可称为“形式”原理的本质性问题的第三个思考阶段，就是这样的三个阶段。……这就是设定了除去在“形态”中具有其独特性的“形”而成为“形式”而后，将更具有普遍性的“式”去掉，便只剩下了“形”的这样三个阶段。……认识的过程是按照“形态→形式→形”这样的三个阶段进行，但实际上却相反是按照“**形→形式→形态**”这样的三个阶段进行的。……也就是说，“人类的认识首先是一种直觉感知性的现象论阶段，然后是由向自觉的物质概念来认识的实体认知阶段，最后就把这些直觉感知性与向自觉统统扬弃而达到本质论阶段”(武谷三男著《辩证法的一些问题 技术论》p.179)这样的概念发展的三阶段理论对于“形状”也是成立的。菊竹清训.代谢建筑论形·形式·形态·彰国社，1965 p.9—10 p.14

[D]建筑的关联性以两种形式存在。……关联性存在于由自我的知觉、听觉、触觉等感觉而感受到的现实的具体层面中，也存在于现实对象中抽象且概念性的层面中，那是可以描述但却无法看见也无法听到的。同样的区分形式在语言学上也有，它是由诺阿姆·乔姆斯基所提出来的。**知觉的表层结构与概念性深层结构**就是这样的。这种差异就像在语言学上乔姆斯基所阐述的那样，表层结构对应于声音的及其物理性的层面，而深层结构则对应于统辞论的层面。彼得·埃森曼.片木笃译概念性、设计性的记录，见八束始编《建筑的脉络·都市的脉络》彰国社，1979 p.170

[E]在建筑秩序的构成中，很容易区分本质性参与的部分和仅仅是从必要性出发而引入的或随意加入的部分。**具备了所有的美感的便是本质的部分**，而从必要性考虑引入的部分也有一些特例。随意添加的部分是有一些缺点的……就像田野上的小房子决不会从视线中消失一样，则目力所及的由圆柱、顶棚、柱楣以及其两端称为山花(pediment)的部分所组成的形状只能做成尖塔形屋顶。在这里，拱顶形状是无法看出来的，而且若没有连拱和走道，就没有屋顶。若没有门就也没有窗户。因此可以做个结论，即任何建筑柱式中能作为本质上必不可少的部分只有圆柱、柱楣、山花。这三部分中哪一个都放在适当的位置，并且都以适当的形式放置，这样就形成一个完美的作品，就没有需要补充加入的东西了。马克·安特瓦努·罗杰. 建筑试论. 三宅理一译. 中央公论美术出版，1986 p.35—36

[F]若我们认真地注意一下这部著作就会明白，说我们必须开始反省那是有些牵强的。在对仅仅作为既成的东西而继承下来的几何体以及这些**几何体的意义**作粗浅的思考时，不能只停留在它所具有的存在方式上。这并不是说，在伽利略的思考或是更古老的所有的几何学智慧的继承者的思考中都有不同的方式。反复追求传统的被**继承下来的几何学的根源性的意义**，以及在此意义上、稳固地被继承下来的几何学——其在被继承的同时也在形成，而采取什么样的形态才不改变几何学的本质——根源性，才是更重要的。埃德蒙得·胡塞尔. 几何学的起源. 乔古德里达序. 田岛节夫，矢岛忠夫，铃木修一译. 青土社，1976 p.258

[H]像衣服遮蔽身体那样，作为身体的延续而存在的家的空间可以通过割断其连续性与身体相对存在而获得建筑化。之前，创作某种东西尤其是建筑设计的行为就是一种不断地将空间从整体上分离，而使其对象化的一个过程。把如此光荣的梦想在某处实现正是建筑家们所一直期待的。只有建筑还摆着一副系着领带并依然身穿坚硬历史外壳的西装的架势。伊东丰雄. 风的变形体. 青土社，1989 p.414

[G]综合来看有关建筑与建筑物的各种说法，还是"建筑"留到最后。因此最后提出了"大文字建筑"。我觉得这还是落后于时代的。我关心时代差异就是要**追溯其根源**。若我们逆着被赋予了特定秩序的通常思路探求，则最终将导致这一切都脆弱不堪地崩溃。……起源上有这样两个问题。在提到建筑时，任何人都不得不面对在其背后作为基础的"建筑"。**这个"建筑"就是一个超越性的概念**。若一直追溯到过去，则会发现这个问题必定是显而易见的，而这正是近代的东西。帕提农神庙、原始小屋、洞穴、避难所、火炉等多数的起源都是可以找出来的。因此，作为引发这些疑问的共同点的建筑这个概念就最终被质疑。我将其称为"大文字建筑"或者"建筑"，但那也只是个隐喻。因此在追溯其起源的过程中，所浮现出来的"大文字建筑"的所在就成为了一个问题。矶崎新. 建筑史以及与他人(对话)，见《矶崎新的革命游戏》TOTO 出版，1996 p.30—31

V-1 康的形式/设计 FORM AND DESIGN

存在于路易斯·康的建筑思想的本源中的正是“形式”这一概念的思路。那是没有具体形状和尺寸的，而仅仅是代表了所设计的建筑本身应该有的一种原始形象。虽说是一种形象但却没有具体的形状和尺寸，所以，说到底也是一种只能够用图解描绘的形象。而所谓的设计无非就是给予形式以具体的形状和尺寸罢了。关于这种形式，康开始具体思考并具体描述出来是在他着手设计第一惟一神教派教堂(First Unitarian Church)(1959–1967年，图①②)的时候。康画了著名的同心圆(图③)，并将其放在作品中应具有的形式的位置，由此开始进行设计。

关于这件事，康是这样说的，“一开始，我用黑板和会众交流。当我听到牧师与周围的人说话时，就想起了形式这个问题。这便涉及到为实现惟一神教派教堂的活动的一种形式的问题。我在黑板上画了一个同心圆，中心是一个正方形，并在那里画了一个问号。我想在这里做祭坛。在祭坛周围，我用长廊将其围起来，那是为了不愿进到祭坛的人们的。在长廊的四周，我设计了回廊。这些就属于把这个空间围起来的外圆。那些也就是学校了。很显然，学校就似乎成为围绕着这个空间的墙壁。这就是表现这个教堂的形式而不是设计。(阿莱克萨恩德拉·提恩 同上书 p.74)”

然后，康就基于这个形式做出了第一方案。但他把学校部分的轮廓换成了正方形，总体上是忠实于形式来进行设计的。这个方案在进一步考虑业主的功能要求后而进行变形，从而得到了中间方案(图⑤)。最后考虑采光方式以及与其相连的外墙的处理方式而进行了更细微的研究调整，这才得到了最终方案(图⑥)。数年以后，由于在大门厅两侧进行扩建，而使同心圆形状几乎被完全打破了，但至少在其最终方案中，多少以原始形式为基础所做的设计得到了公认。此后，康虽然多次地使用形式这一语言，而且继续以形式作为其建筑哲学的原则，不过，也没必要再像设计第一惟一神教派教堂时那样提出表示明确的形式的同心圆来了。为什么康只在这个设计中画了一个同心圆，然后再把它扩展开表示呢？这里应该有两个原因。第一点就如同理解康自己所说明的那样，在实际的设计过程中，与业主进行不断的协商而画出了这种形式的圆，从而确定出设计的方向。第二点，当真正开始着手设计时，康按照形式，把这种新的思路明确地通过具体的圆表示出来。大概就是这样两个原因。第一惟一神教派教堂的设计也采用了同心圆形式，因此诞生了在理解康的形式设计哲学时不可错过的一件作品。

在其他作品中，我们当然也可以推

① 第一惟一神教派教堂(康)

② 第一惟一神教派教堂

断得出其各自形式是怎样的了。尤其是在同心圆状形式作品群中更为容易。例如，在布利莫阿设计的埃德曼宿舍(1960年，图⑦)中，把食堂和起居室那样的公共空间用卧室包围起来。而菲利普·埃克塞特学院(Phillips-Exeter Academy)的图书馆(1967-1972年，图⑧；p.112图⑤-⑦)则形成了一个从外部用阅览室和藏书库以及被书墙包围起来的中央大厅。而在达卡的国会议事堂(1962-1974年，图⑨)中，对于议事堂与其周围的各个房间的构成——在这些空间中哪里应该是中心，以及哪些是在外围应得到充分采光的各个房间，从对这两点的考虑而生成了由其导出的同心圆状的环形建筑形式。但在某些作品中，未必都能够用明快的同心圆形式表示出来。

在这里，我们对于其他作品形式没有必要再论述了，而仅整理几点同心圆状的形式所具有的建筑意义。首先，不是对设计本身，而是对建筑设计的起源或本质阐述其重要性，这便具有不凡的魅力了，而且，当考虑到应该把哪一部分置于中心位置时，这里面包含着一个很有意思的问题。另外，还包含着另一个问题，就是对于形式这种不具有任何形状的状态，某些建筑中所包含的设计内容也就是建设内容之间应该具备怎样的关系。康所说的“设计是属于设计者的”，“形式是不属于个人的”，是要唤起那种超越了个人的创造性、超越表层的表现而眼睛看不到的深层才有的东西，那才是重要的感觉。

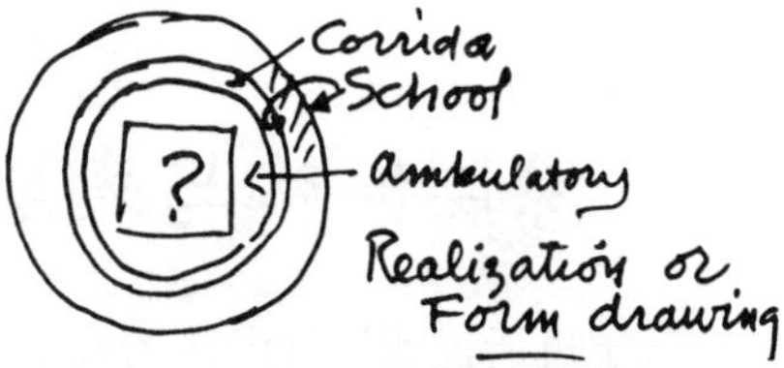

③ 第一惟一神教派教堂平面形式(form)

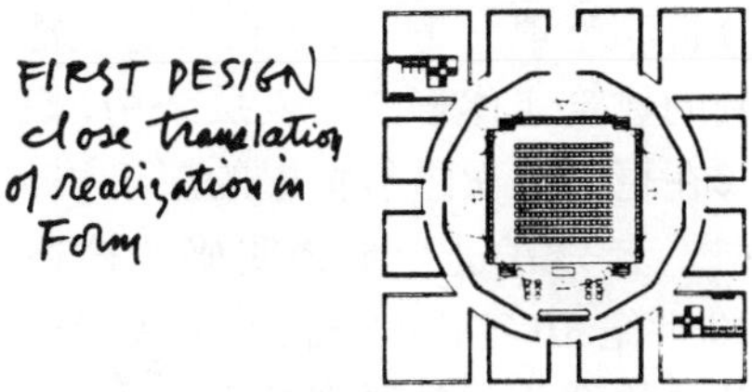

④ 第一惟一神教派教堂平面(初步方案)

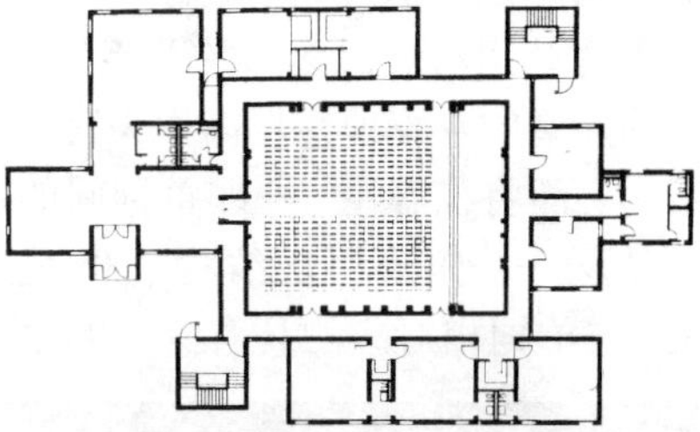
⑤ 第一惟一神教派教堂平面(中间方案)

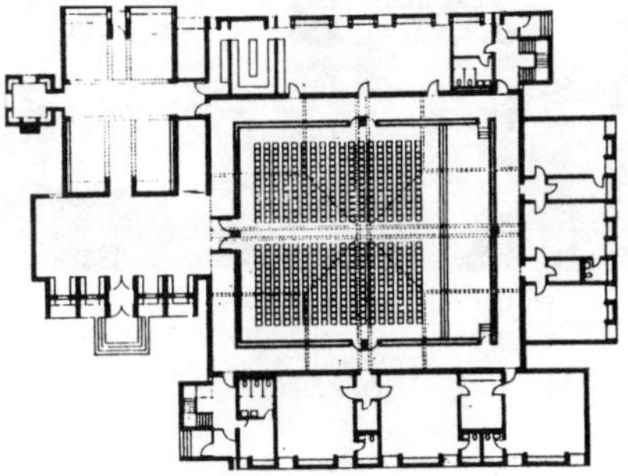
⑥ 第一惟一神教派教堂平面(最后方案)

⑦ 埃德曼宿舍(康)平面

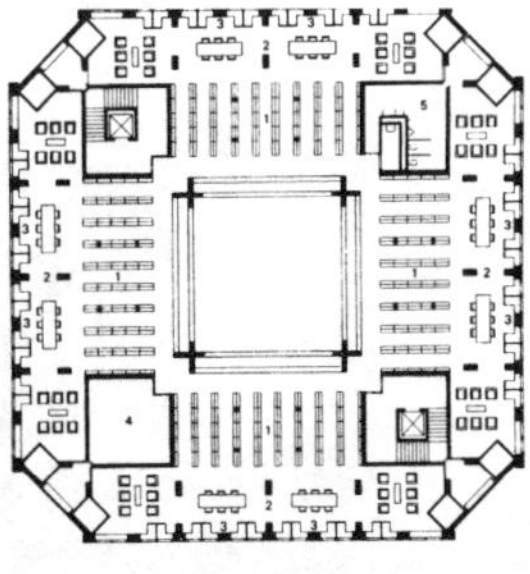
⑧ 菲利普·埃克塞特学院图书馆(康)二层平面

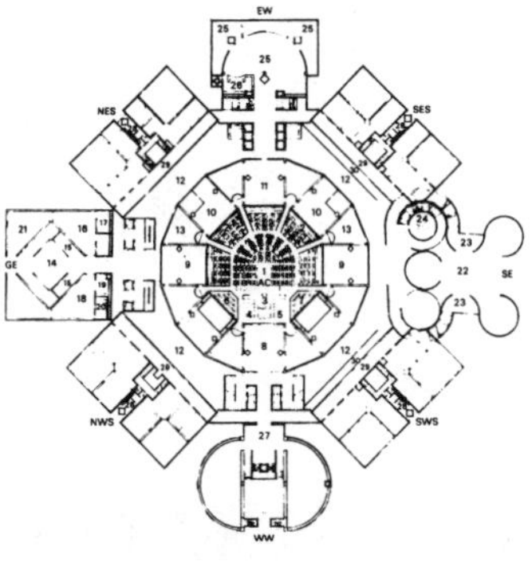
⑨ 达卡的国会议事堂(康)平面

V-2 深层结构与表层结构 FORM AND DESIGN

对于康所说的设计即作为被赋予了形状和大小的实体本身，可以再进一步分析和整理一下。关于很容易便能感觉到的建筑实体形态的表层结构，以及能够在更深层次进行把握的深层结构，并把二者分开进行更为明确的论述的是20世纪70年代的彼得·埃森曼。而其最初的源头却是语言学家诺阿姆·乔姆斯基的生成语法理论。乔姆斯基提出要考虑将单词与意思之间的关系等，即词语的声音的及物理性层面作为语言表层结构，而将统辞论——即单词间的关系的结构——作为深层结构。但在建筑上，与单词相对应的具有意义的单元是很模糊的，而且知觉与意思传达的机构也很模糊，而统辞即建筑要素之间的关系也并不是有确定的规则的。而埃森曼是从建筑上的统辞论(形态结构)与意义论(意义的发生与传达的功能)这两个方面提出要分成表层结构与深层结构来进行考虑。在统辞论上，分成感官很容易把握的表层结构与更深层次才能认识到的深层结构；而在意义论上来说，“如同文字那样从实际的形象的认识和存在而能直接感受到的意义”形成了表层，“通过精神上的再构筑过程从而获得的意义”就形成了深层结构。(彼得·埃森曼 p.106[D])。例如考虑一下可使人联想

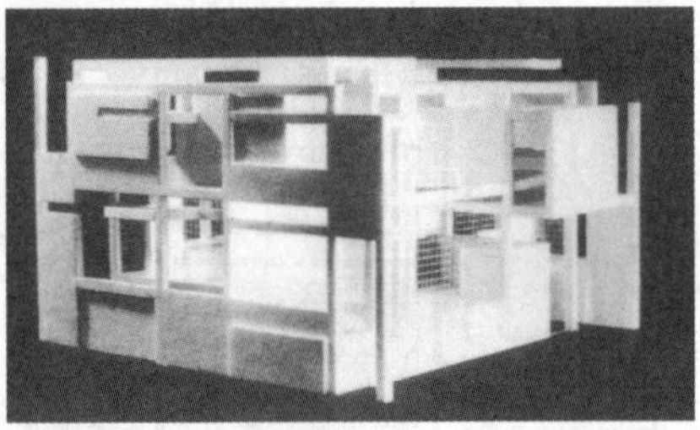
① 住宅第四号(埃森曼)

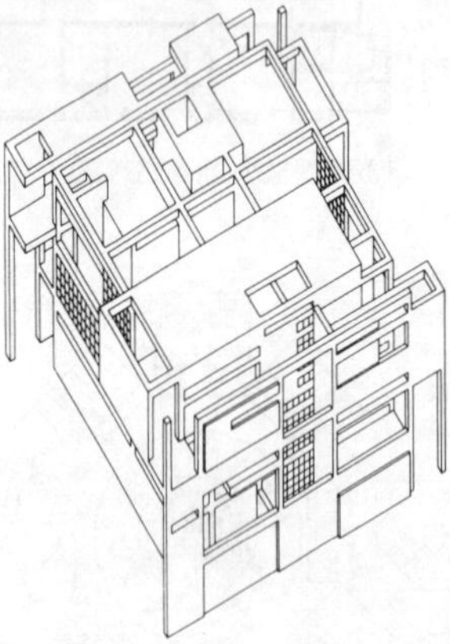
② 住宅第四号轴测

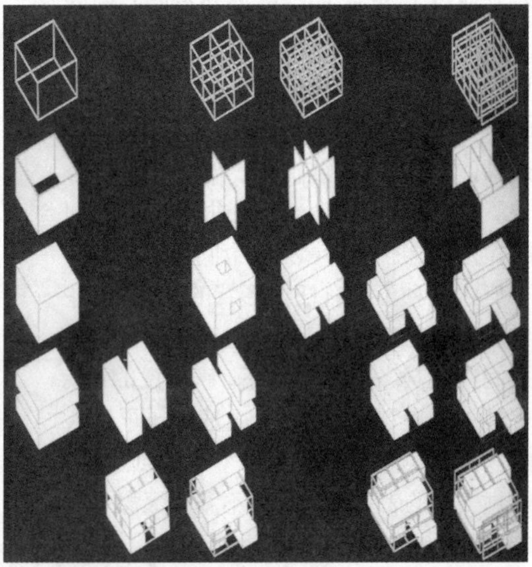
③ 住宅第四号图解

④ 群马县立美术馆(矶崎新)

⑤ 群马县立美术馆透视

起传统建筑的现代建筑，采用具体的主题那便是意义上的表层，而使用更为抽象的构成原理时，就是意义上的深层结构了。

20世纪70年代的埃森曼主要在住宅的设计中创作出了表明这种形态结构的深层和表层的作品。而且通过分析其意图的图解来进行说明。例如，通过在住宅第四号(1974年，图①②)所增添的图解(图③)中，我们所看得到的最终作品的表层结构中就潜藏着某种深层结构。最上层是能够领会到的即潜在的网格结构，第二层是潜在的面结构，第三和第四层是潜在的立体结构，最下层是以上几层合成的结构(这表明它接近于表层结构)。对于形态结构的这种考虑方式不只限于埃森曼的作品。例如在矶崎新所设计的群马县立美术馆(1974年，图④⑤)中，比喻为在世界各地展出的作品的容器的结构体网格，形成了形态结构的深层，并在那里做表层网格分割的装修与开洞模型。而矶崎新海市设计方案(1997年，图⑥)建筑用地的人工岛的表层是一种奇异的非几何体的形状，而在深层却存在着圆这样的几何形状。

再进一步追溯到近代建筑，也能够看到这两重形态结构。密斯·凡·德·罗设计的砖造田园住宅方案(1923年，图⑦⑧)，一眼可以看到的表层结构中，可以看出无自由性无秩序性布置的墙，而再细致地分析一下就可以看出，在其整体中使用了把正方形布置成对称形式的模型，而且也可以看出每面墙的位置都是通过正方形来确定的(图⑨⑩)。

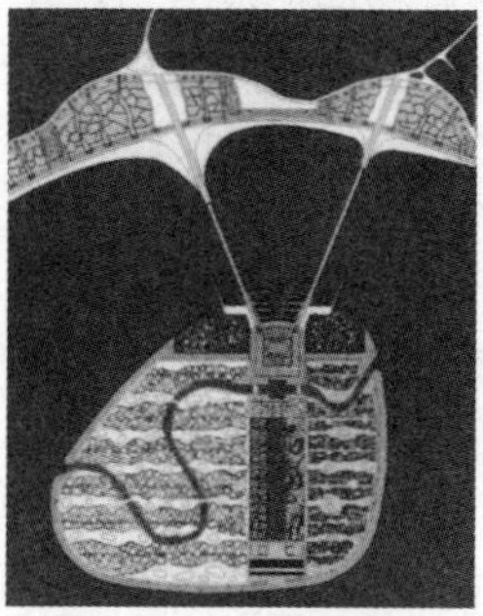
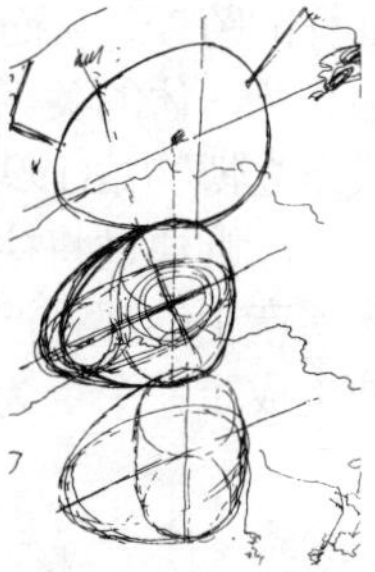

⑥ 海市设计方案与岛形的草图(矶崎新)

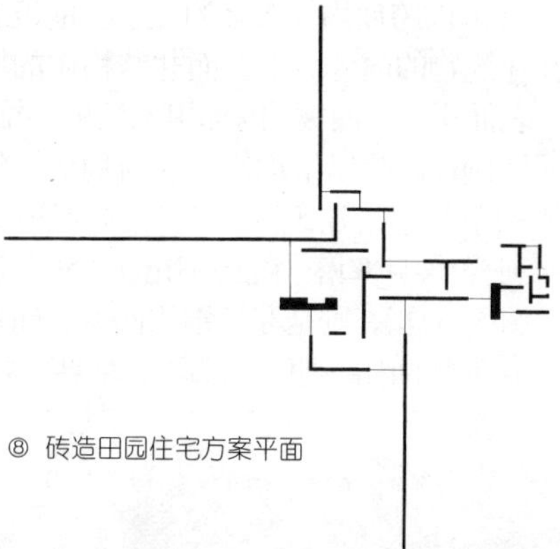

⑧ 砖造田园住宅方案平面

⑦ 砖造田园住宅方案(密斯)透视

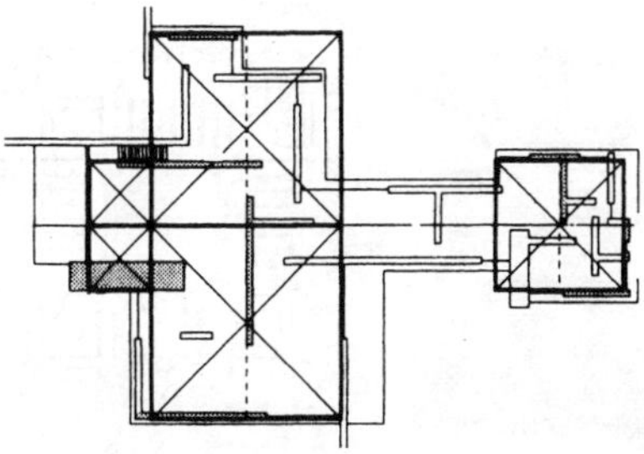

⑨ 砖造田园住宅方案图解

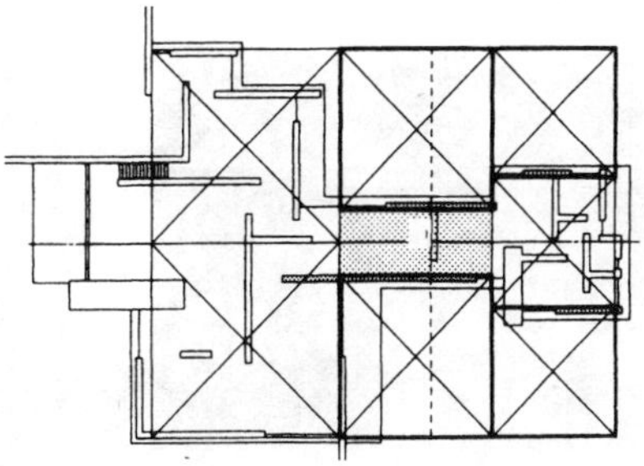

⑩ 砖造田园住宅方案图解

V-3 结构体网格的规律 FORM AND DESIGN

正如亨利·拉塞尔·希区柯克和菲利普·约翰逊在1932年的《国际风格》一书中所阐述的：骨架结构所具有的规则性带来了一种似乎可以取代左右对称的秩序(p.61 [E])，骨架结构——尤其是柱子——不管愿意与否却仍然使空间产生了规则性、节奏感及其规律。建筑家对此是十分敏感的，把骨架结构积极地放入空间表现中，放入构成秩序的体现中去。这往往就会出现伴随着明显可以感知到的表现的形态，即使是被隐藏的规律即深层结构也是这样处理的。

康是把结构体作为表面形态而积极地使用的建筑家之一。耶鲁大学的英国艺术中心(1961–1974年，图①－④)，将以大约6m × 6m的跨度均等布置的柱子、地板表现在建筑物的内外面上，而非结构体的墙在外表面用金属面板、内部用木质板装饰，从而明确地区分出结构体与非结构体，结构体的节奏感给建筑内外以基本的韵律。而菲利普·埃克塞塔学院图书馆(1965–1972年，图⑤－⑦)，则是在外围用砖材，而包括书库在内的内部则使用混凝土骨架结构，从而将这两个结构体直接表现出来。中央大厅的低层设了一个巨大的梯形洞，这也起到了将从上到下的混凝土柱的荷载传递给四周墙体的补强作用，但主要的还是结构表现。而在早期的安藤忠雄也设计了很多以简单地使用混凝土结构和墙体为主题的住宅，例如松本邸(1977年，图⑧－⑩)。

将结构体作为深层结构来处理，可见于前面所提到的群马县立美术馆，矶崎新设计的琦玉中心大楼(1983年，图⑪–⑬)等作品中，并没有把柱子排列出均等的跨度，而是布置成产生A–B–A那样的深层节奏感的形式。而香山工作室环境造型研究所设计的相模女子大学七号馆(1981年，图⑭–⑰)则是在中央部位将柱子置于正方形的格子上，而在两端则移动形成A–B–A那样的跨度，从而生成了一种与内部空间融合为一体的关系。而伊东丰雄设计的八代市立博物馆(1991年，图⑱–⑳；p.94图⑦－⑩)则通过将柱子随意布置而消除结构体所产生的那种严密的规则性，从而有意地生成了一个更为柔和的展览空间。

① 英国艺术中心(路易斯·康)

② 英国艺术中心

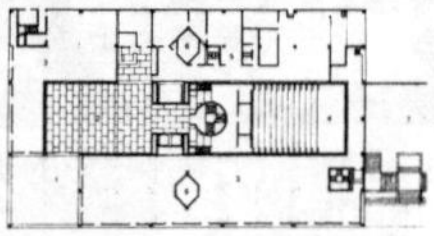

③ 英国艺术中心平面

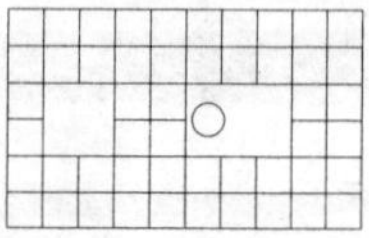

④ 菲利普·埃克塞塔学院图书馆图解

⑤ 菲利普·埃克塞塔学院图书馆(路易斯·康)

⑥ 菲利普·埃克塞塔学院图书馆

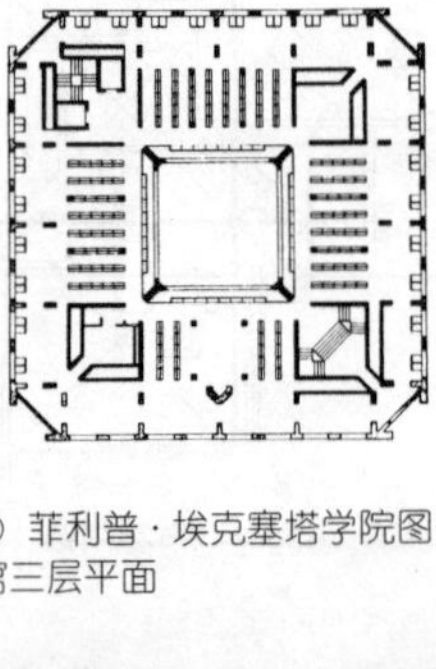

⑦ 菲利普·埃克塞塔学院图书馆三层平面

⑧ 松本邸(安藤忠雄)

⑨ 松本邸

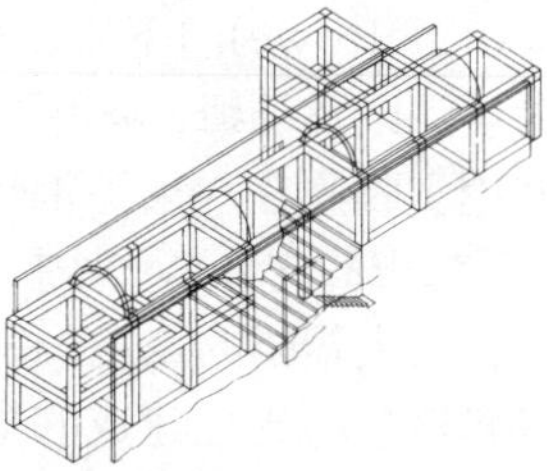

⑩ 松本邸轴测

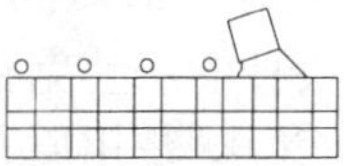

⑪ 琦玉中心大楼 结构网格

⑬ 琦玉中心大楼

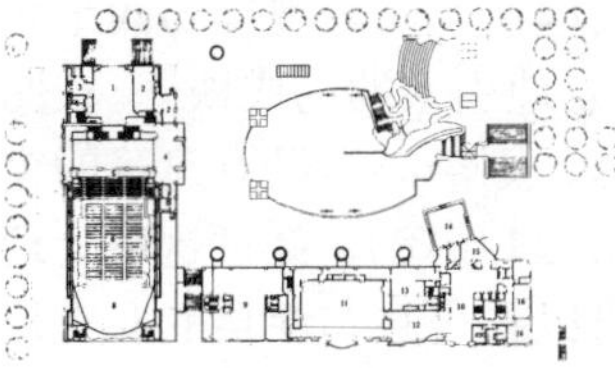

⑫ 琦玉中心大楼(矶崎新)三层平面

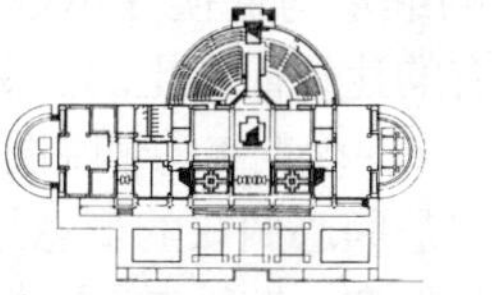

⑭ 相模女子大学七号馆(香山工作室)一层平面

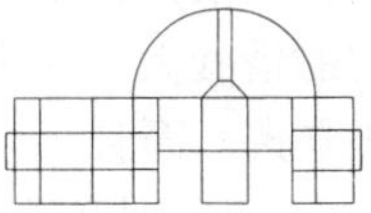

⑮ 相模女子大学七号馆结构网格

⑯ 相模女子大学七号馆

⑰ 相模女子大学七号馆

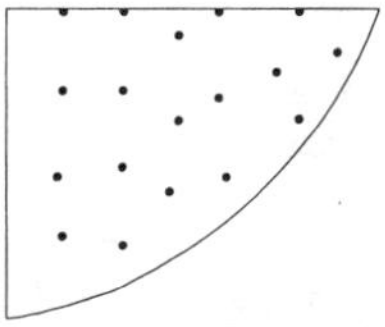

⑱ 八代市立博物馆(伊东丰雄)结构网格与模型

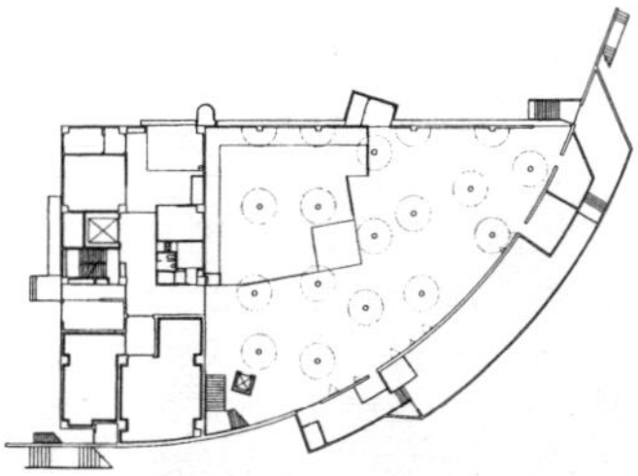

⑲ 八代市立博物馆一层平面

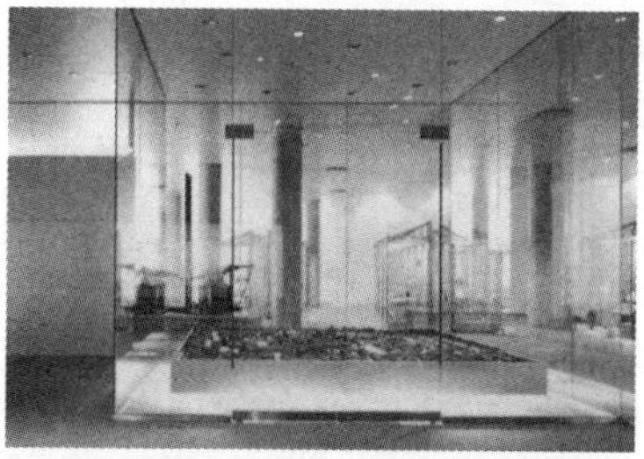

⑳ 八代市立博物馆

V-4 形态结构的继承与变换 FORM AND DESIGN

在20世纪70年代初，连续感的考虑方式被理论化。这在美国的科林·罗(Colin Rowe)门下的建筑家斯克阿特·考埃恩以及汤姆·修玛哈等人的论文(这些论文收集在八束等编辑的《建筑的文脉·都市的文脉》一书中，彰国社，1979)中都有大篇幅的论述。总的说来，就是一种建筑应考虑已建成的周围环境状况以及更大范围的城市所具有的物理以及文化的文脉而确定设计方案的思考方式。在此引入深层与表层的观点就很有效。

通常被作为具有连续感的代表性例子对待的是罗伯特·文丘里的老年公寓(Guild House，1963年，图①－④)，用文丘里的话说是“平凡”的集合住宅，他使用了这使人联想到形态的语言，从这一点来看，是继承了表层的文脉，但在朝着远路的方向设置漂亮的立面，从而与普通的集合住宅外表形成反差，从这一点来说，可以认为是在深层次上转换了文脉。另一方面，著者所设计的蒙特利尔加克·卡尔提埃广场的城市规划设计竞赛方案(获奖)(1992年，图⑤－⑦)是继承了这个历史性地区所具有的深层的形态结构，而在表层却使其产生新型都市空间。具体说来，是注意到在这个历史性地区，每一个街区的院落中的建筑物都反映了奇特的形状，而街区的倾斜即一定角度范围内的几个正交的网格覆盖于整个街区中，由此成为形成建筑体量的控制规则的设计方法。

在扩改建的时候，如何处理已有建筑物的形态结构是一个很重要的问题。矶崎新和詹姆斯·斯图尔特·保尔捷克所设计的布鲁克林美术馆的扩建改建设计竞赛方案(获最佳方案奖)(参赛作品1988年，图⑧－⑪)沿袭了玛基姆·密德与豪瓦伊特所设计的形态结构，并采取了将它们变化成与环境文脉相对应的形状。还有，理查德·迈耶设计的法兰克福工艺博物馆(1985年，图⑫⑬)，是用原有的传统建筑以及与其相呼应的体量固定住四个角，而在其内侧为了表现出与四个角的差异，而有意地引入的构成秩序。在四角的新建部分，则沿袭了已有建筑的窗洞开设方式(p.24图①)，经过这些处理使这件作品可以在表层与深层的双重层次上与已有的建筑物相适应。

形态结构的继承与变换并不是仅仅相对于周围原有的建筑而产生的。例如，我们前述的康设计的埃克塞塔学院图书馆(p.112图⑤－⑦)是同心圆状的形态结构，而作为他的老师保罗·菲利普·克瑞设计的印第安纳州公共图书馆(1919年，图⑭－⑯)却继承了以图书的借阅大厅为中心而汇聚成整体的设计方式，而且可以认识到，是把它们变换成更为明快的形式。

① 老年公寓房舍(文丘里)

② 老年公寓房舍

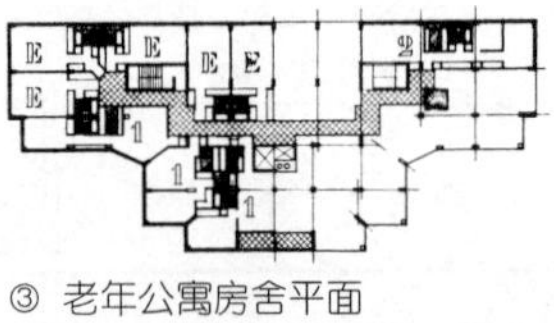

③ 老年公寓房舍平面

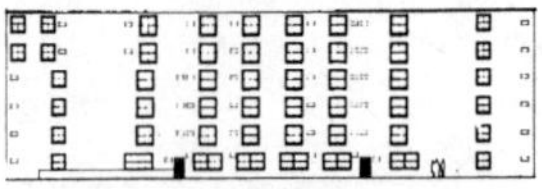

④ 老年公寓房舍立面

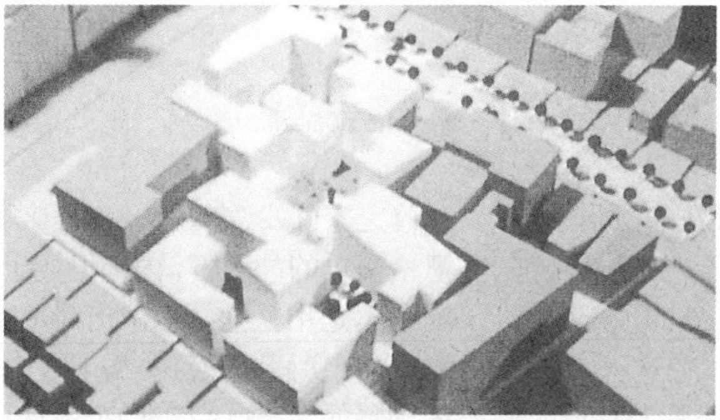

⑤ 加克・卡尔提埃广场的城市规划设计竞赛方案(著者)

⑥ 加克・卡尔提埃广场的城市规划设计竞赛方案

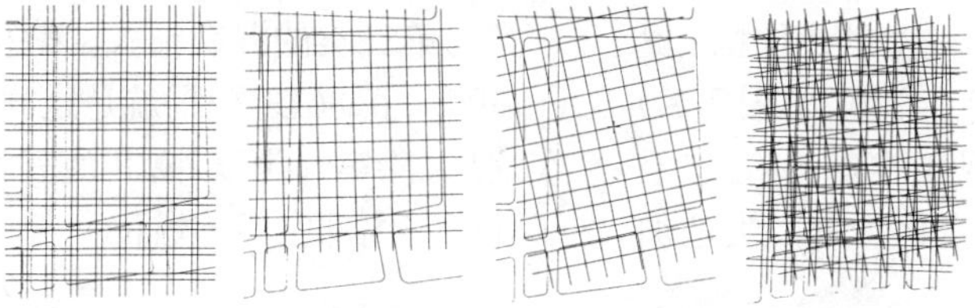

⑦ 加克・卡尔提埃广场的城市规划设计竞赛方案网格图

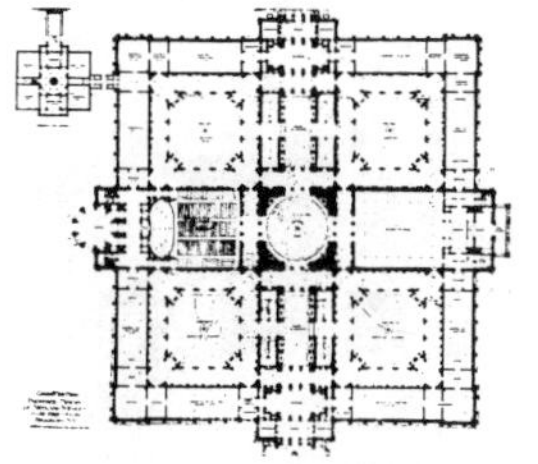

⑧ 布尔克林美术馆(玛基姆・密德与豪瓦伊特)平面

⑨ 布尔克林美术馆的扩建改建计划设计竞赛方案(矶崎新等)

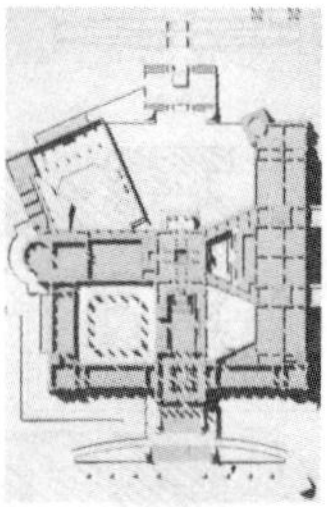

⑩ 布尔克林美术馆的扩建改建计划设计竞赛方案平面

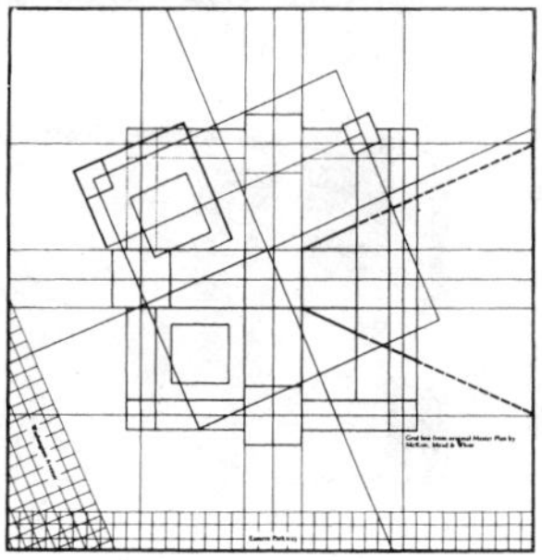

⑪ 布尔克林美术馆的扩建改建计划设计竞赛方案图解

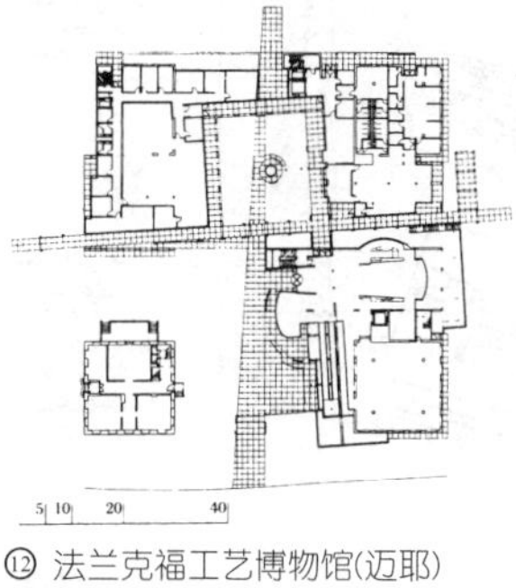

⑫ 法兰克福工艺博物馆(迈耶)一层平面

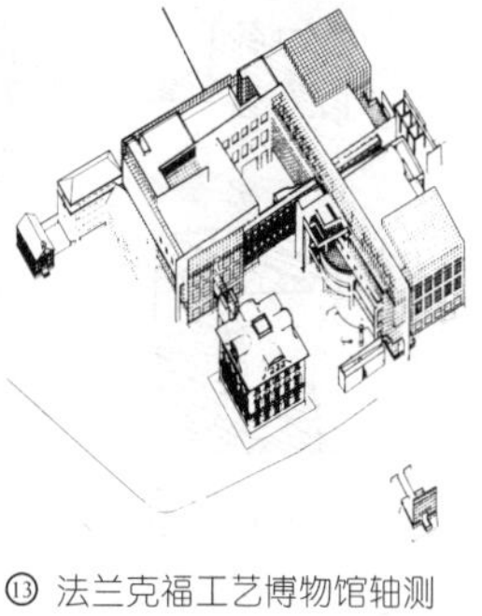

⑬ 法兰克福工艺博物馆轴测

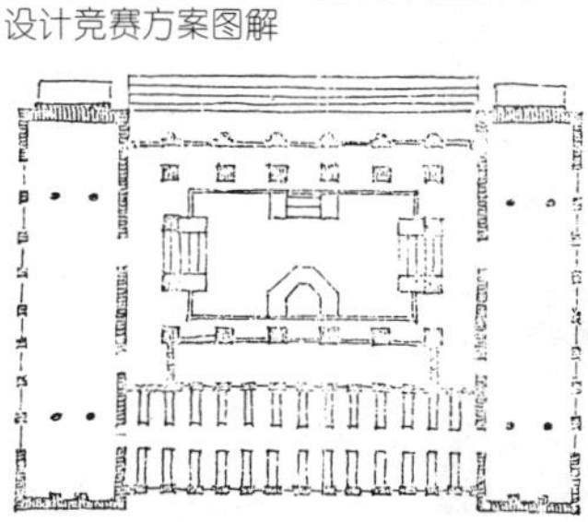

⑭ 印第安纳州公共图书馆(克莱)

⑮ 印第安纳州公共图书馆

⑯ 印第安纳州公共图书馆

V-5 正立面与内部空间 FORM AND DESIGN

对于直观的表层和潜在的深层的理解，若稍稍换一个角度来看，就是从外部看到的正立面和隐藏在深处的内部空间这样一个很重要的问题。在这一点上，勒·柯布西耶以《建筑构成的四种形式》为题，将外观与内部空间的不同关系分成四个类型(图①)。第一类就是像拉·罗什·让纳雷宅邸(1923年，p.20图③④)那样，内部直观地表现在外观上，若疏于控制便会产生过度的变化。第二类是加尔修之家(1927年，p.21图⑤－⑧)，在严格简单的外壳下，内部组成十分紧凑。第三类是用独立结构做出简单明快的外壳，各个房间则在每一层上自由布置，斯图加特的住宅(1927年)正是这样的。第四类是外部与第二类同，而内部则是第一类与第三类的混合形式，萨伏伊别墅(1930年，p.86图⑦⑧)就是这样的构成。在这里，除第一类以外，其他三种都产生了外壳与内部空间的错位。

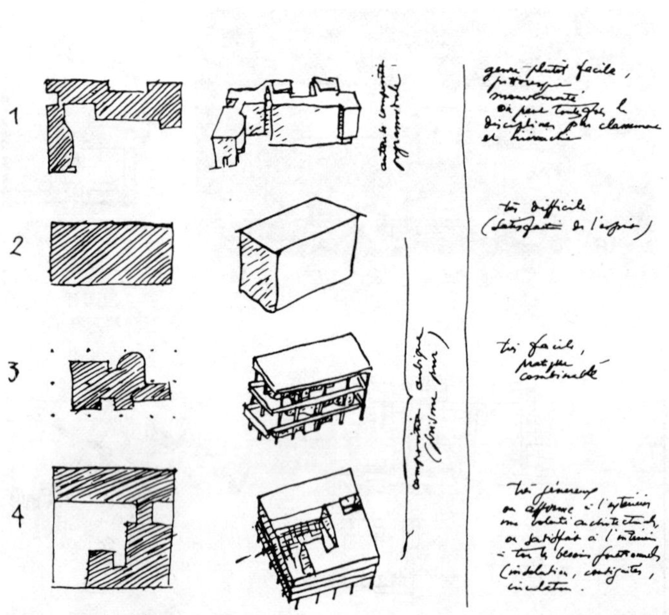

① 勒·柯布西耶的建筑构成四大类型

② 缪拉住宅(路斯)

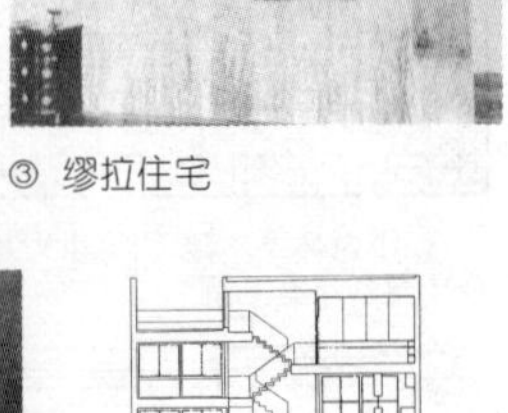
③ 缪拉住宅

④ Split House(著者)

⑤ Split House

⑥ Split House剖面

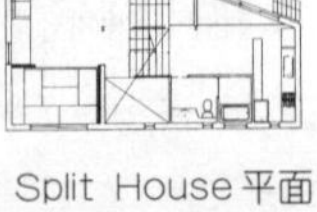
⑦ Split House平面

在阿道夫·路斯的缪拉住宅(1930年，图②③)中，伴随着其内部的微妙的地面高差的变化，形成复杂空间构成，外部则是简单的箱形，这种错位就尤其明显。著者设计的Split House(1997年，图④－⑦)在具有梯形平面的简单箱形中，具有跃层式的密实的内部空间构成，这种构成在外观上也通过色彩来暗示。原广司设计的被称为反射性房屋的一系列住宅中，简单的箱形外壳与由天窗采光的柔和的内部空间形成强烈的对比，尼拉姆住宅(1978年，图⑧－⑩)等正是其代表。

在更大规模的建筑作品中，正立面与内部空间的对比带来了更具深意的空间体验。弗兰克·劳埃德·赖特所设计的约翰逊制蜡(Johnson Wax)公司管理大楼(1939年，图⑪－⑬)外观上设有水平采光窗，为具有强烈的封闭感的箱形结构。约翰·索恩设计的英格兰银行(1788－1835年，图⑭－⑯)也是通过封闭的墙面与内部的密布空间而形成强烈的对比。康设计的金贝尔美术馆(Kimbell Art Museum)(p.131图⑦－⑨)，朝向停车场一侧像一座漂亮的仓库那样静立着，而朝公园一侧是通过将其中一跨的构架开放地表现出来，而暗示了其内部的空间性。

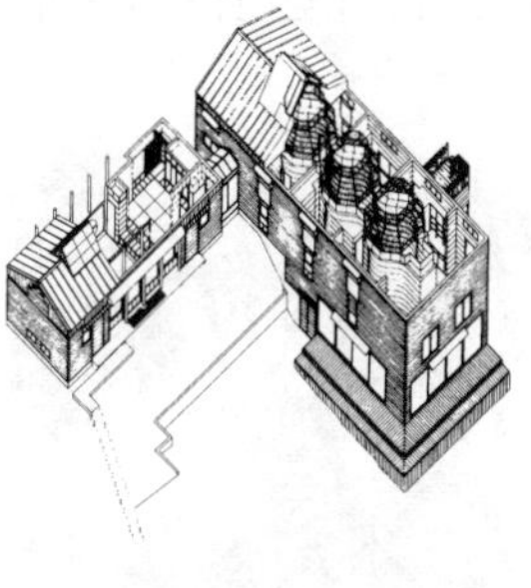
⑧ 尼拉姆住宅(原广司)轴测

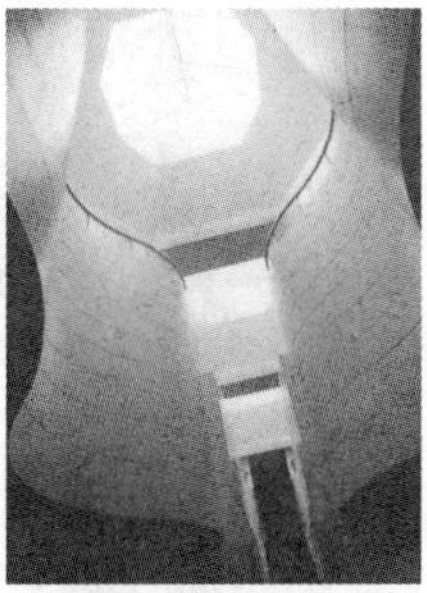
⑨ 尼拉姆住宅

⑩ 尼拉姆住宅

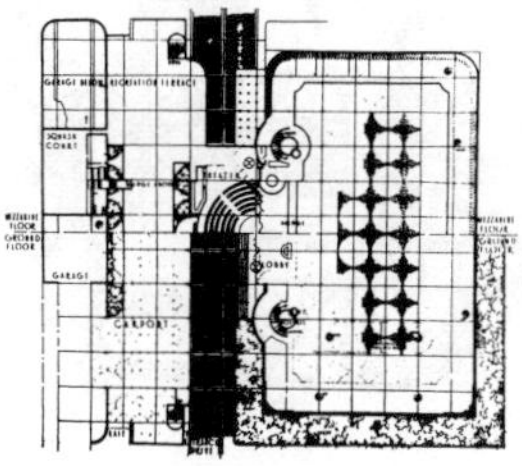
⑪ 约翰逊制蜡公司管理大楼(赖特)

⑫ 约翰逊制蜡公司管理大楼

⑬ 约翰逊制蜡公司管理大楼

⑭ 英格兰银行(约翰·索恩)

⑮ 英格兰银行

⑯ 英格兰银行

V-6 形态与空间 FORM AND DESIGN

人们实际感受到的是形态，而通过形态造出的空间正因为是用心来感觉的东西，不能实际感知到。在这个意义上说，形态与空间虽不是表层与深层的概念，但多少是存在着类似的关系的。换一种说法，则可以说空间是“背景”，而形态是“图”。但是在建筑里，实际使用到的是空间，在这个意义上，空间是“图”。空间与形态之间这种奇特的关系在建筑上也以多种做法表现出来。

将空间和形态的关系以最巧妙的方式表现出来的，是吉阿姆巴蒂斯塔·诺里所做的罗马地图(1748年，图①)。在这幅图中，不只是街道和广场，连教堂那样的内部公共空间等都用空白表示，主要表现的不是形态，而是将内部空间作为图描绘出来。这幅地图若要通过黑白的反转对比来看，则其形状就更为明显(图②)。很重视形态与空间的关系的大野秀敏的乌尔别克文化中心设计竞赛方案(1991年，图③④)，为了使中庭式的旧城市结构融合于更为近代的、独立(freestanding)式的建筑物所组成的新都市结构，而将前者与后者相互穿插，从而

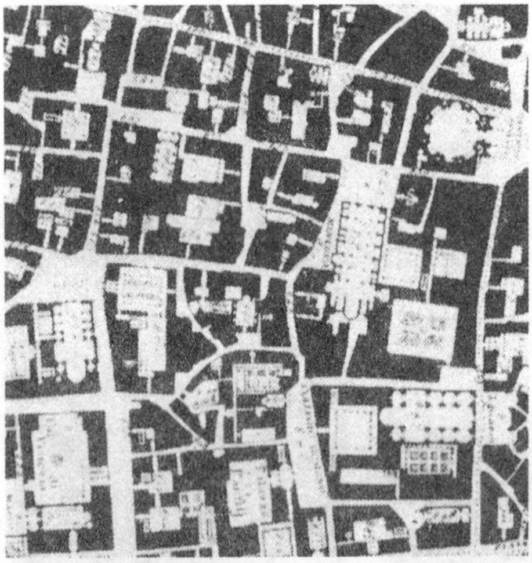

① 诺里所做的罗马地图

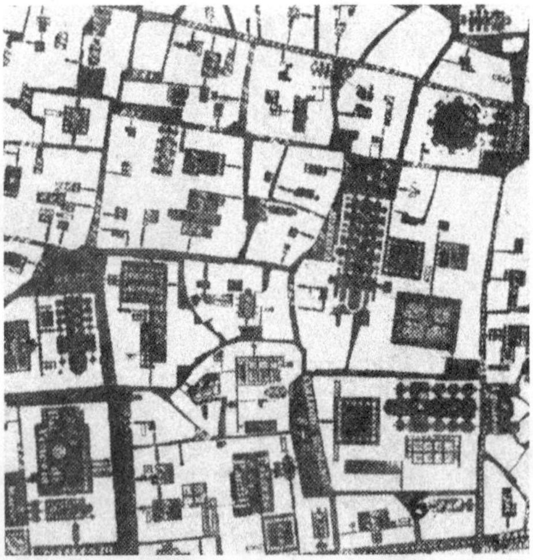

② 罗马地图的黑白反转对比

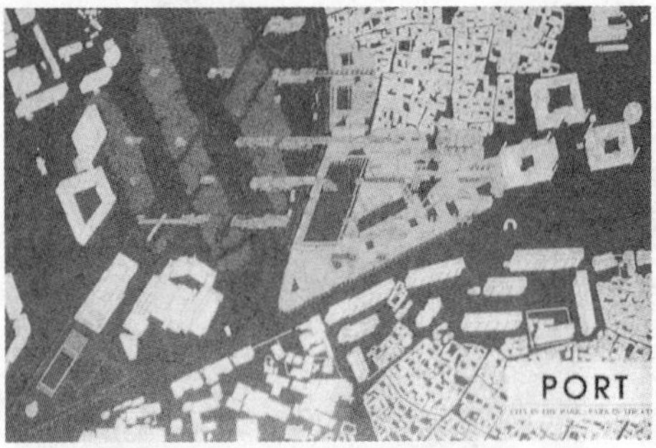

③ 乌尔别克文化中心设计竞赛方案(大野秀敏)

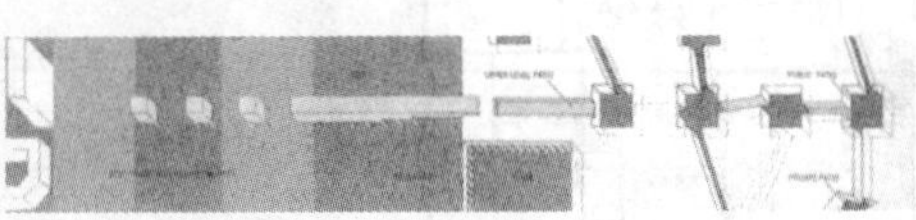

④ 乌尔别克文化中心设计竞赛方案图解

提出新旧都市的概念。这是把空间和建筑的“图与背景”的关系反转过来。

阿尔瓦·阿尔托的大多数作品，对于在平面图中所能看到的各种要素的形态，为什么都做成了这样？它们看起来未必很明快，但若从空间自身的形状或者人的活动这个角度来看就能体会到设计的意图。关于具有这一性质的情况，就正如我们前面所述(P.54)。例如阿尔托的芬兰大厅(1975年，图⑤－⑦)就设计成这种空间形状，于是就更加容易理解。而弗兰克·劳埃德·赖特早期的作品在形态即建筑要素的配置上都是极为规则的，但所做出的空间联系却仍然很流畅。这在广为人知的罗比住宅(1909年，图⑧－⑩)等作品中尤其明显。另一方面，密斯·凡·德·罗设计的巴塞罗那国际博览会德国馆(1929年，图⑪⑫；p.86图④－⑥)，将墙布置在通常认为是不规则的位置，而在墙的端部以及转角部通过平面上的斜线进行统一，从而注意到了各部分的透视，即能够认知到的空间形式，这一点是很有意思的。

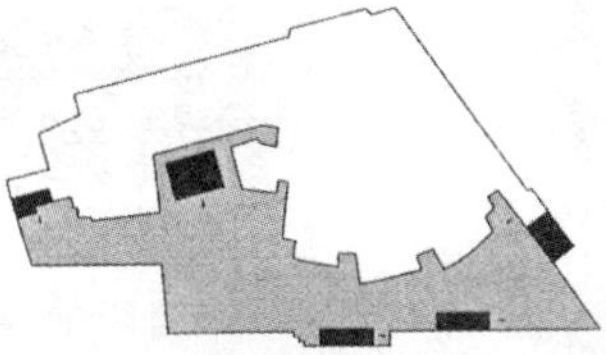

⑤ 芬兰大厅局部平面图解

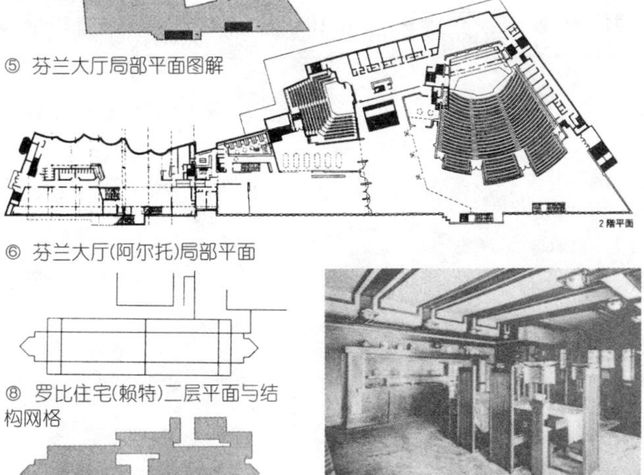

⑥ 芬兰大厅(阿尔托)局部平面

⑧ 罗比住宅(赖特)二层平面与结构网格

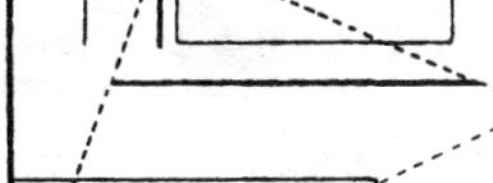

⑨ 罗比住宅二层空间图

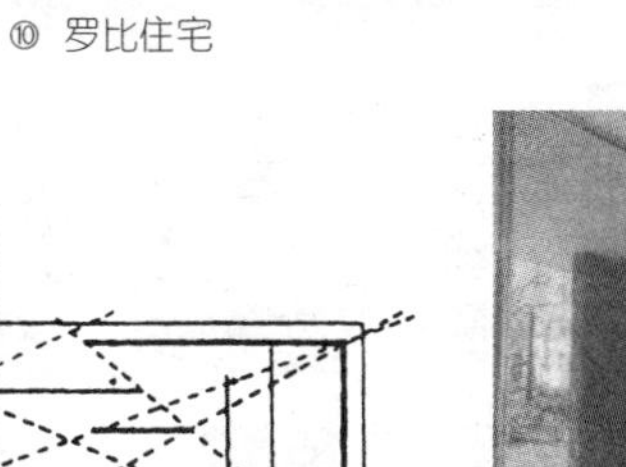

⑩ 罗比住宅

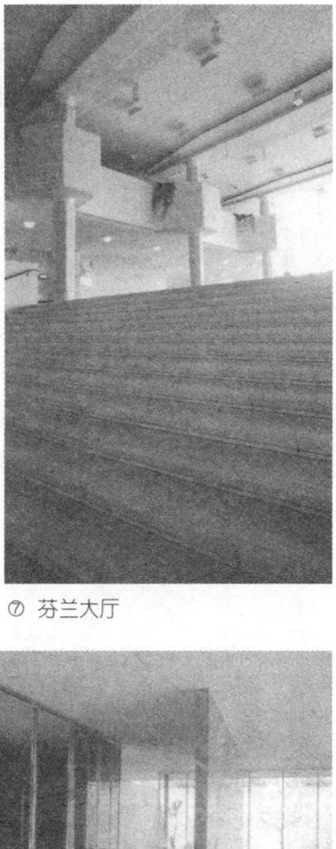

⑦ 芬兰大厅

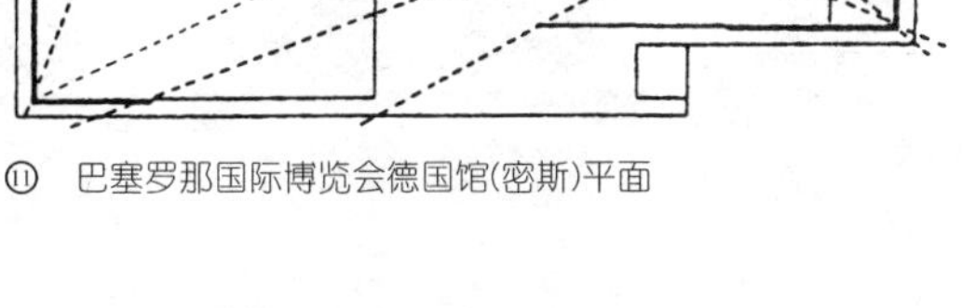

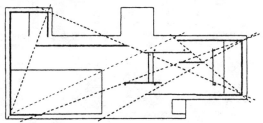

⑪ 巴塞罗那国际博览会德国馆(密斯)平面

⑫ 巴塞罗那国际博览会德国馆

PE STRIPE STRIPE STRIPE STRIPE STRIPE STRIPE STRI

VI 层构成

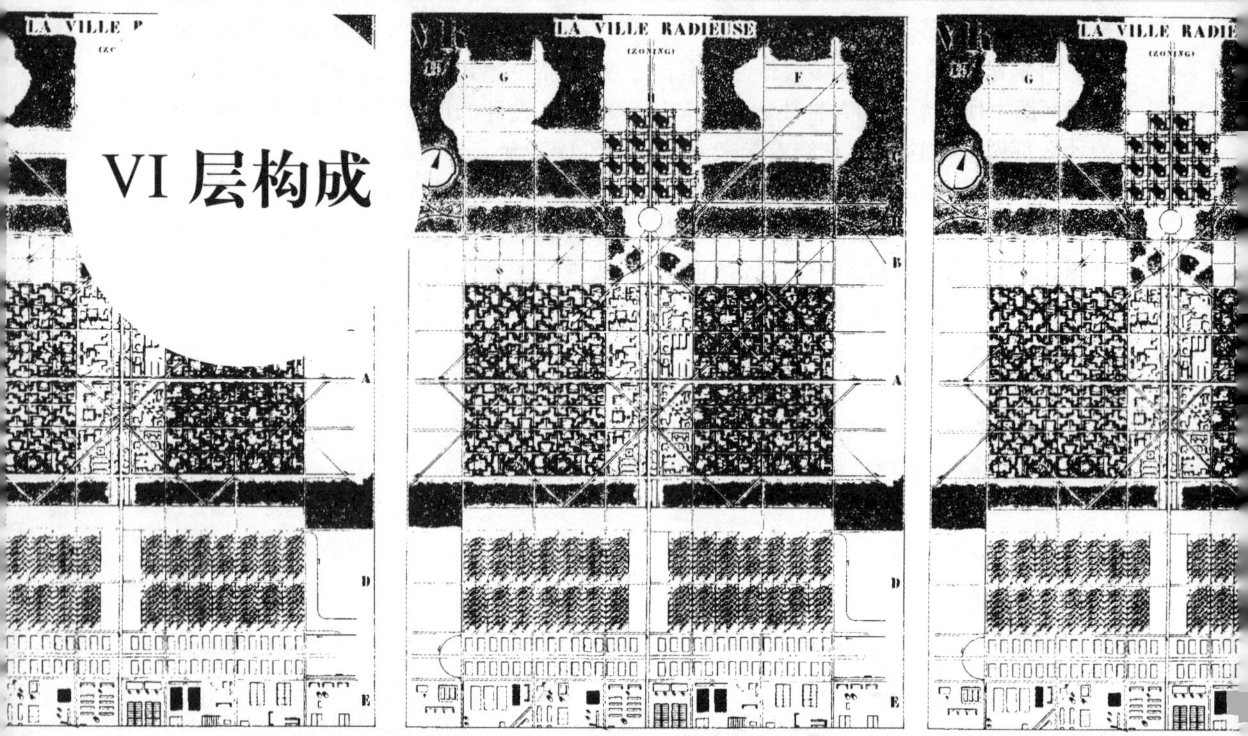

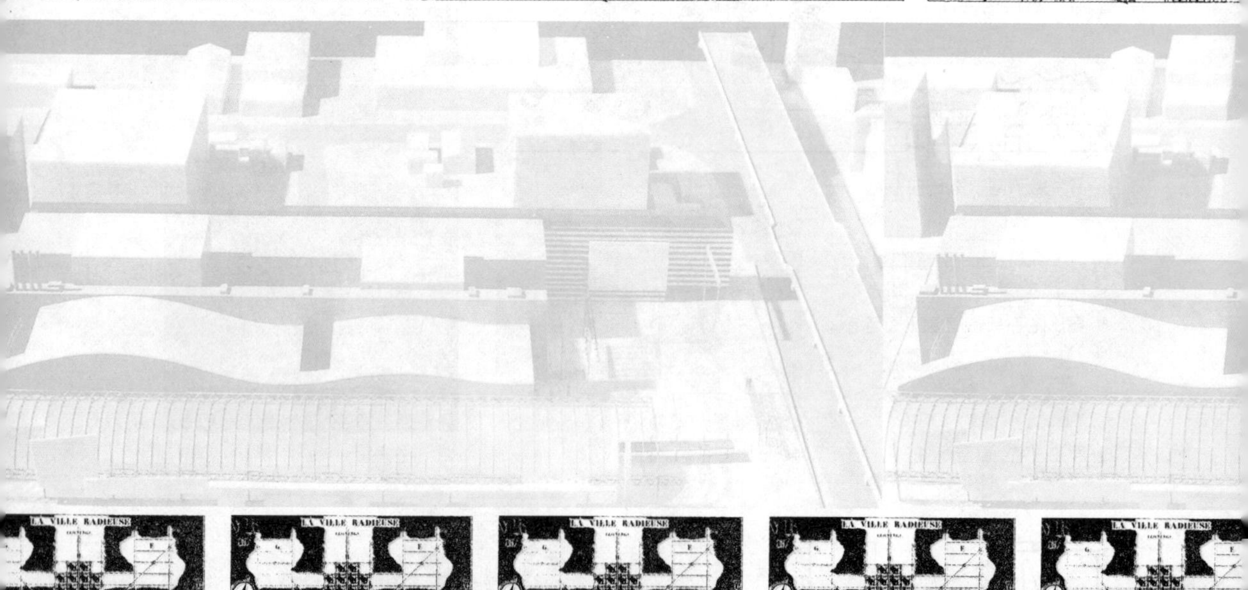

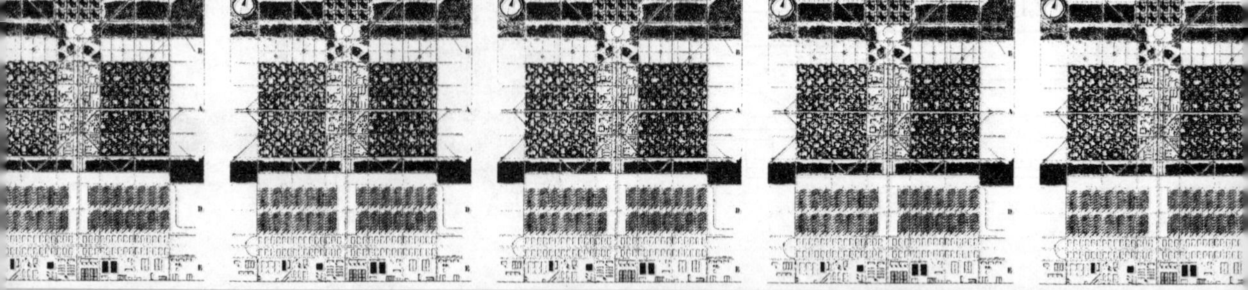

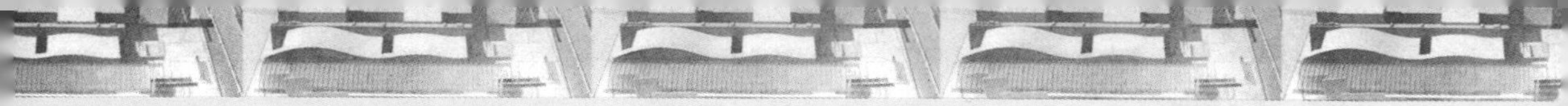

RIPE STRIPE STRIPE STRIPE STRIPE STRIPE STRIPE ST

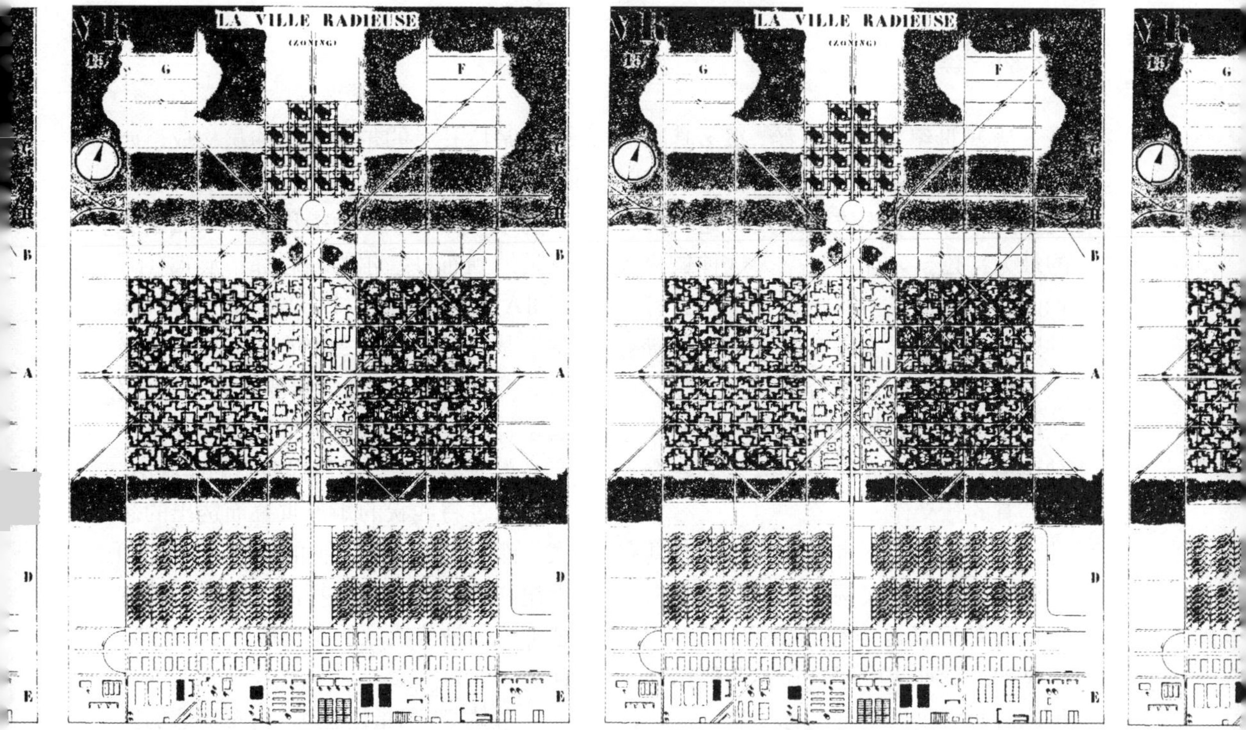

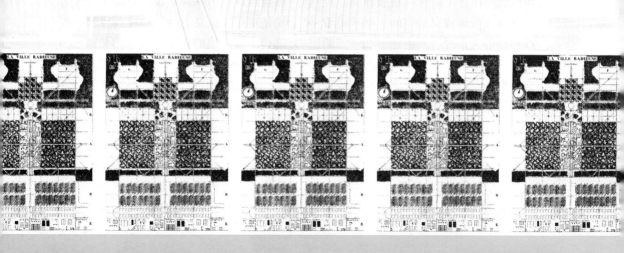

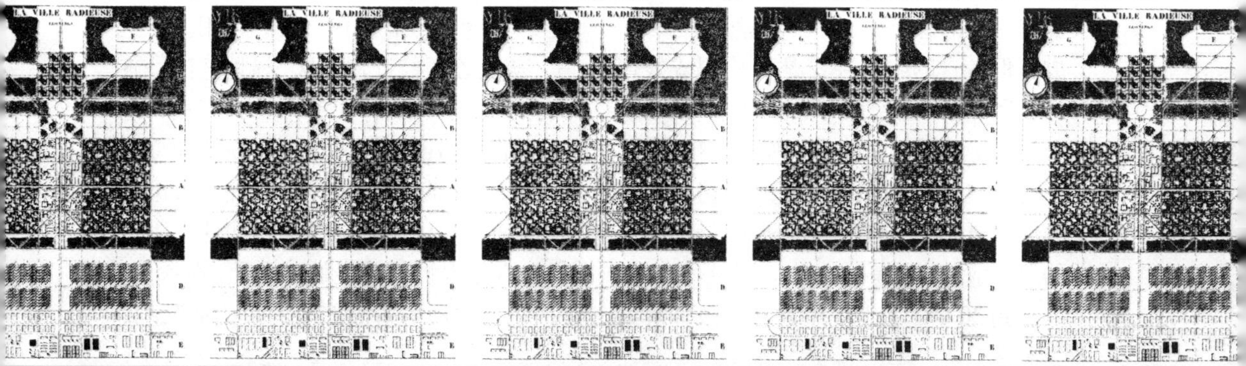

概说 OUTLINE

从20世纪80年代开始，很多具有层状构成秩序的建筑作品陆续登场，可以说直到今日，层构成渐渐成为建筑构成的最大特色。为什么在今天这种层构成如此广泛地被应用呢？进一步就会有这种疑问，就是层构成今天成为一种特有的东西，为什么过去却没有呢？在这里，我们根据过去的例子以及建筑家们的各种论说，对层构成的展开以及它在今天所具有的意义作一思考。

传统建筑中，也有一些被视为具有层状空间构成的实例。例如巴西利卡式平面等都可以认为是其中的一个典型。中央部分设计成中厅，在其两侧设计成侧廊的教堂虽然也可以称为层构成，但最终其中央部分是最重要的，两侧的侧廊只是起到了提高中央的层次感的作用。在这个意义上说，也可以将其称为带有等级层次感的“空间舞台的层构成”。在中厅的最深处有终结点，但并不是端部开放的层构成，而应该是一种终结性的层构成。人并不是顺着层活动，而是以横向截断层的形式来形成层构成，这样的例子如布扎体系学派的宏大设计方案，可以列举出各个时代的很多作品。在这些作品中所形成层的空间，对于沿着轴线活动的人来说，其主题放在了不断出现的空间的感觉上。而且，虽然也是层构成，但各自的空间并不是被构想成线形的、无限延展的空间，若说起来，就是一个细长矩形的封闭空间。考虑这几点，则在传统建筑中我们所看到的层构成简言之应该就是“为了空间效果而封闭起来的层构成”。

到20世纪，出现了具有无限伸展或者说是拉长了的带状感觉的层构成。西班牙人阿尔特朗·索里亚·因·马特首先在都市计划的领域中提出了“从北京一直延续到布鲁塞尔的理想都市形式”(p.124[A])的线状都市(1882年)的口号，其主旨是构想出保持500m的宽度而伸展形成都市功能。从美学角度来看，具有超越蒙特里安画布的线延伸出来的画以及在马莱维奇的修普莱玛提兹姆的绘画中，都是通过将线状的矩形重叠而透出的想像，而强化了无限延伸的意向。根据20世纪初建筑的发展态势而构想出“具有延伸着的带状感觉的层构成”的人是勒·柯布西耶。

考林·劳尔指出在勒·柯布西耶的国际联盟总部的设计竞赛方案(1927年)中就有层构成。劳尔分析“这种成层作用是要给空间赋予一种结构、本质和秩序，这就是被认为是后期立体派艺术家传统中心的特征的虚幻的透明性的本质”(p.124[B])。所谓“实透明”是一种通过实际存在的玻璃而营造出透明空间的一种方式，“虚透明”相对于此则是通过层次感而营造出独特的透明感。更加严格地说，国际联盟总部的方案应该说就是假想的或者说是更广泛意义上的层构成。勒·柯布西耶这个假想出的带状平面在阳光都市的提案(1930年)中具有更大的作用。在这里，从业务区经过住宅区、绿地区而一直到重工业区共设计了七个带状形式，它们也是与都市计划方案上从功能角度考虑的城市分区规划相对应的。而且，因为有这种层构成，可以认为与线状都市一样具有无限扩张伸展的可能性。在这里，“由无限扩展的带而形成的层构成”是采取了固定的形式的。

在此之后，勒·柯布西耶的层构成被很多建筑家翻用，或截取其部分形式来使用，但真正取得了巨大的飞跃还是在20 世纪80年代举办的两个著名的国际设计竞赛上。一个是在拉·维莱特公园的竞赛上出现的莱姆·库哈斯方案，在这个方案中使用了完全的层构成。每一个层状带都被称为“条形”，并且是希望“这种条形在程序的各个构成要素关系上，要做出最长的‘边界’，由于各条形与其他条形之间的渗透关系而尽可能地保证多方面程序的变化性”(p.124[C])。也就是说，层构成在每一个层中都具有很长的边界，据说这样一来各个层所容纳的内容之间便有可能产生了各种渗透或者是相互作用。层构成不仅与几何体或者对称性一样，起到了给整体赋予规律性的作用，在内容的相互渗透这一点上也起到了很大的作用，体现出这一点正是这个方案的巨大的贡献。于是就出现了“为满足内容相互渗透的层构成”的想法。

另一个大赛是为第二国家剧场而举办的，这一次伯纳德·屈米的方案又提出了一个独特的层构成。在先前的拉·维莱特公园设计竞赛上荣获最优秀奖的屈米提出了一个受落败的库哈斯影响的方案，这一点本身就是很有意思的。屈米的方案是将这个大剧场设施的复杂以及复合的功能用六条带子而成功地整理出来。屈米说，“在这里，不存在充满艺术性的那些称为座席、舞台、休息室、大楼梯的分解，而存在着将与固定化的历史主义实践完全相反的充满不确定性文化意义平行布置中所能看到的一种新的惊喜。我们的方案中，没有将功能制约推翻为象征性的单元构成，而是将其替换为程序中带状的乐符。每个带状都成为主要的调解要素或者包含在连接空间中(p.124[D])。这里也有一个关键性的概念即“程序中的条形”。

但是，在屈米的方案中，“条形”确实起到了将复杂的程序简化到令人惊奇的那种明了与独创的作用，但是利用“条形”之间所生成的 “狭长边界”而给相临的程序赋予独特的相互渗透性，这一点并没有达到所预料的那样。当然，在条形之间的确是产生了那种本应具备的功能性的关联，这与自古以来的那种关联是很相近的。虽然说“不存在座席、舞台、休息室的分解”，而实际上这里仍然存在着某种分解，但是没有达到库哈斯所说的“由于条形间的渗透而产生的程序上的变化”，从而认为是没有达到所预期的效果。虽然如此，而且有重复之嫌，但以整理复杂功能为目的的“程序中的条形”的构想仍是很大胆的。勒·柯布西耶在阳光都市里所提到的“无限扩展的城市分区规划带”可以说在这里正被出色地建筑化。

在这两个竞赛方案中所提出的层构成的可能性使很多建筑家为之倾倒。层构成本身所具有的透明的秩序，程序中的条形，分界面上的程序间的相互渗透和流动感，以及由此而出现的程序本身的变化，排除了等级制度的中立关系，不打破层状秩序的扩张的可能性等等，让人感受到了今天这些新的构成秩序，因此对上述手法的期待也是理所当然的。但是，这些可用概念性的词语表达出来的一切在实体的建筑上怎样才能实现呢？在这一点上，还有很多部分都无法实现。例如，为促进程序间的相互渗透，建筑在界面上应具有的方式可能会是什么样？还有，由于相互渗透所产生的程序变化又是指什么样的状态？这样的问题虽然并不能得到很明确的一般化解答，但仍在个别的深入探求中存在着。

[B](在国际联盟总部所能看到的——著者注)这种成层作用是一种赋予**空间以结构、本质、秩序的手段**，这被认为是后期立体派艺术家传统中心特征的虚的透明的本质。成层作用并没有被认为是包豪斯(Bauhaus)的特征，这样说是因为我们可以从其中明确地看出完全不同的空间概念。在国际联盟的设计方案中，勒·柯布西耶对观察者的观察角度作了几点限定。但在包豪斯中这些视点并没有被限定。国际联盟的设计方案除了会议室以外更大范围地使用了玻璃，但玻璃仍不是其重要的主题。……国际联盟宫殿的**空间是像水晶一样透明的**，但在包豪斯中制作出的“像水晶一样透明的东西”却是玻璃窗。柯林·罗(Colin Rowe).马尼埃利苏姆与近代建筑.伊东丰雄，松永安光译。彰国社，1981 p.288

[A]他(索里亚·因·马特——著者注)的理论中最重要的是1882年3月6日在马德里的“艾尔·普劳古莱索”报首次出现的“**带状都市**”。在一个核心的四周密集发展的传统都市是如此令人吃惊地拥挤，索里亚提出了彻底的取代方案。在这个方案中，虽然宽度受到了限制，但沿着轴线设一条或更多的铁路，而成为无限长的“带子”。“**可能出现的最完美的都市形式就是沿着一条道路延伸，保持500m的宽度，若有必要则从卡吉斯到圣彼得堡，包括从北京到布鲁塞尔都是这样一直延续着**”。主要道路至少宽40m，3车道，中央部分是电车轨道。交叉的道路大约有220m长、20m宽。莱奥纳多·贝奈伏罗(Leonardo Benevolo)。近代建筑的历史·上.武藤章译.鹿岛出版协会，1978 p.389

[C]第一阶段是把地面沿着(东西向)条形进行划分，这些条形本来就应该可以容纳各个区域的大致的类型，主题庭院、游戏广场(50%)、探险场等……由此还可以避免内容构成要素的集中化、聚集化。用地上部分条形的布局可能是具有一定的偶然性，而另一方面，**用地要遵从一定的理论**。这种条形战略在内容的各个构成要素的关系上是要做出最长的“边界”，由于各条形与其他条形之间的渗透关系而尽可能地保证更多的内容变化。莱姆·库哈斯.拉·维莱特公园国际竞赛设计主题.进来廉译.建筑文化.1983(06) p.47

关于层构成的诸家言说

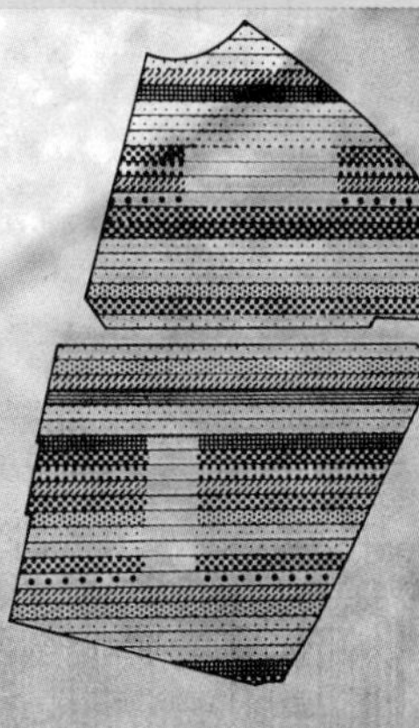

[D]因此我们舍去了建筑上所采用的传统的**构成规律和协调性**。取而代之追求一种基于发展新的“音调”或“音阶”的组合方式，而不是“形态遵从功能”或者“形态遵从形态”，也不是“形态遵从想像”。在这里，不存在充满艺术性的那些称为座席、舞台、休息室、大楼梯的分解，而存在着将与固定化的历史主义实践完全相反的充满不确定性文化意义平行布置中所能看到的一种新的惊喜。我们的方案中，**没有将功能制约推翻为象征性的单元构成，而是将其替换为程序中的带状乐符。每个带状都成为主要的调解要素或包含在连接空间中**。伯纳德·屈米.第二国家剧场设计竞赛设计主题.第二国家剧场设计竞赛参赛作品集.新建筑社，p.40

[E]在巴黎国立大学图书馆竞赛参赛方案中，在校园内的三栋建筑物之间的空地上设置了椭圆形广场(中心)。……然后横穿这个椭圆空间，并列着两层的条状楼板。在作为地板与屋顶的建筑要素的同时，也是调节环境、光线、声音、冷暖的装置，还是一个完全水平放置的大型百叶窗。——百叶窗调节光线与风，并使光与风穿过，这双层的石板并不是分隔出内与外，而是营造出比室外更舒适的外部人工环境。……**椭圆与条形相重合，从而构成层空间。**它具备了流动性、多层性、现象性的特性，而且通过楼板与隔断等构成要素而被实物化，在这几点上来说，该项目可以称之为**“微型庭园”的建筑化。**目前八代市正在建设的消防署以及老人院这两个项目中也采用了同样的层状空间。……这时层状空间就不单单是个物理性的构成问题，如果说消防署功能和庭园这种模糊的功能形成层，则必然生成一个相互渗透的消防署所特有的庭园，也就是说作为实体的建筑一定能够实现这种具有两种社会功能的透明关系。伊东丰雄.微型庭园——微型电子学的建筑感觉.JA Library 2 伊东丰雄.1993年，p.15

[F](伊东丰雄的——著者注)在消防署与老人院的设计中，不过是作为庭院图案的条纹却在安德瓦普和上海城市规划中作为整体结构而体现。在“纽萨乌斯方案”中，建筑与森林、开敞空间的带状交叉排列，各个部分是等同对待的。把这个用诺利地图来表现，便成为所谓的“**条形码**”，在“条形码”上背景与线条是等价的，形成不存在街道(外部)与建筑(内部)如此对立的都市空间。把这种“条形码”作为一个均质层而将多个层重叠起来。……巴洛克城市是按照趋向于特定的建筑类型的层次感的规律设计的。……现代城市规划，道路本身便采取了树状的等级形式，而地皮则作为不动产更高于建筑。建筑与地皮之间就具有背景与图的关系。但现代观点则是与这种城市形式无关的，我们更有可能接近各种各样的电子程序。伊东在这些都市设计方案中所追求的是通过使建筑、电子交通、绿地等系统重叠化，从而创造出在人体尺度上可任意接近的城市空间。冢本由晴.不透明的〈透明性〉.JA Library 2伊东丰雄.1993年，p.155

[G]目前的设计方法都经历了以下的三个阶段。第一个阶段称之为“有孔体”，在气球似的物体上开孔、开窗而形成的建筑物。从在面上开孔的这个角度来看，这是二维的。第二个阶段是只出现在住宅设计时称为“反射性住宅”，这里是想要开立体的孔。就像是进深很大的门一样的建筑，也就是三维的孔。第三个阶段就是目前的这种，这不是很容易理解的，是指开四维的孔。目前若要明确地表现出来就是**“在街角存在的那样的建筑”**。把这一点表现出来的方法则是**“多层结构”**。立体孔的角度无法用语言来描述，但试图用形态来表达。想要表达四维的孔，尝试采取了使其感觉鲜明的方法。其中之一就是在古拉茨和米内阿普利斯(1985年与1986年)博览会上所做出的“多层结构模型”，其另外一个名字便是“意识上的形态论空间”，极光、海市蜃楼、彩虹、星云，再加上云、雾、霞等均是形态论的现象。**在21世纪用“向形态发展”**一语概括就足够了。用现象学可以说明的建筑是自古便有的，但受到现象学影响的建筑却是由此开始的。**新兴建筑在注重分界面上的模糊性的同时也将其表现出来，从而“观察其设计理念”。**原广司.空间〈由功能向形态的转变〉.岩波书店，1987

VI-1 作为表现空间效果的层构成 STRIPE

自古代起便使用层状空间构成来体现空间效果，在这个意义上说，层构成的历史是极其久远的。例如，古埃及的哈特什帕苏女王墓（公元前1490－1468年前后，图①②），虽然与设施的性格有关，但通过层构成的空间以及贯通其中的轴线而产生了一种仪式性很高的空间构成。在这里，尤其引人注目的是层构成具有越向内部其空间的重要性便越高的层次感，而且越向内部其空间的封闭性也越高。这种特征在基督教教堂的主要形式巴西利卡的平面中是很常见的。例如，旧的圣彼得大教堂（4世纪，图③④）就由门→前庭→圣堂这种构成逐渐形成层构成，尤其是在圣堂里面，中厅与侧廊则按照人的活动的方式而形成层构成。这时，侧廊无非就是一个提高中厅空间性的手段。

近代，这种层构成以多种方式被应

① 哈特什帕苏女王墓

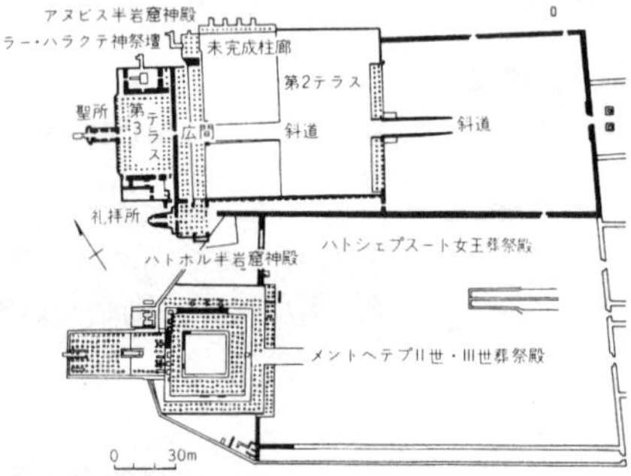

② 哈特什帕苏女王平面

③ 旧的圣彼得大教堂

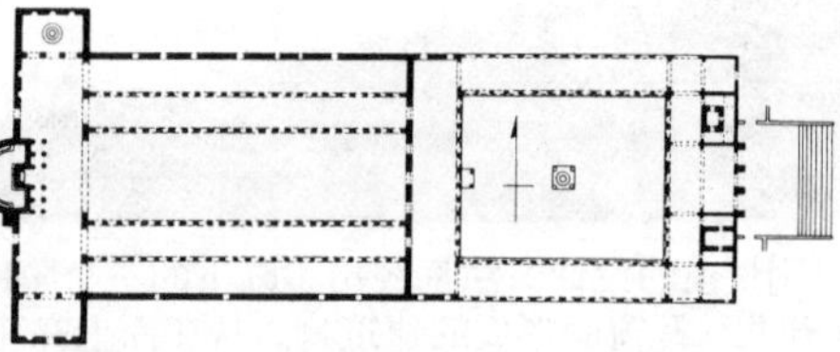

④ 旧的圣彼得大教堂平面

⑤ 麦西米府邸（帕鲁齐）

⑥ 麦西米府邸平面

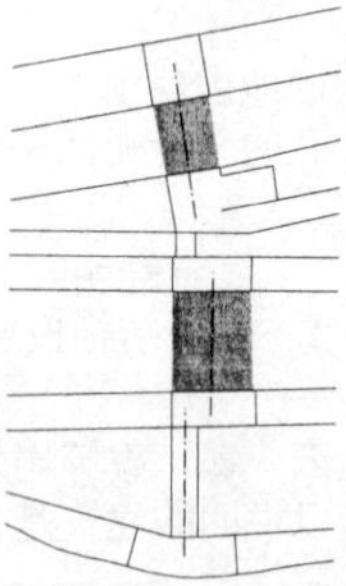

⑦ 麦西米府邸平面图解

用。例如，在矫饰主义(Maniérisme)的代表作之一，由帕鲁齐(Badassale Beruzzi)设计的麦西米府邸(Palazzo Massimi)(1535年动工，图⑤－⑦)中，就潜藏着入口→通道→中庭的层构成，凡尔赛宫中(1624年动工，图⑧⑨；p.62图④)，若沿指向国王寝宫的放射状道路前行，则左右完全对称的正立面便形成了假想的层，对于向内部的深入，则给人一种扣人心弦的空间舞台效果的感觉。而在19世纪学院派的宏大的设计方案中，例如，让·尼古拉·于约“幸福的神殿”的修复(1810年，图⑩⑪)，对于沿着轴线前行的人来说，逐渐达到了体现层次感的空间效果的最高潮。

著者所设计的奥贝尔·库劳瓦特尔(1992年，图⑫-⑭)虽不具有完美的层形态，但随着人的前行，则渐渐地呈现出完全不同的空间感，而且，有意使人看不到前方的空间，没有到达之前便无法明了其存在的构成。从这几点来说，也可以说是使这种作为空间效果的层构成更加平面性的展开。只是在这里层次感被有意识地排除，而更注重空间上的并列。

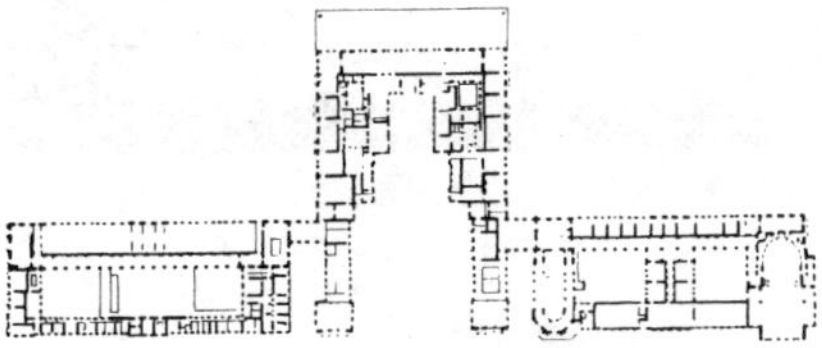

⑧ 凡尔赛宫平面

⑨ 凡尔赛宫

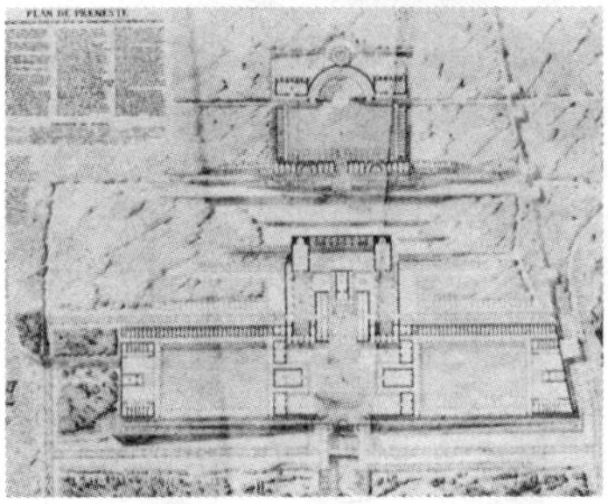

⑩ “幸福的神殿”(让·尼古拉·于约)的修复平面

⑪ “幸福的神殿”的修复立面

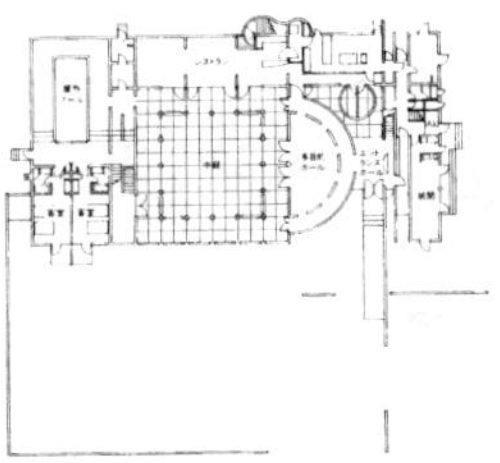

⑫ 勒·库劳瓦特尔(著者)平面

⑬ 勒·库劳瓦特尔

⑭ 勒·库劳瓦特尔

Ⅵ-2 近代建筑与“无限扩展的层” STRIPE

近代，层构成在理念上具有一种无限扩展的条状并列的特色。也就是说，出现了一种排除了传统层构成中所常见的完结性与等级感的另外一种层构成。

作为近代层构成产生变革的契机，粗略地可以归纳为三个方面。第一是阿尔特朗·索里亚·因·马特的带状城市(1882年，图①－③)。索里亚是与数学和政治都有着密切关系的人物，在城市规划领域，他提倡考虑在中部设干道和电车轨道，具有500m宽度而无限延伸的带状城市。可以说这大概就是最早的关于城市的扩大以及无限延伸的带的论述。第二是弗兰克·劳埃德·赖特依仗其天才般的能力而独自思考出来的“流动空间”，具体表现于“草原式住宅(Prairie House)”。例如，在罗比住宅(Robie House)(1909年，图⑤⑥；p.119图⑧－⑩)中，在空间上超越了房间的框框限定，而使其流畅地相互关联，更显出其欲向外扩展的势头。而在突出水平线的外观上看，尤其是悬挑屋顶，更充分地体现

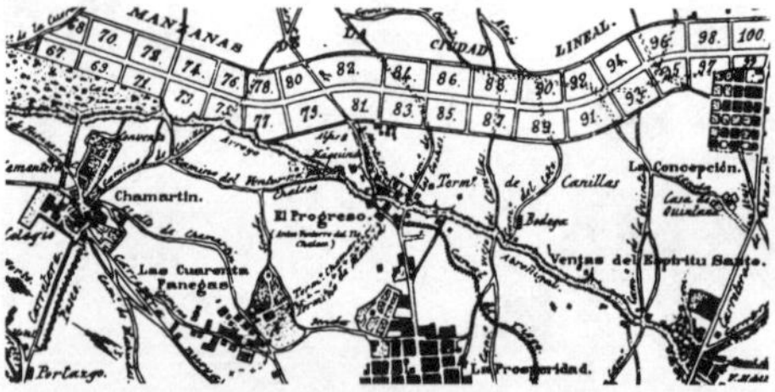

① 马德里带状城市规计方案(索里亚·因·马特)

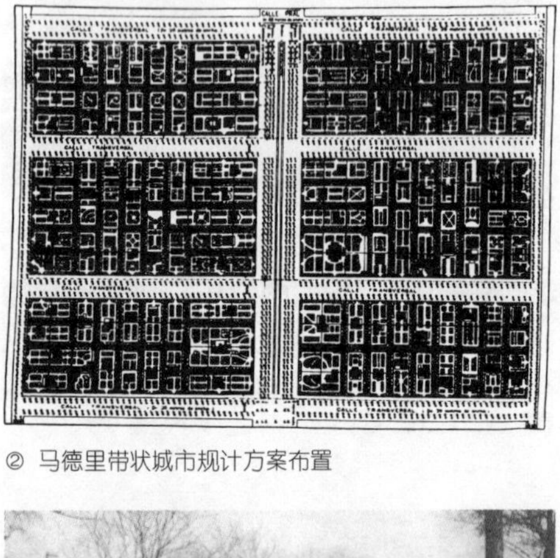
② 马德里带状城市规计方案布置

③ 马德里带状城市规划方案剖面

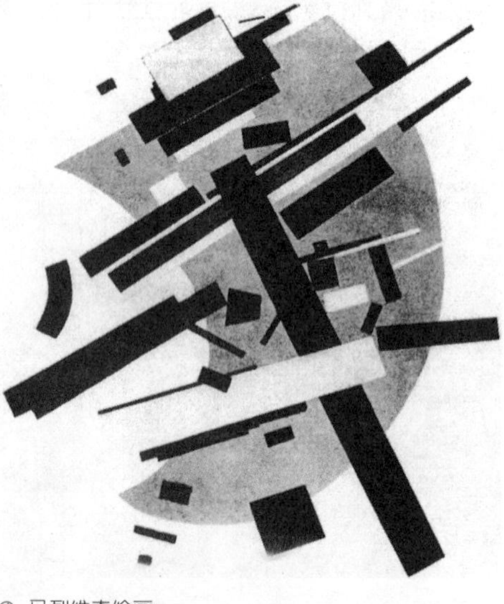
④ 马列维奇绘画

⑤ 罗比住宅(赖特)

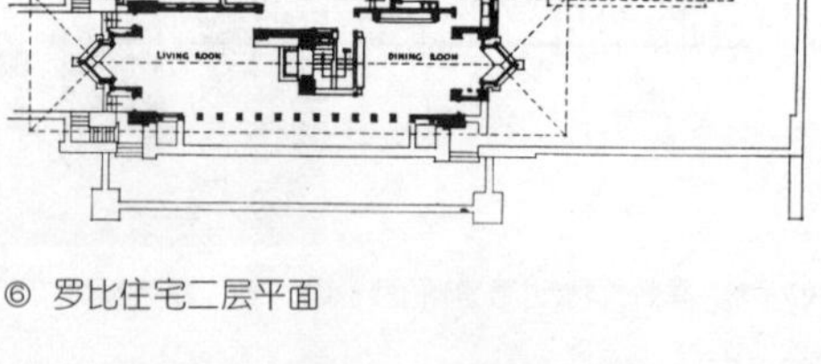

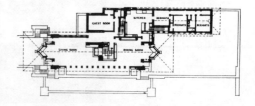

⑥ 罗比住宅二层平面

出一种扩展的感觉。第三是在近代的艺术革命中出现的形态抽象化、叠合面上的透明感、无限延伸出的线条的感觉。尤其是在马列维奇(Kasimir Malevich)的绝对主义(Suprematism)绘画(图④)中所描绘的使用线或带状形态的层构成。进而，将绝对主义立体化的各种尝试给了近代建筑的层构成以巨大的影响。

在近代建筑确立时期的20世纪20年代，这种无限扩展的层构成便以各种形式被广泛应用。从密斯的巴塞罗那国际博览会德国馆(1929年，p.86图④－⑥)的设计中，我们所看到的独立墙其叠合的光影也是其中之一，正如前述，科林·罗在论及勒·柯布西耶的国际联盟设计竞赛方案(1927年，图⑦⑧)时所指出的“虚透明性”也是归结于这种层构成的。而勒·柯布西耶在阳光城市(1930年，图⑨)中，将索里亚带状城市即无限扩展的城市的理念与对应于功能分区的层构成相融合，提出了无限延展的功能带方案。而对于由提倡极度功能主义、合理主义的计划方法的海尔贝斯门(Ludwig Hilberseimer)提出的，由具有一定间隔的并列建造的高层建筑群所组成的城市形象(1924年，图⑩)，我们也可以从中领悟到这种无限扩展的层构成的感觉。只是，这时城市就将给人一种以更为抽象的非人性的感觉了。

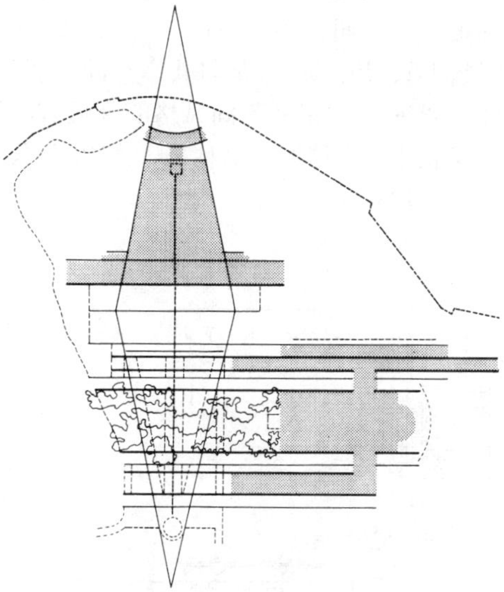

⑦ 国际联盟设计竞赛方案(勒·柯布西耶)分析图

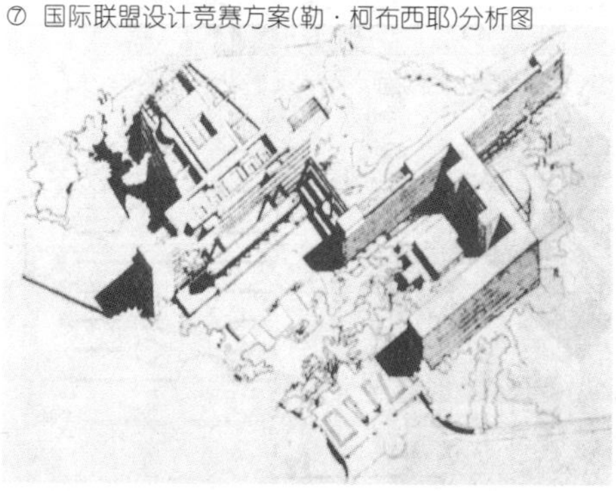

⑧ 国际联盟设计竞赛方案轴测

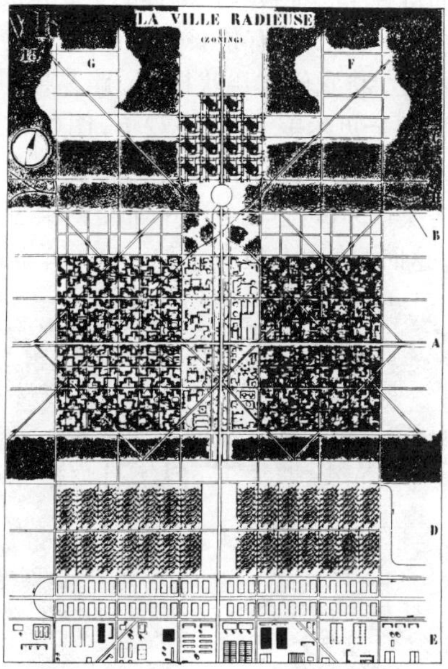

⑨ 阳光城市(勒·柯布西耶)平面

⑩ 高层建筑城市规划方案(海尔贝斯门)

VI-3 现代建筑与层构成 STRIPE

在第二次世界大战之后到20世纪70年代，就是在所谓的现代建筑发展时期，许多建筑物实现了一种“并列层构成”。

先是出现了一种将墙平行布置的层构成空间形式。勒·柯布西耶设计的萨拉巴伊住宅(1955年，图①－③)以及阿尔特·瓦恩·阿伊克设计的阿伦海姆的展馆(pavilion，1966年，图④－⑥)都是其典型代表。对应于无法纳入层构成的必要的宽度的空间中，前者使用了单纯削减其部分墙体的手法，后者则通过将墙壁变形为半圆形，使层状的秩序和空间的扩大共存，从而得到了一种极具独创性的空间构成。

其次，以具有狭长矩形平面的空间为单位，将它们作层状排列。路易斯·康设计的金贝尔美术馆(1972年，图⑦－⑨)以及阿尔瓦·阿尔托设计的希拉斯美术馆方案(1970年，图⑩－⑭)都是其典型例子。这时，着力点放在了狭长空间单位的做法上——例如，金贝尔美术馆着力点就在结构方式及自然采光方式上。换一种说法，层构成是起到一种将这样的空间单位序列赋予一定秩序的作用。在金贝尔美术馆中，夹在空间单位之间的狭窄层被处理成服务空间，这应该就是康所说的要注重层次差别的本身所形成的层构成。虽然空间单位本身不是层状的，但也有把具有某种一致性的建筑布置为层状的类型，阿尔托的奥塔尼耶米工科大学主楼(1966年，图⑮－⑰)的教学楼布置就是其典型的一例。

还有其他形式，如在詹姆斯·斯特林的奥利拜提研究所(1971年，图⑱－⑳)研究楼的设计中所见，是将共享空间、动线区、研究室等完全不同风格的区域容纳入层状中，这种形式堪称20世纪80年代出现的层构成的先驱。

① 萨拉巴伊住宅(勒·柯布西耶)

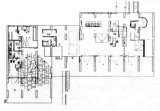

② 萨拉巴伊住宅平面

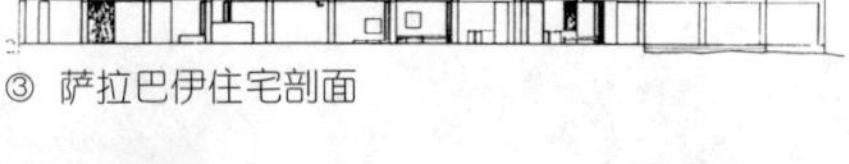

③ 萨拉巴伊住宅剖面

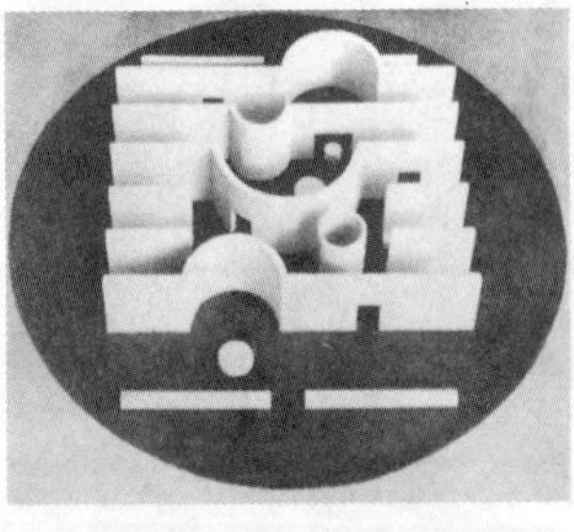

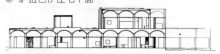

④ 阿伦海姆的展馆(瓦恩·阿伊克)

⑤ 阿伦海姆的展馆

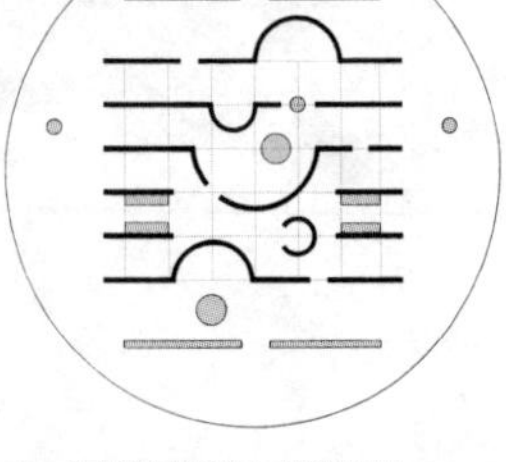

⑥ 阿伦海姆的展馆平面

⑦ 金贝尔美术馆(康)

⑧ 金贝尔美术馆

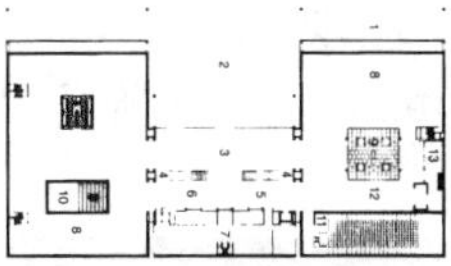

⑨ 金贝尔美术馆平面

⑩ 希拉斯美术馆方案(阿尔托)立面

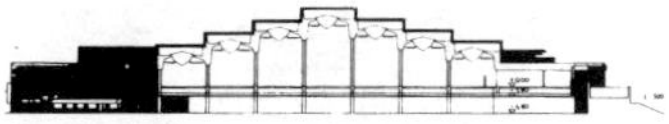

⑪ 希拉斯美术馆方案剖面

⑫ 希拉斯美术馆方案平面

⑬ 希拉斯美术馆方案草图

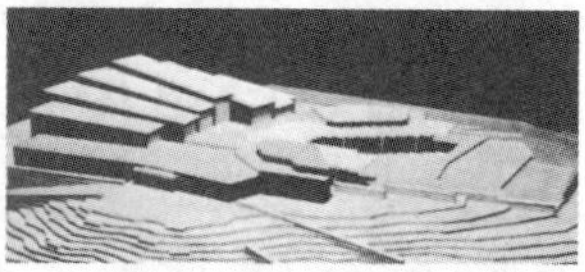

⑭ 希拉斯美术馆方案模型

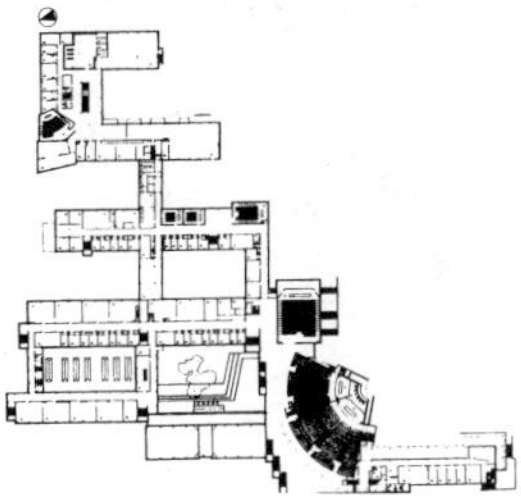

⑮ 奥塔尼耶米工科大学本馆(阿尔托)二层平面

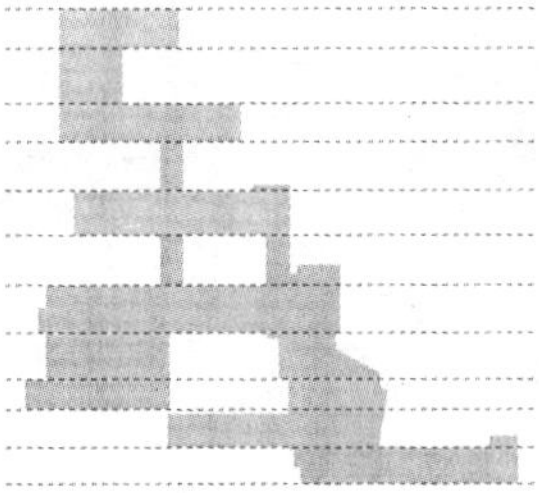

⑯ 奥塔尼耶米工科大学本馆图解

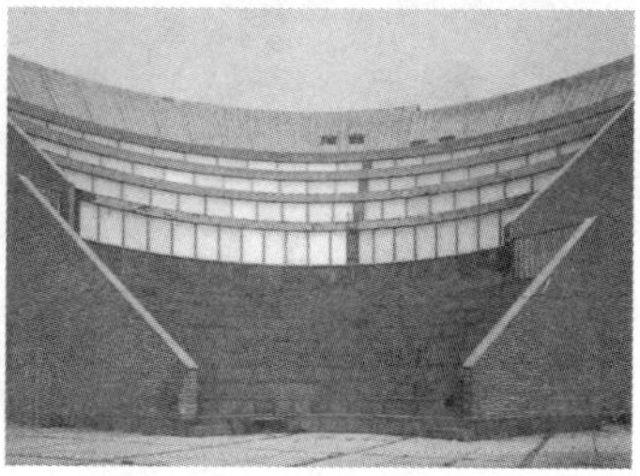

⑰ 奥塔尼耶米工科大学本馆

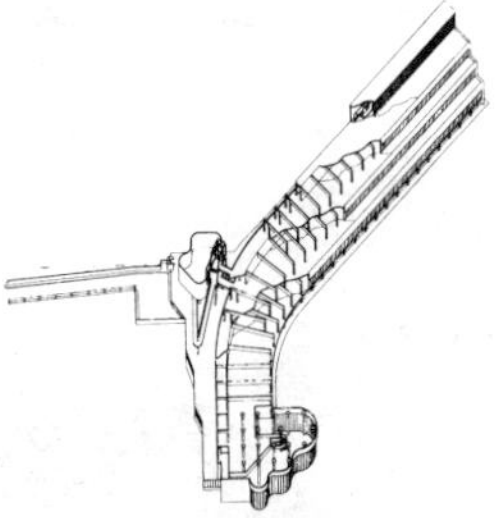

⑱ 奥利拜提研究所(斯特林)轴测

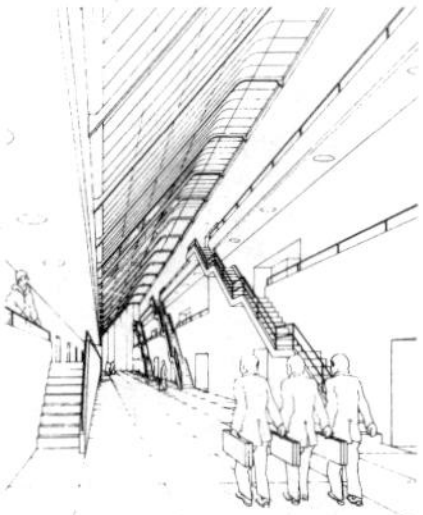

⑲ 奥利拜提研究所透视

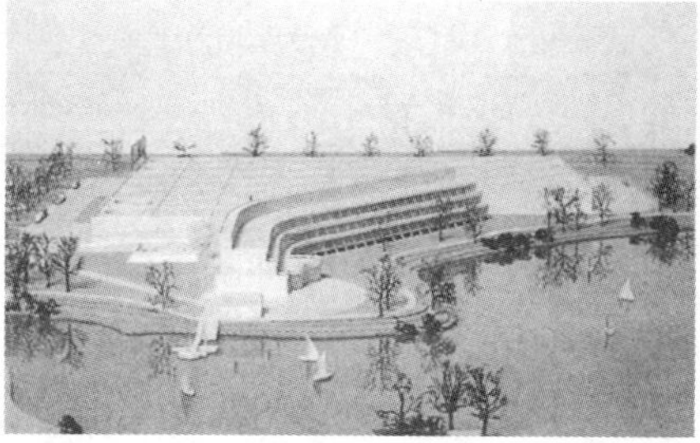

⑳ 奥利拜提研究所模型

VI-4 20世纪80年代出现的新型层构成 STRIPE

如前所述，到了20世纪80年代，层构成取得了新的发展。这种新型构成大致可以分成三种类型。

第一种是可用“内容带”表述的层构成，这在20世纪80年代所举办的两个著名的国际大赛中被提出，一个是莱姆·库哈斯的拉·维莱特公园设计竞赛方案(获二等奖)(1982年，图①②)，在这个设计中，据库哈斯所说，是有望在形成带状的狭长“境界”中，产生内容上的相互渗透关系。另一个是在第二国家剧场设计竞赛(1986年，图③④)中伯纳德·屈米的方案，在这个方案中，将复合型剧场设施的复杂功能，如玻璃廊、休息室、客席、舞台、后台、乐器管理室等通过六条“程序带”而很好地组织起来。通过这两个方案，层构成与内容的处理形成了密切的关系。伯纳德·屈米所设计的关西新机场

① 拉·维莱特公园设计竞赛方案(库哈斯)

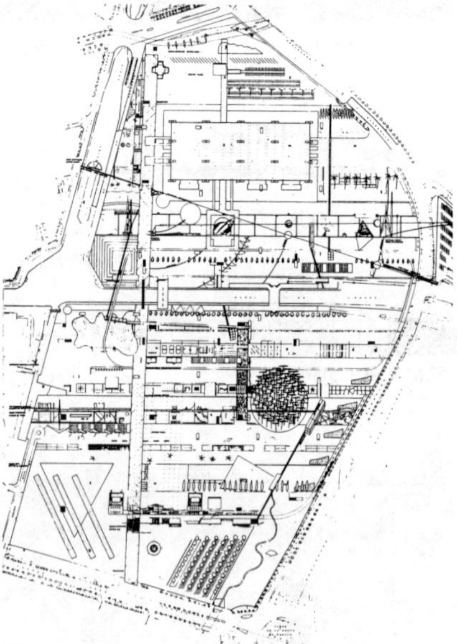

② 拉·维莱特公园设计竞赛方案平面

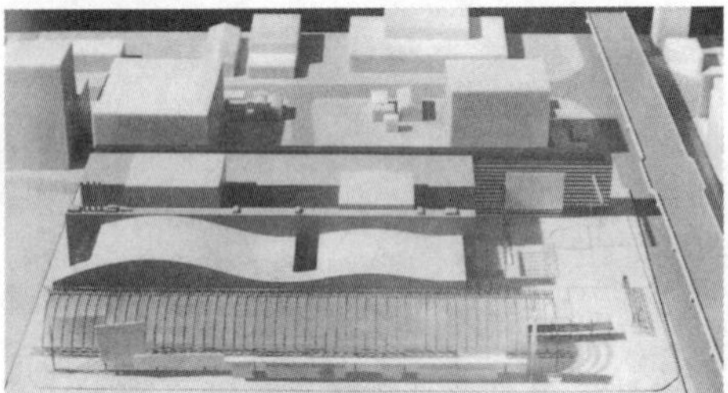

③ 第二国家剧场设计竞赛方案(伯纳德·屈米)

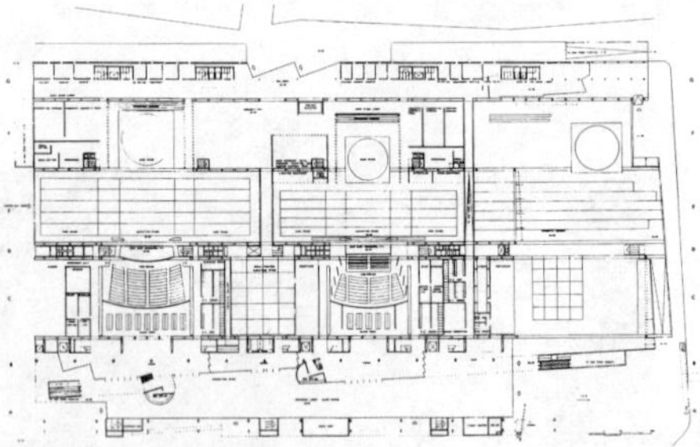

④ 第二国家剧场设计竞赛方案平面

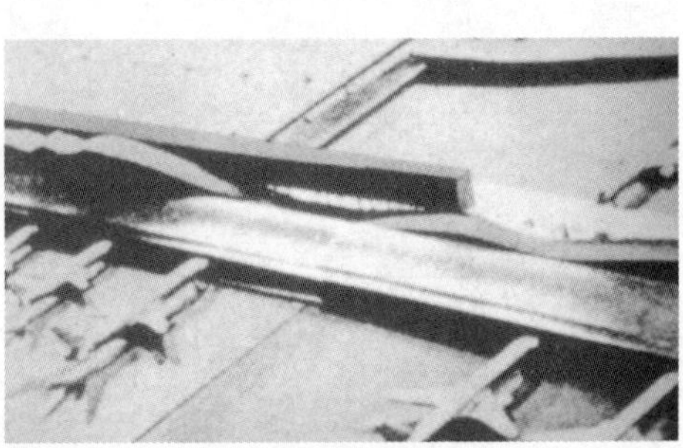

⑤ 关西新机场设计竞赛方案(伯纳德·屈米)

的设计竞赛方案(1985 年，图⑤)也是属于这种层构成，这个设计中，他在两侧的机场大楼之间，插入了一种“波浪式”的弯曲连续体，这是考虑到包含酒店等商业设施的中间楼层以及活动路线的要求，由此，可实现在机场中出现一个小城市功能的设计目的。

第二种类型是将绝对主义(Suprematism)的构成进一步建筑化，进一步发展立体式的或者说有活性的构成。扎哈·哈迪德(Zaha Hadid)设计的香港之峰俱乐部设计竞赛最佳方案(1982－1983 年，图⑥⑦)是其典型代表。在这个设计中，马列维奇(Kasimir Malevich)在画中所描绘的带状形态的重叠被令人惊奇地立体化。

第三种类型就是原广司所说的“多层结构”，主要是从人们所要求的能对应于具有人类意识结构的多层性的形态结构的要求出发(p.125[G])。在原广司的大和国际(1986年，图⑧⑨)中，他将各种各样的面组合在不同的层面上，重叠在一起，其结果，建筑物就如同大自然的多种表情一样而丰富多彩。充满这种变化的形态的层构成可见于槙文彦所设计的法兰克福(美因河畔)中心(Frankfurt Main Center)的设计方案(1991 年，图⑩⑪)。

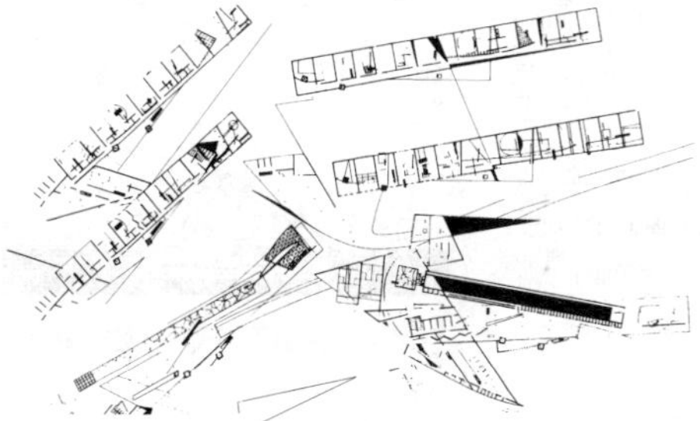

⑥ 香港之峰俱乐部设计竞赛最佳方案(扎哈·哈迪德)平面

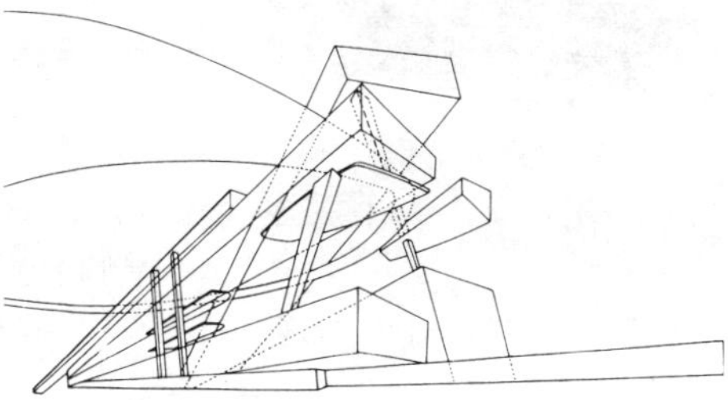

⑦ 香港之峰俱乐部设计竞赛最佳方案透视

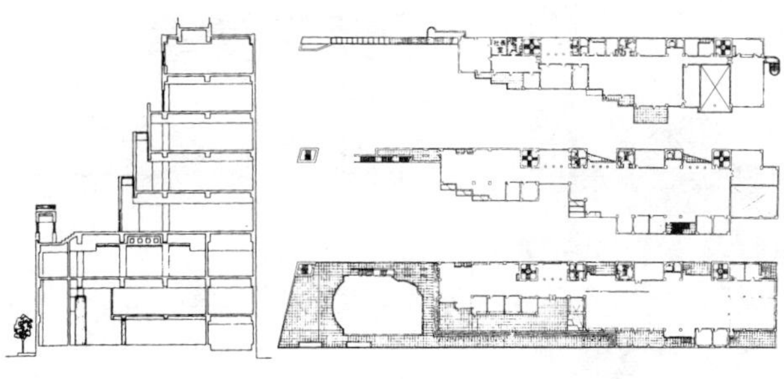

⑧ 大和国际(原广司)剖面、平面(从下向上依次为四层、五层、七层)

⑨ 大和国际

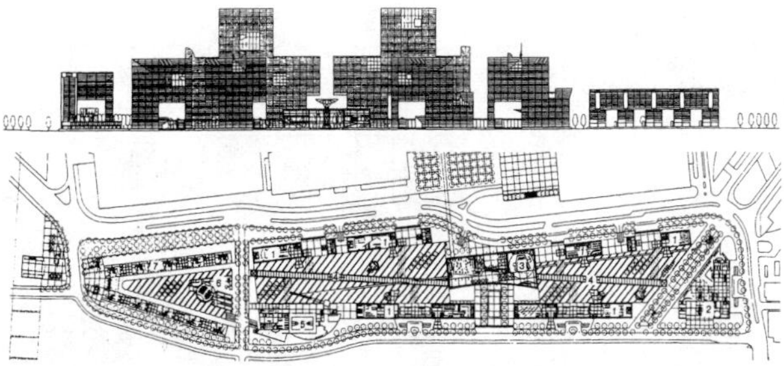

⑩ 法兰克福中心设计方案(槙文彦)立面(上)、布置(下)

⑪ 法兰克福中心设计方案

VI-5 20世纪90年代的日本层构成 STRIPE

20世纪90年代，日本的建筑受到80年代新型层构成发展的刺激，故在实际建筑中对层构成的可能性进行了探求。

其主要的追求目标就在于内容的相互渗透。伊东丰雄说在阐述："如果说消防署功能和庭院这种模糊功能形成层，则必然生成一个相互渗透的消防署所特有的院落，也就是说作为实体的建筑一定能够实现这种具有两种社会功能的透明关系"(p.125[E])时所说的目标就是将库哈斯所论述的内容作了更为具体的强调。实际上，在巴黎大学图书馆的设计竞赛方案中(1992年，图①－③)，校园与图书馆，或者说图书馆与庭院，或者更进一步地说是内部空间与外部空间，它们之间的相互渗透性就被大大地加强。同样在伊东的上海城市规划方案中(1992年，图④－⑥)适应城市这种更为

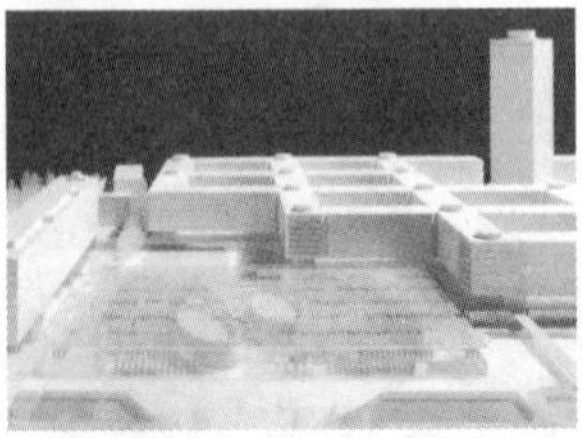
① 巴黎大学图书馆的设计竞赛方案(伊东丰雄)

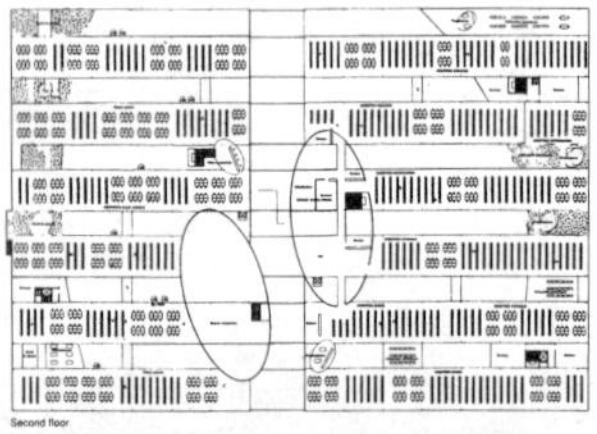

② 巴黎大学图书馆的设计竞赛方案二层平面

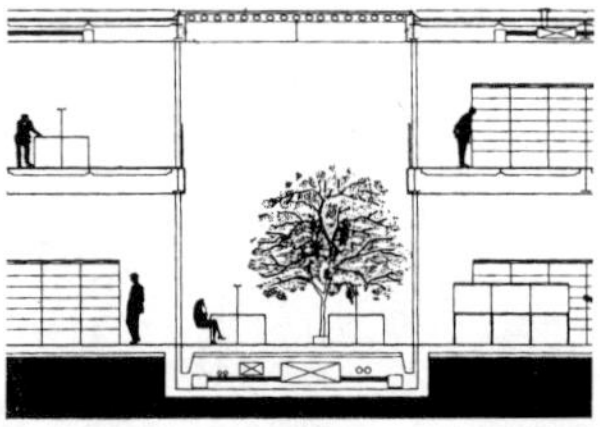
③ 巴黎大学图书馆的设计竞赛方案剖面

④ 上海城市规划方案(伊东丰雄)

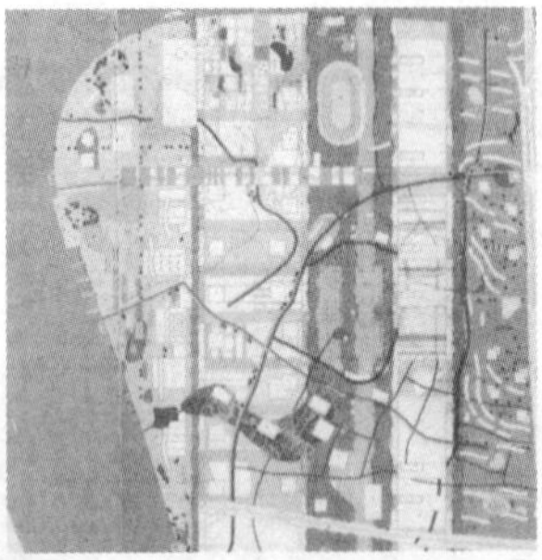
⑤ 上海城市规划方案平面

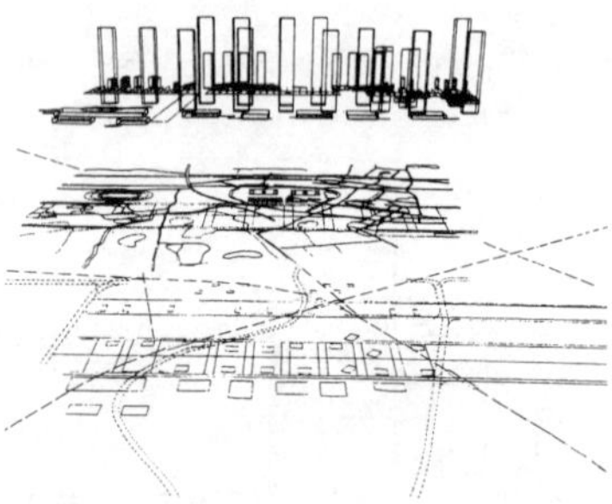
⑥ 上海城市规划方案图解

⑦ 岩出山中学(山本理显)

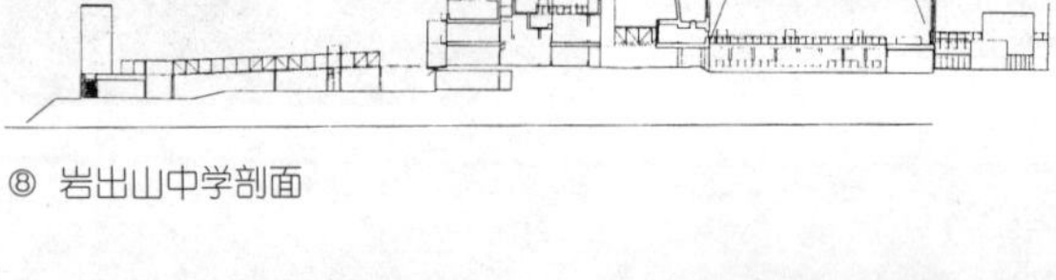
⑧ 岩出山中学剖面

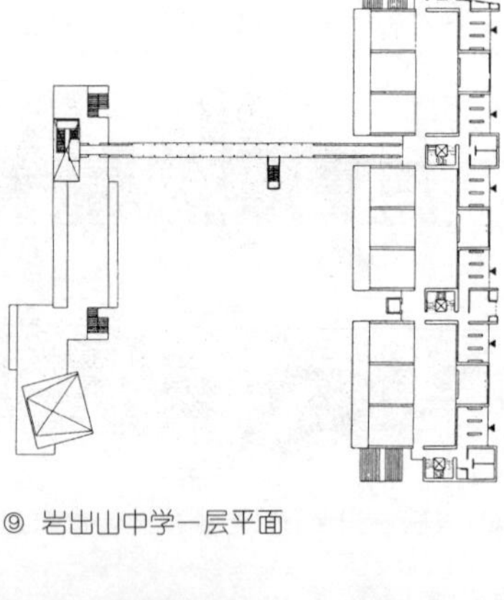
⑨ 岩出山中学一层平面

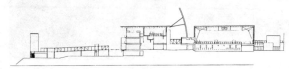

复杂的内容，他就使用了具有上述目的的层构成。

山本理显的岩出山中学(1996年，图⑦－⑨)，对于构成中学的各个教室，通过高透明度的层构成，成功地强化了各个教室以及在其中活动的不同人群的关系。还有富永让的平田町中心设计竞赛方案(获得最优秀奖，1996年，图⑩－⑫)，将所要求的诊所、福利中心、图书馆、200人大厅、停车场等内容布置成夹着内院的较为缓和的层构成，并通过贯通其中的“流动”的活动空间将它们连接起来，这样处理不是有意突出各项内容之间的直接的相互渗透，但也是希望在每个内院中，能渗透出周围各个房间的活力，从而产生某种相互渗透。

在住宅中，妹岛和世所设计的M-HOUSE(1997年，图⑬－⑮)，也大多采用了层构成。在这些设计中，较之室内的各房间的关系，人们更多地注重内部空间与外部空间的相互关系。在公共建筑中，如内藤广的安昙野千寻美术馆(1996年，图⑯－⑲)也使用了层构成，注重了结构上的美观以及内部与庭院间的关系。

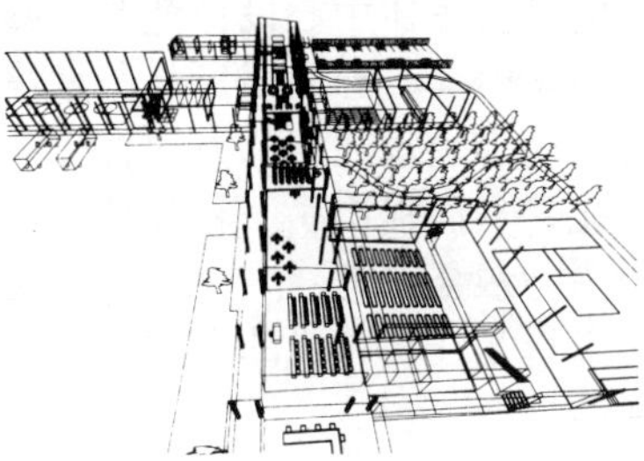

⑩ 平田町中心设计竞赛方案(获最优奖，富永让)轴测

⑪ 平田町中心设计竞赛方案平面

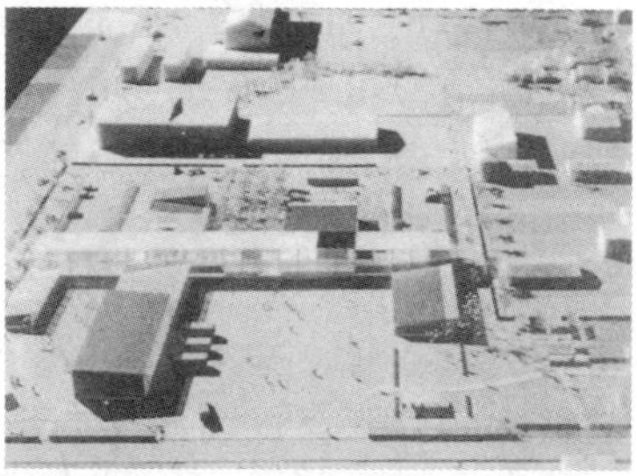

⑫ 平田町中心设计竞赛方案

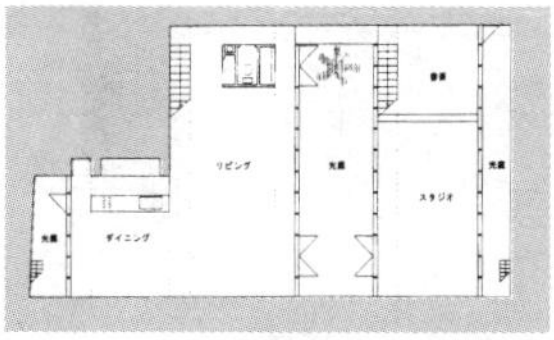

⑬ M-HOUSE(妹岛和世)地下层平面

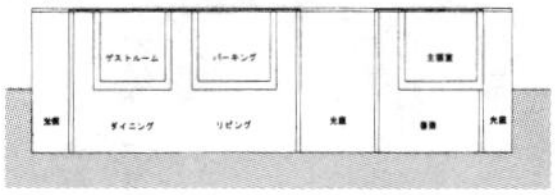

⑭ M-HOUSE 东西剖面

⑮ M-HOUSE

⑯ 安昙野千寻美术馆(内藤广)

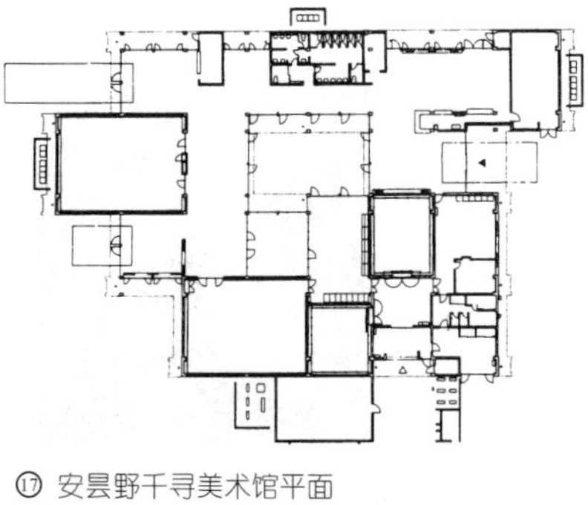

⑰ 安昙野千寻美术馆平面

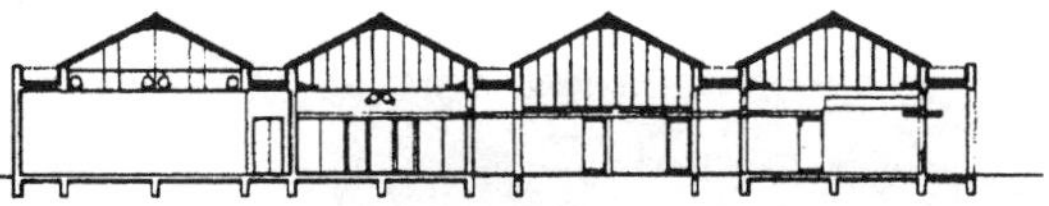

⑱ 安昙野千寻美术馆剖面

⑲ 安昙野千寻美术馆

Ⅵ-6 伴随着交叉、扭曲的层构成 STRIPE

在现代建筑中多见的层构成几乎都是将层平行布置的，但通过不平行的层构成，或者是缠绕、交叉的层构成，就可能更加灵活地产生内容相互渗透。

首先，可以举出一些带状形态本身做多样变形的例子，阿尔瓦·阿尔托设计的贝克楼(Baker house)(1948年，图①－③)，通过将带状形态渐渐弯曲，从而生成了直线形无法获得的变化以及空间的积淀。阿尔托在意大利的帕维阿集合住宅(1966年，图④⑤)设计中尝试把这种曲线带并列，但未能成功。理查德·迈耶的康乃尔大学寄宿宿舍(1988年，图⑥⑦)，将几个曲线带配合地形沿等高线排列，从而创造出自然中的缓和的建筑的层。丹尼尔·利贝斯金德(Daniel Libeskind)在柏林美术馆的扩建部分(1988年，图⑧－⑩)中，使用了折成锐角的带形，暗示了非平行层构成。

作为更积极的层缠绕或交错的作品，如前述的扎哈·哈迪德设计的香港之峰俱乐部(p.133图⑥⑦)就是典型一例。而弗兰克·盖里(Frank O Gehry)设计的毕尔巴鄂古根海姆美术馆(1997年，图⑪－⑬)，通过将层弯曲缠绕，从而生成了更富于变化的表现及内部空间。在著者所设计的青森综合艺术公园设计竞赛方案(1998年，图⑭⑮)中，将各不相同的主题中寓于具有景观设计的五条带状中，宛如象征邻接的绳文遗迹的图案一样相互缠绕，从而在公园里创造出各种空间。古谷诚章的仙台媒体中心设计竞赛方案(获二等奖)(1994年，图⑯－⑱)，将美术馆与图书馆的内容通过在层的方向直交而使其立体化，从而提出了一种极具独创性和说服力的融合方案。

这可以说是在层构成的立体交叉中一种有效的模型。

① 贝克楼(阿尔托)

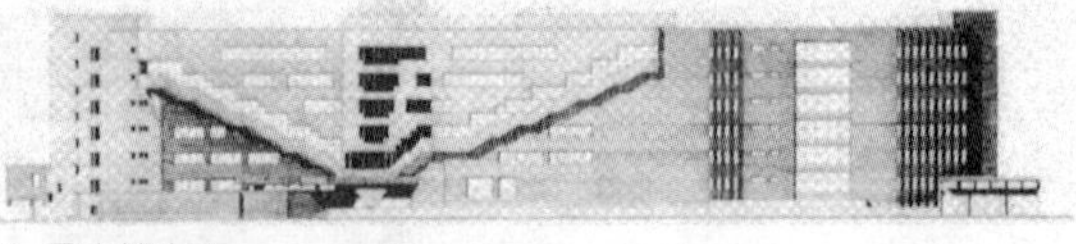

② 贝克楼立面

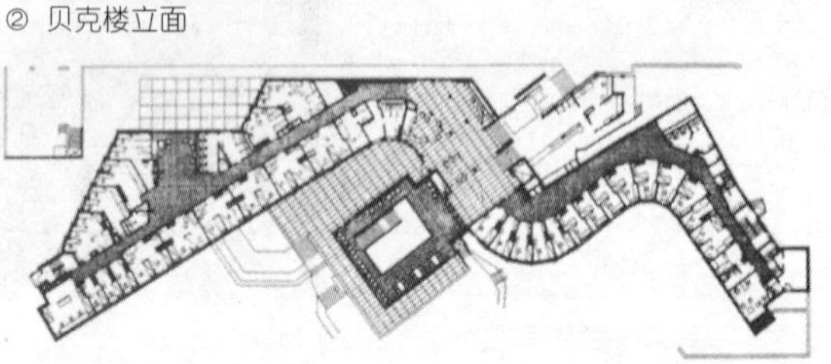

③ 贝克楼一层平面

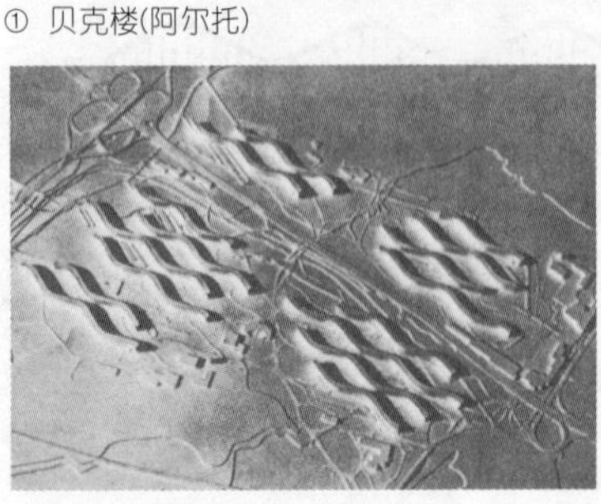

④ 帕维阿集合住宅设计(阿尔托)

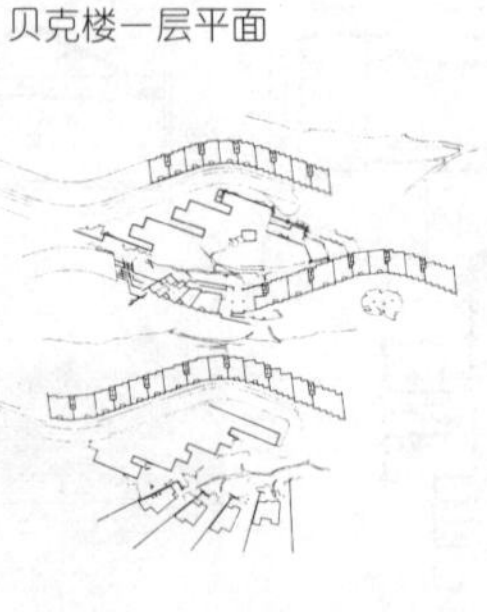

⑤ 帕维阿集合住宅设计平面

⑥ 康乃尔大学寄宿宿舍(迈耶)

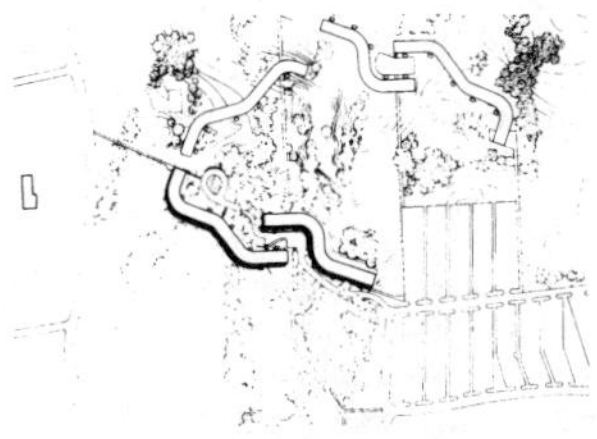

⑦ 康乃尔大学寄宿宿舍布置

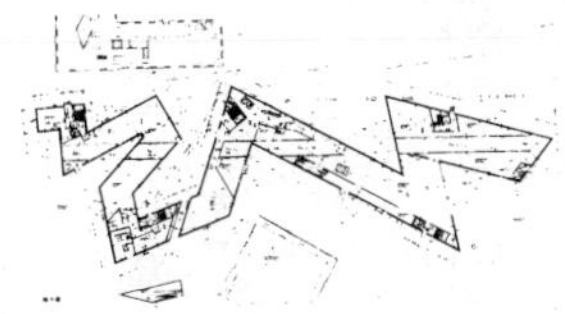

⑧ 柏林美术馆的扩建部分(利贝斯金德)一层平面

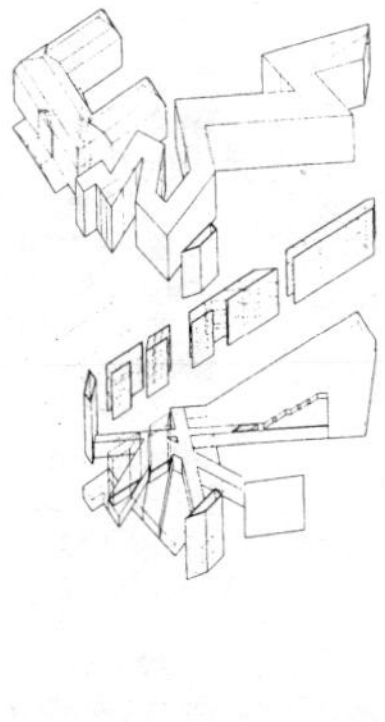

⑨ 柏林美术馆的扩建部分图解

⑩ 柏林美术馆的扩建部分

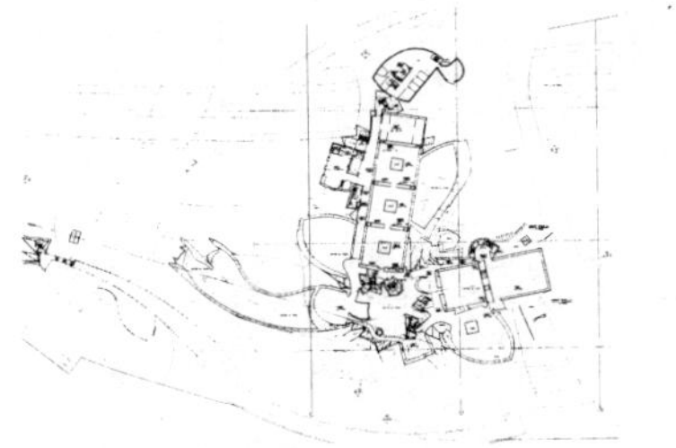

⑪ 毕尔巴鄂古根海姆美术馆(盖里)三层平面

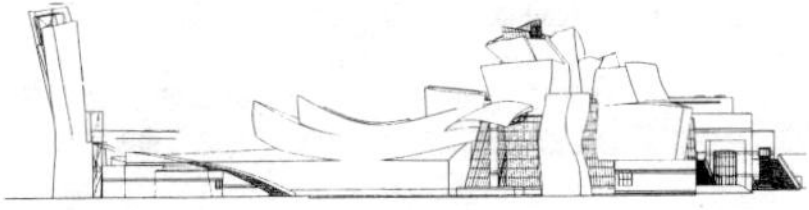

⑫ 毕尔巴鄂古根海姆美术馆北立面

⑬ 毕尔巴鄂古根海姆美术馆

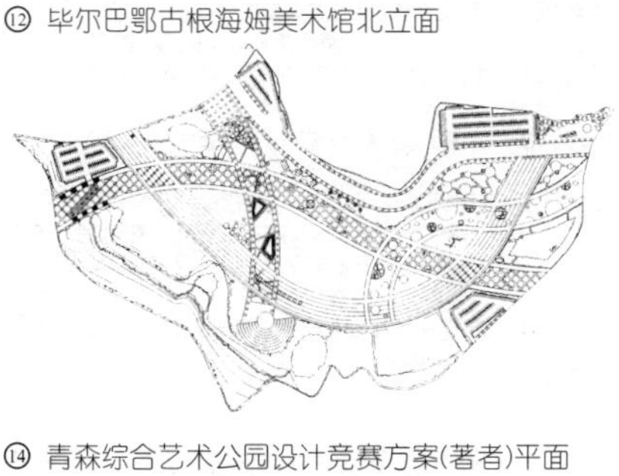

⑭ 青森综合艺术公园设计竞赛方案(著者)平面

⑮ 青森综合艺术公园设计竞赛方案

⑯ 仙台媒体中心设计竞赛方案(二等奖，古谷诚章)

⑰ 仙台媒体中心设计竞赛方案六层平面

⑱ 仙台媒体中心设计竞赛方案

照片摄影者、提供者

内田 伸 p.71-14·15 p.135-13
大桥富夫 p.29-7 p.38-7 p.45-11·12·13·14 p.50-4 p.68-7·9 p.71-11·12 p.89-11·12 p.92-7 p.111-13·20 p.115-9·10 p.131-9
川向正人 p.91-11
木下 央 p.28-4 p.60-5
北岛俊治 p.25-6
下村纯一 p.86-4
彰国社摄影部 p.25-9 p.39-15 p.42-1·2 p.44-1·2 p.44-4·5 p.47-14·15 p.51-6 p.99-7 p.132-7
新建筑摄影部 p.22-3 p.47-11 p.97-12·13 p.111-8·9 p.133-15 p.135-18
高濑良夫(GA photographers) p.65-13·14
中原まり p.97-15 p.98-1·2
中川敦玲 p.133-16·19
永石秀彦 p.49-17
畠山直哉 p.132-4
古馆克明 p.21-12
堀内清治 p.14-4 p.124-1
村井 修 p.43-9·10 p.70-9 p.108-5
山名善之 p.93-12
矢萩喜从郎 p.74-3
和木 通(彰国社) p.27-8 p.51-9 p.89-8
渡边常二郎 p.99-14

Aerofilms, London p.62-6
Alinari, Firenze p.70-5
Blessing, Hedrich p.65-9
Bostick, J. p.17-5 p.127-7
Calavas, Collection Musée de l'Homme p.38-1
Contet p.34-3
Florian Kupferberg, 1965 p.90-7
Gabinetto Fotografico Nationale p.38-2
Hectic Pictures p.29-8
Historiseches Museum der Stadt Wien p.37-5
Morris,James H. p.15-8
Ruault,Philippe p.37-7 p.76-67 p.84-7 p.99-10·11 p.129-17 p.135-10
Toumebocuf, P. p.132-1
Warchol, Paul p.87-14

坂茂建筑设计 p.49-14
长谷川逸子·建筑设计工房 p.97-10
槇总合设计事务所 p.131-11

著者 p.14-3 p.15-5·6·7·9 p.17-3 p.17-3·7·9 p.18-4 p.20-1 p.23-6·7·8·9·10 p.24-2 p.25-4 p.26-1·2 p.27-6 p.28-2·3·5 p.29-6 p.36-1 p.37-6·9 p.40-1 p.41-10·11·14·15 p.42-4·7 p.43-15 p.46-1 p.47-8 p.48-1 p.49-12 p.51-11·12·14·15 p.53-6·7·8·12·13 p.61-8·9·11·14 p.62-7 p.65-5·6 p.66-1·2·4·5·6·7 p.67-9·10 p.68-2·4 p.69-12·14·15·17·18 p.70-1 p.72-7 p.73-16·17·19·20 p.75-12 p.76-3 p.84-1·4·6 p.85-9·12·16 p.86-1·2 p.87-6·7 p.87-10·11 p.88-1 p.90-1 p.92-1·2·5 p.93-16 p.94-3 p.95-13·14 p.96-3·4·6 p.97-9 p.106-1·2 p.110-1·2·5·6 p.111-16·17 p.113-5·6 p.114-4·5 p.115-12·13·16 p.117-12 p.124-5 p.125-9·13·14 p.129-7·8

参考文献及插图出处

以下分别列出参考文献和插图出处。文献后所附页码与本书的页码及插图序号对应。

①主要参考文献

アルベルティ，レオン·バティスタ著 相川浩訳『建築論』中央公論美術出版，1982
磯崎新著『建築の解体−1968年の建築情況』鹿島出版会，1997
磯崎新著『建築史と他者(対談)』『磯崎新の革命遊戯』TOTO出版，1996
伊東豊雄著『風の変様体』青土社，1989
イェディケ，ユルゲン著 倉島建美訳『建築の法則−その空間と形態』集文社，1994
ヴァイル，ヘルマン著 遠山啓訳『シンメトリー』紀伊国屋書店，1970
ウィットコウアー，ルドルフ著 中森義宗訳『ヒューマニズム建築の源流』彰国社，1971 p.13-5·6 p.16-1 p.17-8·10 P.62-1·3
ヴェンチューリ，ロバート著 伊藤公文訳『建築の多様性と対立性』鹿島出版会，1982
大川三雄·川向正人·初田亨·吉田鋼市著『図説 近代建築の系譜』彰国社，1997
カーティス，ウィリアム著 五島朋子·澤村明·末広香里訳『近代建築の系譜 下−1900年以降』鹿島出版会，1990
菊竹清訓著『代謝建築論 か·かた·かたち』彰国社，1965
桐敷真次郎編著『パラーディオ「建築四書」注解』中央公論美術出版，1986 p.60-3
クラーク，ロジャー·H.著 倉田直道·倉田洋子訳『建築フォルムコレクション−造形思考とタイポロジー』集文社，1990 p.65-7
香山壽夫著『建築意匠講義』東京大学出版会，1996
「香山壽夫の建築三書」『SD』8409特集 p.67-12～14 p.111-15
香山壽夫「形態分析の方法」『a＋u』7311
富永譲「プロポーション」『a＋u』7906
小林克弘著『アール·デコの摩天楼』鹿島出版会，1990 p.76-1·2 p.88-2
小林克弘·村尾成文『SDS 10 高層』新日本法規，1994
サマーソン，ジョン著 鈴木博之訳『古典主義建築の系譜』中央公論美術出版，1976 p.14-1
ジョルジュ·ヴァザーリ著 平川祐弘·小谷年司·田中英通訳『ルネッサンス画人伝』白水社，1983 p.11
『新建築学大系6 建築造形論』彰国社，1985
鈴木博之編『図説年表 西洋建築の様式』彰国社，1998 p.61-7
ティン，アレクサンドラ著 香山壽夫·小林克弘訳『ビギニングスールイス·カーンの人と建築』丸善，1986 p.69-13 p.106-7～6 p.110-7
日本建築学会編『近代建築史図集』彰国社，1971 p.84-2
日本建築学会編『西洋建築史図集』彰国社，1981 p.60-6 p.62-2 p.66-3 p.67-11 p.68-5 p.70-2·4·5 p.115-15 p.125-8
ノルベルグ=シュルツ著 加藤邦男訳『実存·空間·建築』鹿島出版会，1973
原広司著『空間〈機能から様相へ〉』岩波書店，1987
バンハム，レイナー著 石原達二·増成隆士訳『第一機械時代の理論とデザイン』鹿島出版会，1976
ヒッチコック，H-R & ジョンソン，フィリップ著 武澤秀一訳『インターナショナル·スタイル』鹿島出版会，1978
フランクル，パウル著 香山壽夫監訳『建築造形原理の展開』鹿島出版会1979
淵上正幸編著『現代建築の交差点 世界の建築家−思想と作品』彰国社，1995 p.87-15 p.95-12 p.130-5
フッサール，エドモンド著 ジャック·デリダ序説，田島節夫·矢島忠夫·鈴木修一訳『幾何学の起源』青土社，1976
ベイカー，ジェフリー著 富岡義人訳『都市と建築の解剖学−形態分析によって「設計戦略」を読む』鹿島出版会，1995
ベネヴォロ，レオナルド著 武藤章訳『近代建築の歴史 上』鹿島出版会，1978 P.126-1～3
前田忠直著『ルイス·カーン研究 建築へのオデュッセイア』鹿島出版会，1994
プラトン著 種山恭子·田之頭安彦訳『プラトン全集 12』岩波書店，1975 p.12-1～4
槇文彦著『記憶の形象−都市と建築の間で』筑摩書房，1992
森田慶一著『訳注 ウィトルーウィウス建築書』東海大学出版会，1979 p.14-2
ル·コルビュジエ著 井田安弘·芝優子訳『プレシジョン』鹿島出版会，1984 p.10
ル·コルビュジエ著 吉阪隆正訳『建築をめざして』鹿島出版会，1967 p.18-1 p.34
ル·コルビュジエ著 吉阪隆正訳『モデュロール』鹿島出版会，1976
ルドフスキー，バーナード著 渡辺武信訳『建築家なしの建築』鹿島出版会，1976
ロウ，コーリン著 伊東豊雄·松永安光訳『マニエリスムと近代建築』彰国社，1981
ロウ，コーリン & コッター，フレッド著 渡辺真理訳『コラージュ·シティ』鹿島出版会，1992 p.64-3
ロージェ，マルク=アントワーヌロージェ著 三宅理一訳『建築試論』中央公論美術出版，1986 p.105-1
八束はじめ編『建築の文脈 都市の文脈』彰国社，1979 p.116-1 p.127-9
Curtis, Nathaniel Cortlandt "Architectural Composition" J.H.Jansen, 1935 p.58
Krier, Rob "Architectural Composition" Academy Edition, 1988
March, Lionel "Architectonics of Humanism-Essays on Numbers in Architecture" Academy Editions, 1988
van Zanten, David "The System of Beaux-Arts" Architectural Design Profile 17, 1976
Wigley, Mark et al "Deconstructivist Architecture" MOMA, 1988

②插图出处

磯崎新監修『もうひとつのユートピア』NTT出版，1998 p.109-6
桐敷真次郎監修『イタリア建築図面集成』本の友社，1994 p.16-4(元図) p.23-13·14 p.69-11
香山壽夫·岸田省吾ほか著『SD別冊28 大学の空間』鹿島出版会，1996 p.68-1·3

建設省大臣官房官庁営繕部監修『国立国会図書館関西館[仮称]建築設計応募作品集』新建築社，1986 p.93-13·14
建設省大臣官房官庁営繕部監修『第二国立劇場[仮称]設計競技応募作品集』新建築社，1997 p.94-7
坂本まり·西尾典浩·小林克弘「幾何学構成論Ⅱ－ミース·ファン·デル·ローエのバルセロナ·パビリオン」『日本建築学会1989年度大会(九州)学術講演梗概集 F分冊』p.1047～1048
ジェフリー&スーザン·ジェリコー著 山田学訳『図説 景観の世界』彰国社，1980 p.37-5 p.60-4
『(仮称)せんだいメディアテーク設計競技記録』1995 p.50-1～3
ノーヴァ，アレッサンドロ著 日高健一郎監訳『建築家 ミケランジェロ』岩崎美術社，1992 p.70-3·6
『体系 世界の美術6 ローマ美術』学研，1974 p.60-1
富永譲制作·提供 p.84-8
藤井伸介·小林克弘·中原まり「ミース·ファン·デル·ローエのレンガ造田園住宅案における幾何学構成」『日本建築学会計画系論文集 第493号』1997年3月，pp.231～236
『フランク·ロイド·ライト回顧展』毎日新聞社，1991 p.76-1·2
フランシス D.K. チン著 太田邦夫訳『建築のかたちと空間をデザインする』彰国社，1987 p.64-4
槙文彦著『槇文彦建築ドローイング集－未完の形象－』求龍堂，1989 p.74-5
マレー，ピーター著 長尾重武訳『イタリア·ルネッサンスの建築』鹿島出版会，1991 p.28-1
Agrest，Diana"Design Versus Non-Design"Oppositions 6，1976 p.114-1·3(元図)
"Aldo v. Eyck Projekten 1948－1961"Academie van Bouwkunst，1981 p.38-4～6
"Aldo v. Eyck Projekten 1962－1976"Academie van Bouwkunst，1981 p.128-4～6
"Alvar Aalto"Verlag für Architektur"Artemis，1971 p.97-14 p.129-10～14 p.134-4·5
"Architectural Monographs－John Soane"Academy Editions，1983 p.115-15
Amell，Peter & Bickford，Ted"James Stirling－Buildings and Projects"Rizzoli International Publications，1984 p.48-2～7 p.65-10～12 p.91-12·13 p.129-18～20
Blondel，J.F."Architecture Française" p.60-4
Boesiger，Willy"Le Corbusier"Editorial Gustavo Gili，S.A.1994 p.128-1～3
Boesiger，Willy & H.Grisberger"Le Corbusier 1910－65"Les Editions d'architecture，1967 p.18-3 p.19-5～8 p.21-7·8 p.29-9 p.67-16 p.72-4～6 p.76-4 p.87-9 p.98-4～6 p.127-8
Branzi，Anndrea ed."Adolf Loos"Rizzoli International Publications，1982 p.114-2·3
Cardenby，Claes & Hultin，Olof"Asplund"Rizzoli International Publications，1986 p.63-11·12
Carter，Peter"Mies van der Rohe at Work"The Pall Mall Press，1974 p.65-8
Choisy，Auguste"Histoire L'architecture"Gauthier-Villars，1899 p.18-2
Collins，George R."The Design and Drawings of Antonio Gaudí"Princeton University Press，1983 p.96-5
Conant，K.J."Carolingian and Romanesque Architecture 800－1200"1959 p.124-3
Drexler，Arther"The Architecture of the Eoole Des Beaux Arts"The Museum of Modern Art，1975 p.125-10·11
Darragh，Joan ed."A New Brooklyn Museum，The Master Plan Competition"The Brooklyn Museum，1988 p.113-8
Dr.Myron B. Smith，from Islamic Archives p.38-3
"Drawing into Architecture"AD Vol 59 No3/4 1989 p.77-10～12
Eisenman，Peter"Peter Eisenman Houses of Card"Oxford University Press，1987 p.108-1·2
"Egypt，Les Guides Bleus"Hachette，1956 p.124-2
Ferrario，L. & Pastore，D."Giuseppe Terragni-La Casa Del Fascio"Istituto Mides，1982 p.23-11～13
Fleig，Karl ed."Alvar Aalto 1922－62"Editions Girsbergaer，1963 p.41-5
Fletcher，B."A History of Architecture on the Comparative Method"Athlone Press，1975
Fonatti，Franco"Giuseppe Terragni-Poet des Razionalismo"Edition Tusch Wien，1987 p.21-9～12
Gallet，Michel"Claude-Nicolas Ledoux"Verlags-Anstalt GmbH，1983 p.36-4 p.72-1·2
Gropius，Walter"Die Neue Architektur und das Bauhaus"Neus Bauhausbücher p.34-2 p.60-2 p.62-4
"Hannes Meyer：Bauten，Projekte und Schriften"Arthur Niggli Ltd.，Teufen AR，1965 p.91-9
Hejduk，John"Mask of Medusa"Rizzoli International Publications，1985 p.41-7·8 p.43-12·13
Hitchcock，Henry Russell"In the Nature of Material－The Buildings of Frank Lloyd Wright"Hawthorn Books，1942 p.42-5·8 p.87-8 p.90-5 p.115-11 p.117-9·10 p.126-6
Hofmann，Werner & Kultermann，Udo"Modern Architecture in Color"Thames and Hudson，1970 p.126-5
Jaffé，Hans L.C."De Stiil"Thames and Hudson，1970 p.86-3
"John Soane"Architectural Monographs and Acaademy Editions，1983 p.115-14
Johnson，Eugene J."Charles Moore－Buildings and Projects 1949－1986"Rizzoli International Publications，1986 p.44-7～9
"Kevin Roche"Rizzoli International Publications，1985 p.39-12·13
Khan-Magomedov，Selim O."Pioneers of Soviet Architecture"Rizzoli International Publications，1987 p.126-4
Lampugnani，V.M.ed."Hatjé Lexikon der Architektur des 20.Jahrhunderts"Verlag Gert Yatje，1983 p.90-6 p.91-10
Laseau，Paul & Tice，James"Frank Lloyd Wright－Between Principle and Form"Van Nostrand Reinhold Co.,1992 p.98-3
Lawrence，A.W."Greek Architecture"1957 p.64-1·2
Letarouilly，Paul"Édifices de Rome Moderne"Princeton Architectural Press,1982 p.20-3(元図)
Mack,Gerhard"Herzog & de Meuron"Birkhaüser,1996 p.27-9 p.37-10
"Mario Botta，The Complete Works 1960－1985"Artemis Verlags 1993 p.75-6～9
Meek，H.A."Guarino Guarini－And His Architecture"Yale University，1988 p.47-8·9
"Michael Graves"Rizzoli International Publications，1982 p.61-13
Middleton，Robin ed."The Beaux-arts"AD Profiles 17 p.62-8 p.66-8 p.113-14～16
Millen,H.A."Key Monument of the Histoy of Architecture"1964 p.124-4
"Norman Foster Foster Associate－Buildings and Projects Volume 2"Watermark Publications，1989 p.96-1·2
Overy，Pau"De Stiil"Studio Vista，1969 p.86-5
Pane,Roberto"Andrea Palladio"Einaudi,1961 p.17-5
Pevsner,N."An Outlin of Architecture"1960 p.20-4·5(元図) p.62-4·5
Pommer,Richard etc."In the Shadow of Mies：Ludwig Hiberseimer"Rizzoli International Publications,1988 p.127-10
"Richard Meier Architect"Rizzoli International Publications，1984 p.24-3 p.25-5 p.46-2 p.134-6 p.135-7
"Richard Meier Architect 2"Rizzoli International Publications，1991 p.22-1·2 p.113-12·13
"Richard Rogers"Artemis London，1994 p.92-3·4·6
"Robert Stern"Rizzoli International Publications，1981 p.73-11～14
Ronner，Heinz & Jhaveri，Sharad"Louis I. Kahn－Complete Works 1935-1974"Institute for the History and Theory of Architecture，ETH，1977 p.39-10·11 p.40-2～4 p.49-11 p.63-13·14 p.67-15 p.87-12·13 p.107-7～9 p.110-3 p.129-9
"Rob Mallet-Stevens Architecture，Mobilier，Decoration"Philippe Sers，1986 p.75-13～15
Rosenau,Helrm"Boullée and Visionary Architecture"Academy Editions,1976 p.26-3·4
Row,Colin p.39-10·11
Row，Colin & Koetter，Fred"Collage City"The Massachusetts Institute of Technology，1978 p.64-3
"S.M.L.XL"The Monacelli Press，1995 p.48-8～10 p.122-1 p.130-1
Schumacher,Tom"Contextualism：Urban Ideals and Deformations"Casabella 359～360,1971.5～6 p.127-9
"Steven Hall"Artemis Verlags，1993 p.71-16～18 p.77-13～15 p.87-15
"The Architecture of Philippe Stark"Academy Editions，1994 p.94-6·8
Underwood,David"Oscar Niemeyer and the Architecture of Brazil"Rizzoli International Publications,1994 p.37-8
Venturi and Rauch p.72-3·4·8·9
Watkins,William p.72-1·2
Whinney，Margaret"Wren"Thames and Hadson，1971 p.68-6
Wölfflin,Heinrich"Renaissance and Baroque"1961 p.24-1

编著者介绍

小林克弘

1955年　出生于福井
1977年　毕业于东京大学工学部建筑学科
1979年　完成东京大学硕士课程
1982–1984年　哥伦比亚大学客座研究员
1985年　完成东京大学博士课程，工学博士
1986年　东京都立大学工学部建筑学科讲师
1988年　东京都立大学工学部建筑学科副教授
1989年　成立设计工作室，从事设计活动
1998年　东京都立大学研究生院工学研究科建筑学教授

主要作品及获奖

C–Wedge（1991年），AUBERGE.LE.CLOITRE（1992年），大台阶之家（1993年），临海副都中心清扫场基本设计（1995年），陶陶乐幼儿园（1997年），Split House(1997年)，新井诊所（1997年），新泻港隧道立坑及瞭望展示设施（预定2002年竣工）
藤泽市湘南台文化中心提案设计获奖（1987年），日佛文化会馆设计竞赛佳作入选（1990年），第一届OHOTSUKU街区整备竞赛（网走站周边地区）最优秀奖（1993年），宫城县保健医疗福利中核设施构思提案函赛佳作入选（1977年），N–City概念竞赛最优秀奖（1999年）

主要译著

《Begnings—路易斯·康的人与建筑》（阿雷库森德拉·提恩 著，香山寿夫、小林克弘合译）丸善1986年，《美国式建筑之精华—Mckim.Mead& White》丸善1988年，《装饰艺术的摩天大楼》鹿岛出版会1990年，《SDS10 高层》（合著）新日本法规1994年，《纽约—摩天大楼都市建筑的发展》丸善1999年

协作者

编辑协作

中原まり（原东京都立大学助手，现哥伦比亚大学客座研究员）
木下央（东京都立大学博士）
内田伸（原东京都立大学博士，现国立石川工业高等专业学校助手）
三田村哲哉（东京都立大学博士）
河合朋子（东京都立大学博士）

章页设计研究协作

浅井佳（东京都立大学博士）
大内田任代（东京都立大学博士）
佐伯英树（东京都立大学博士）
田村考（东京都立大学博士）

著者作品插图、分析图的制作、提供

（株式会社）设计工房建筑设计室
东京都立大学小林克弘研究室

后　记

大概是在四年前，我们开始了编著“图说”丛书的计划。而彰国社的田尻裕彦先生也提出一个建议，问我们能否编一套设计教材，使得学习建筑设计的学生以及从事设计工作的人们能够从中获得前所未有的启迪。我与大野秀敏先生、古谷诚章先生、小岛一浩先生四个人接受了他的建议，多次在一起进行了探讨。

我们的讨论不仅仅局限于新型教材，而且针对设计和设计教育，从多个角度提出意见，这些都是很激动人心的讨论，最后，将大家的意见综合起来，决定将本书编成两册一套的“图说”丛书来出版。

书中考虑到要尽可能多地提供构成手法，并拟对每个构成手法或者实例也作些详尽而通俗易懂的说明。但是要同时满足这两方面的要求，必然会使本书过于庞大。因此，通常只能遗憾地将每件作品的说明压缩到最少，设计者们花费了巨大心血创作的作品，我们却只能作简短的介绍，对此我们感到万分愧疚。

本来是这样想的，有关每个构成手法，不只是要列举优秀的实例，还想举出一些例子，只要将它们稍作修改就会收到更好的效果，我们觉得这样将更加容易理解；或者在本书中使说明、问题、疑问穿插出现，写成对话式体裁，以使论述更加生动，但因作者能力有限，这些尝试最终未能实现。

内容组成的框架是由我决定的，我研究室的中原まり（原助手）、木下央、内田伸、三田村哲哉、河合朋子等五个人都为具体作品的选载付出了心血，而本书的内容也得到他们的鼎立帮助，大量作品的图片与照片的收集、整理以及版式的布局，这些繁杂的工作全都是拜托他们完成的。若没有他们的大力协助本书将无法出版。而四名硕士生在讨论本书中各章扉页的设计时，也提出了很多方案。这套书的问世，得到了大家的很多帮助，我们在此表示衷心的感谢。

从有这个计划开始，长期以来，田尻裕彦先生一直都给予了鼓励和关注，由于著者总是忙于设计工作以及学校工作，若没有他的热情支持与期待，这个计划也可能会不了了之。在此，对田尻裕彦先生深表谢意。还有，我们所做的版面设计都极为粗糙，但伊原智子仍然把每一页都设计得非常精美，我们由衷地表示感谢。最后一点，在本书中所列举的著者个人作品实例，也都是与设计艺术建筑设计室以及东京都立大学小林研究室共同合作的，因此对以上提到的全体设计合作者表示感谢。

（小林克弘）